キノコ栽培全科

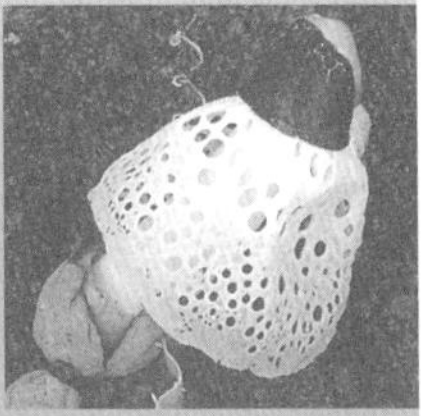

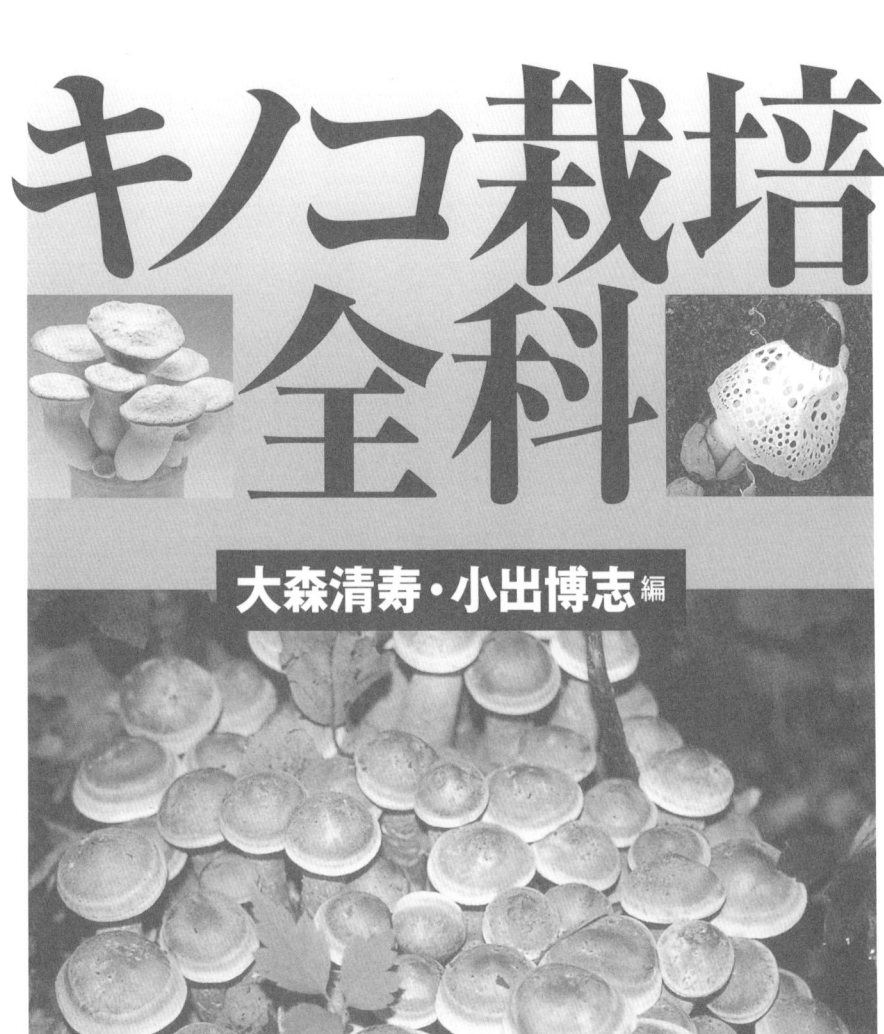

大森清寿・小出博志 編

農文協

まえがき

森林からもたらされる原木を利用して生産されてきたキノコは、シイタケのほか数種類にすぎなかったが、菌類の生理・生態の研究がすすむにつれて、栽培可能なキノコの種類も増え栽培量も増加してきた。栽培技術の改良・開発も日進月歩で、原木によるキノコ栽培から現代ではオガコ（オガクズ）を利用した菌床栽培が主流になりつつある。また、森林を利用した粗放栽培から施設による集約栽培へと変化し、大量生産を行なう経営も出てきている。

一方、近年は天然キノコに近い形や風味のキノコや、森林で栽培しているキノコを消費者が収穫する観光キノコ園の広がりなど、自然食品としてのキノコへの関心や需要も広まっている。キノコはもともと健康食品として利用され需要も伸びてきたが、多くのキノコの成分や機能性も明らかにされてきており、今後もこの傾向は強くなるものと思われる。

本書の総論では、キノコの基礎知識、栄養と機能性、栽培環境や立地条件にあったキノコの種類と栽培方法の選択、自然環境の生かし方、基本になる栽培技術など、栽培を始めるにあたって知っておきたい共通の基礎を整理した。各論では三〇種類のキノコを取り上げ、個々のキノコの生理・生態、菌床空調栽培から原木自然栽培まで条件やねらいに合わせた導入と栽培方法、販売とその工夫などできるだけ実際的に解説した。

なお、各論は多くの公立林業試験研究機関の第一線で研究、指導されている方々に執筆していただいた。この場を借りて御礼申し上げる。

本書を、キノコ栽培の発展に少しでも役立てていただければ、編者としてこれ以上のよろこびはない。

二〇〇一年九月

大森　清寿
小出　博志

目次

キノコ栽培の実際

キノコ栽培の基礎

一、キノコの種類と栽培・利用

1 キノコとは

(1) キノコは菌類の子実体

キノコは枯れ木や倒木、あるいは林内の地表などに多く発生し、木と関係が深いことから古来「木の子」という呼び方で親しまれてきた。しかし、キノコは木の子供ではなく、菌類がつくる子実体、すなわち高等植物の花や果実に当たる器官ということになる。そして、キノコの栄養繁殖は菌糸によって営まれるが、葉緑素を持っていないために自ら糖やデンプンを合成することはできない。植物や動物のからだを構成している有機物を分解・吸収するか、生きた植物の根と結合してそこから養分を吸収する方法などで繁殖している。

自然界を代表する生物としては植物と動物がよく知られているが、これだけでは自然界は成り立たない。つまり、これに植物や動物の遺体および排泄物といった有機物を分解して土に戻す菌類が加わって始めて自然界の循環が成り立つのである。

(2) キノコの多くは担子菌

さて、菌類と一口にいってもその種類数は約五万種におよぶ大生物群である。菌類には、細菌、変形菌、真菌(真正菌)があるが、真菌のみを対象とする考え方もある。真菌をさらに分けると、鞭毛菌、接合菌、子のう菌、担子菌、不完全菌となるが、キノコを形成する仲間は子のう菌の一部(チャワンタケ、アミガサタケ、ノボリリュウなど)と大多数の担子菌である。菌類の分け方の中に「キノコ」と「カビ」という表現があるが、「キノコ」とは子実体が肉眼的に識別できる程度に傘や柄が発達したものを指しており、これ以外の微細なものはまとめて「カビ」と称されていて分類的にはあいまいな分け方である。また、単に「キノコ」といった場合には、種類を指す場合や子実体を指す場合、あるいは菌糸をも

表1 菌類の分類(広義)

門	亜門	種類数	
細菌		約 200属	1,600種
変形菌		約 100属	500種
真菌(真正菌)	鞭毛菌	約 190属	1,100種
	接合菌	約 85属	510種
	子のう菌	約1,950属	15,000種
	担子菌	約 900属	15,000種
	不完全菌	約1,825属	15,000種

含めた総体をいうこともあり、使われ方が漠然としているので注意が必要である。

(3) キノコの形態

キノコとしてイメージされるのは図1のような形であるが、種類によりさまざまな形態のものがある。傘の形状を見ても、まんじゅう形、中高の平ら、平ら、じょうご形（漏斗形）、円錐形（山形）、鐘形などがある。その他、ひだ、柄、ひだの付き方、つば、つぼみなどもいろいろな形態のものがある。

図1　キノコの肉眼的形態
（ハラタケ目のキノコ）

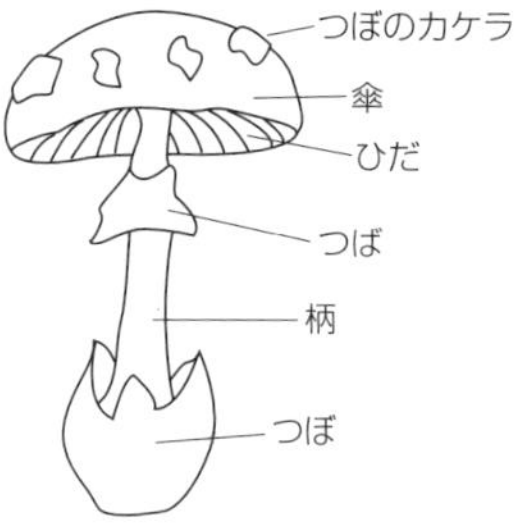

担子菌の菌糸の特徴と形態

一核菌糸（単相菌糸）　これは一個の担子から発芽した菌糸で、一細胞内に一つの核を有するがクランプは形成されない。一核菌糸からでは子実体（キノコ）はつくられないが、ナメコでは例外的につくられることが知られている。なお、一核菌糸は新しい品種を交配育成するのに利用されている。

二核菌糸（複相菌糸）　二つの一核菌糸が接合（合体）すると、一細胞内に性因子の異なる二つの核を持つ菌糸となる。ほとんどの担子菌の二核菌糸にはクランプ（クランプコネクション、かすがい結合、ビジョガネ連結）がつくられるが、マツタケではつくられない。クランプは二つの細胞をまたぐように形成される突起状のもので、核の通り道ともいわれているが詳細は不明である。担子菌の二核菌糸と一核菌糸、あるいは担子菌と他の菌類の菌糸とを識別する重要な要素となっている。二核菌糸から正常な子実体が形成されるので、種菌製造はもとより子実体生産用に増殖されるのがこの菌糸である。

また、同じ二核菌糸であっても繁殖状態によって次の分け方がある。

形成菌糸（薄膜菌糸）　細胞膜が薄く酵素の浸出や養分の吸収に適した菌糸で、盛んに細胞分裂や分岐を行なう生長中の若い状態。

骨組菌糸（厚膜菌糸）　形成菌糸が古くなり、細胞膜が厚くなって物質の出入りには不向きになった菌糸。もっぱら養分の通路に使われているようである。

膠着菌糸　曲がりくねった極めて厚膜の菌糸で、褐色あるいは黒色をしている。この菌糸をつくるのは白色腐朽菌に限られている。侵入した害菌とキノコの菌糸が帯線をつくって住み分ける症状が見られるが、この帯線は膠着菌糸からなっている。

二核菌糸の形態

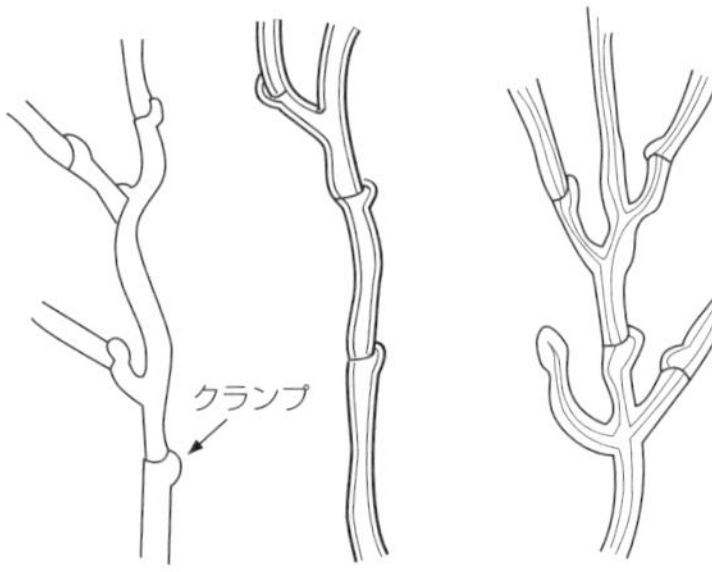

図2　キノコの生活環

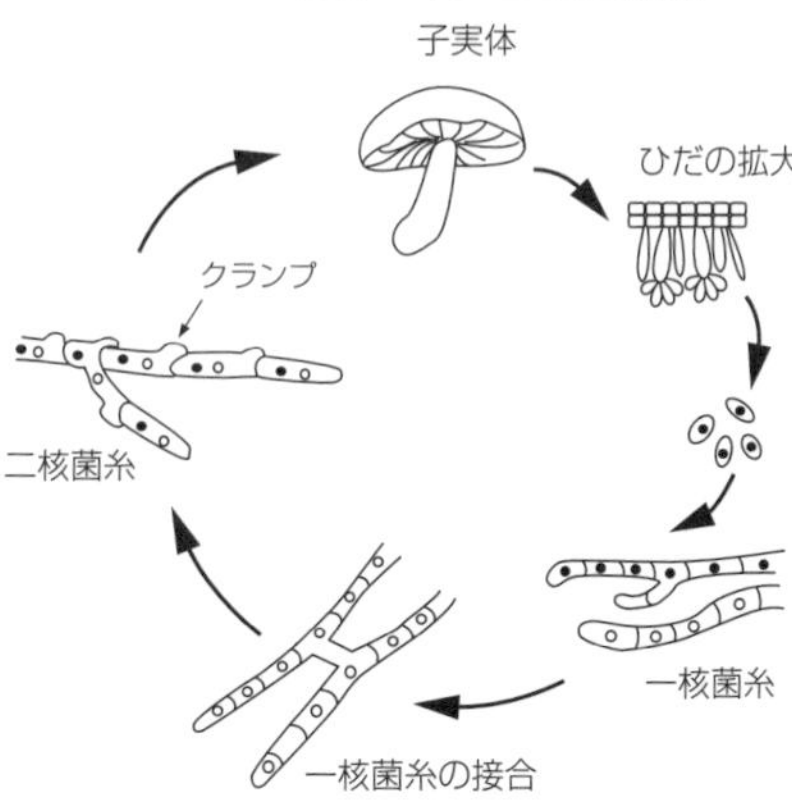

(4) キノコの一生

キノコの一生ということを考える場合には、まず胞子から始めると理解しやすい。キノコのひだや管孔の表面に形成された担胞子が風などによって飛散し、倒木や枯れ木、切り株、落葉・落枝あるいは土中などに着生して発芽すると一核菌糸になる。この菌糸が交配可能な他の一核菌糸と出会うと接合して二核菌糸となり、子実体をつくる能力ができてくる。二核菌糸は盛んに養分を吸収して繁殖し菌体量を増やすが、この量がキノコの発生量を左右している。繁殖の遅いものにはキノコを発生させるのに何年もかかる場合がある。一定の菌体量になり、発生に適した温度、湿度、光線、ガス条件などが整うとキノコが発生してくる。

図3　担子菌類と子のう菌類の子実層

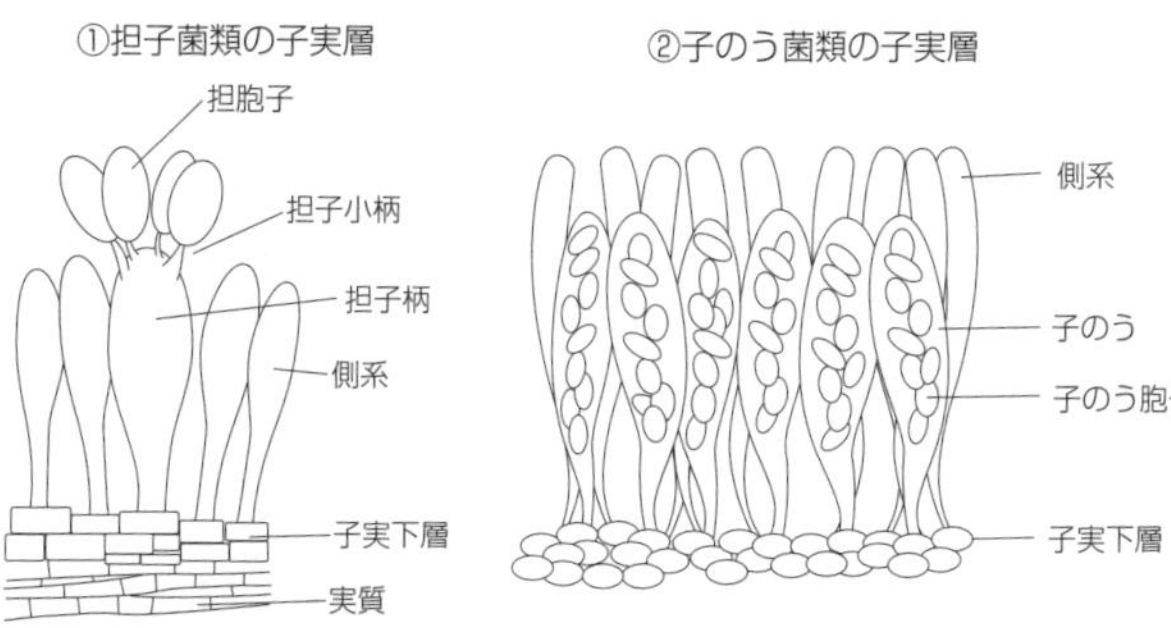

ちなみに、繁殖している二核菌糸とキノコになっている二核菌糸の遺伝形質は同じなので、両方から菌株を収集することができる。

キノコのひだには無数の担子柄が付き、成熟してくると担子柄内の二つの核が融合し一つになり、二回の減数分裂を経て四つの担胞子ができる。

なお、以上の生活環は基本的な流れであって、始めから二核や三核の担胞子が形成される場合もあるし、一核菌糸や二核菌糸から無性的に分生胞子や分裂子が形成される例など変化に富んでいる。

2 キノコの繁殖法と栽培

(1) キノコの栄養摂取とタイプ分け

キノコの栄養の取り方としては、腐生、共生、殺生、寄生といった四つのタイプがある。

①腐生タイプ＝腐生性キノコ

腐生とは、菌糸が自ら酵素を分泌して木材や落葉・落枝、動物の排泄物などの有機物を糖やアミノ酸に分解・吸収して繁殖できる性質であり、この性質を持つ仲間を腐生性キノコ類といっている。腐生性キノコ類は人工増殖の容易な種類が多く、現在、原木や菌床、堆肥で栽培されている食用キノコ類はすべてこの仲間である。

このうち、木材に由来する仲間を木材腐朽菌といい、この中には白色腐朽菌と褐色腐朽菌があるが、食用キノコとして栽培されている種類はすべて白色腐朽菌である。白色腐朽菌は木材の主成分のリグニンを好んで分解し、腐朽がすすむと材の色が白く変わる。

②共生タイプ＝菌根性キノコ

共生とは、有機物を分解する能力がないため、菌糸は生きている植物の根と有機的に結合して、栄養をやり取りして繁殖する性質である。菌糸は土壌中から無機養分や水分を吸収して植物の根の細胞に与え、植物は葉で光合成した有機養分を根の細胞を通して菌糸に与えるもので、ここで共生関係が成り立っている。根と菌糸が結合した状態を菌根というが、このような性質を持つ仲間を菌根性キノコ類といっている。

菌根性キノコ類は人工増殖が難しく、マツタケを始めとしてシメジ類やイグチ類などは天然産の採取に限られており、菌糸の培養から子実体（キノコ）形成にまで達したのはホンシメジくらいである。

なお、菌根には外生菌根（菌糸が根の細胞間にはいる）、内生菌根（菌糸が根の細胞内にはいる）、内外生菌根、偽菌根といった形態があるが、キノコを形成するのは外生菌根をつくる仲間だけである。

③殺生タイプ＝殺生性キノコ

殺生とは、他の生物体の一部の細胞や組織を殺して、その死物を腐生的に吸収して繁殖する性質である。生物側から見ると、この性質は病原性といえるが、キノコの仲間で病原性を有する種類としてはナラタケが知られている。

ナラタケは天然産の採取のほかに、一部の地域では菌床栽培が行なわれており、腐生性も認められることから殺生菌として区分した。ナラタケ病（根朽病）はマツ類、カラマツ、モミ類、トドマツ、ヒノキ、カンバ類、ケヤキ、クリ、ナラ、クワなどの根および根株が侵されて、病樹は巻き枯らしを行なったように枯凋する症状となるが、この点から菌の取り扱いには注意が必要とされている。

④寄生タイプ＝寄生性キノコ

寄生とは、他の生物の生きた細胞から一方的に養分を取って繁殖する性質である。この性質を有するキノコの仲間としては、担子菌ではクロハツなどの老熟した子実体上に発生するヤグラタケ、子のう菌ではツチダンゴ類に寄生するハナヤスリタケの仲間、昆虫やクモに寄生する冬虫夏草の仲間が知ら

表2 キノコ類の栽培法と適合する主な種類

	栽培法	主要材料	適合するキノコの種類
腐生性キノコ	普通原木栽培	広葉樹	シイタケ、ナメコ、ヒラタケ、クリタケ、エノキタケ、ムキタケ、カミハリタケ、キクラゲ、シロキクラゲ、チョレイマイタケ、ヌメリスギタケ、他
		針葉樹	ナメコ、クリタケ
	短木断面栽培	広葉樹	ヒラタケ、ナメコ、エノキタケ、タモギタケ、ムキタケ、ブナハリタケ、ヌメリスギタケ
	殺菌原木栽培	広葉樹	マイタケ、マンネンタケ、ヒラタケ
	菌床栽培	広葉樹オガコ	シイタケ、ナメコ、マイタケ、タモギタケ、ヤナギマツタケ、ハタケシメジ、ヌメリスギタケ、ヤマブシタケ、マンネンタケ、クリタケ、ナラタケ、トキイロヒラタケ、エゾハリタケ、トンビマイタケ
		針葉樹オガコ	エノキタケ、ブナシメジ、ヒラタケ、ウスヒラタケ、エリンギ
		バーク堆肥	ハタケシメジ、ムラサキシメジ、ササクレヒトヨタケ、ヒメマツタケ(アガリクスタケ)、キヌガサタケ
	堆肥栽培	イナワラ	マッシュルーム(ツクリタケ、西洋マツタケ)、フクロタケ、ヒメマツタケ
菌根性キノコ	林地栽培(天然生の採取、発生林との関係)	マツ林	マツタケ、シモコシ、ショウゲンジ、アミタケ、ヌメリイグチ、クロカワ、ショウロ、他
		カラマツ林	キヌメリガサ、オトメノカサ、カヤタケ、ホテイシメジ、ハナイグチ、シロヌメリイグチ、他
		モミ、ツガ林	オオモミタケ、モミタケ、マツタケ、キシメジ、シモフリシメジ、オオツガタケ、他
		ブナ、ミズナラ林	アケボノサクラシメジ、アイシメジ、カヤタケ、ツエタケ、チチタケ、イロガワリ、カノシタ、他
		カンバ林	ヤマイグチ、キンチャヤマイグチ、他
		雑木林	ホンシメジ、シャカシメジ、サクラシメジ、タマゴタケ、コウタケ、シロカノシタ、アブラシメジ、他
		人家付近	オオイチョウタケ、カラカサタケ、アミガサタケ、コガネタケ、ハルシメジ、ホコリタケ、他
	菌床栽培	オオムギ	ホンシメジ

れている。このうち、栽培が試みられたのは冬虫夏草属のサナギタケの数種のみで、利用法も食用ではなく薬理用といえる。

なお、キノコ類の菌糸や子実体に寄生するカビ類が多く知られているが、これらは菌寄生菌と呼ばれ、キノコ栽培における大敵である。

(2) キノコのタイプと栽培方法

キノコの栄養生理に合わせてさまざまな栽培法が工夫されているが、これらを整理したのが表2である。

3 キノコの利用と効用

(1) キノコ利用の広がり

①健康食品、機能性食品として

まず、キノコの利用といえば食用が第一にあげられる。キノコ類には、食べたときの歯ざわりやのど越し、ヌメリといった食感がよいもの、うまみ成分を多く含むもの、香りが高いもの、

表3　キノコの薬理作用と成分　（水野卓『効くキノコ』1999より）

薬理作用	キノコの種類	判明した活性成分
抗腫瘍作用	シイタケ、マイタケ、マンネンタケ、アガリクスタケ、ヤマブシタケ、ほか	β - D - グルカン、α - グルカン、ヘテロ多糖、RNA、およびそれらの蛋白複合体、EA6、レクチン類
抗ガン作用	マンネンタケ、アガリクスタケ、ヤマブシタケ	テルペノイド、ヘリセノン、エリナビロン類
血糖降下作用	マンネンタケ、マイタケ、冬虫夏草	ガノデランなどのβ - D - グルカンおよびその蛋白複合体
血圧降下作用	マンネンタケ、マイタケ	テルペノイド、糖蛋白
抗血栓作用	シイタケ、マッシュルーム	レンチナン、5'-AMP、5'-GMPなどの核酸成分
コレストロール低下作用	シイタケ、エノキタケ、マイタケ、ニンギョウタケ、アガリクスタケ、マンネンタケ、シロキクラゲ	エリタデニン、グリホリン、ネオグリホリン
痴呆改善性	ヤマブシタケ、キヌガサタケ	ヘリセノン類、エリナシン類、ジイクトホリン類
肥満抑制作用	マイタケ	蛋白質
摂食抑制作用	ヒラタケ	糖蛋白質(レクチン)
食物繊維効果	キノコ類一般	β-D-グルカン、キチン質、ヘミセルロース、ヘテロ多糖、ウロナイド、などの細胞膜構成成分
抗菌性	担子菌キノコ類	ポリアセチレン化合物、他
抗ウイルス作用	シイタケ、サルノコシカケ科のキノコ類	蛋白質、β - D - グルカン、蛋白複合体
強心作用	フクロタケ、エノキタケ	蛋白(ポルパトキシン)
鎮痛作用	マンネンタケ、アガリクスタケ	蛋白(フラムトキシン)
脱臭作用	シャンピニオン	多糖類、食物繊維
美顔、美肌作用、保湿性	マイタケ、ホンシメジ、ホウビタケ、ニンギョウタケ	チロシナーゼ阻害物質 トレハロース、マンニトール
膠原病改善作用	クリタケ、ホウロクタケ	コラゲナーゼ阻害物質
骨そしょう症予防効果	キノコ類一般	エルゴステロール(ビタミンD)

ボリューム感に富むもの、などのすぐれた食性を持つ種類が多く存在する。栄養的には、蛋白質や炭水化物を多く含むほかミネラルやビタミンも有し、とくに繊維質に富み低カロリーであることから機能性食品あるいはダイエット食品としての評価も高まりつつある。また、栽培方法や材料の面からはまったく農薬を使用しなくても生産が可能なため、安全食品としての価値あるいは販売上の有利性を重視した生産も行なわれている。

②注目される薬理作用

キノコ類には抗ガン作用や血圧降下作用などのさまざまな薬理作用を有することが知られている（おのおののキノコの薬理作用は各論参照）。この研究は最近とくに盛んとなっているが、これまでに判明した成分と効果の関係を表3に示しておく。ほかに漢方では利尿、止血、解毒、滋養強壮などもあげられている。これらは製剤や漢方薬に利用されるほか、健康食品としてのドリンク剤や粉末剤に利用されている。

③観賞用としての利用

観賞用の代表としてはマンネンタケが有名であるが、これは色や形の美しさのほかに古くはめでたいキノコ（幸茸、吉祥茸、福草、門出茸、霊芝、神芝）として珍重された。ほかにマゴジャクシやサルノコシカケの仲間なども同じように利用されている。

④特殊な利用法

これには、火をおこす際の火口《ほくち》にホコリタケやマスタケ、エブリコ、ツリガネタケ、キコブタケなどが用いられた記録がある。エブリコでは薄く切ってたたくとなめし皮のようになる性質から、帽子やチョッキなどの工芸的な利用が知られている。また、樹皮と材の間に厚く密に広がったフェルト状の菌糸を暖皮《だんぴ》というが、これも工芸的に使われたという。ホコリタケなどの胞子はベビーパウダーや止血用に使われていた。

(2) キノコの成分

①キノコの一般成分

現在、分析されている食用キノコ類の一般成分のうち生と乾物を抜粋して付表（248〜256ページ）に示した。

②うまみ成分

食品のうまみ成分としてはコンブのだしのグルタミン酸やかつお節のだしのイノシン酸が有名であるが、キノコにおいてもシイタケからはグアニル酸、ハエトリシメジからはトリコロミン酸、イボテングタケからはイボテン酸、などが見いだされており、ほかにもまだ多くのうまみ成分が存在するといわれている。ちなみに、乾シイタケを水で戻す場合には、冷蔵庫または室温以下の低温で五〜八時間浸漬したものが最もグアニル酸の残存量が多く、四〇℃以上の温水や長時間の浸漬は避ける必要がある。

③香り成分

キノコの香りというとまずマツタケがあげられるが、この成分はマツタケオール（一 - オクテン - 三 - オール）を主体にケイヒ酸メチルなどが混合したものである。マツタケオールは生シイタケ、マッシュルーム、ハラタケ、ヤマドリタケ、など多くのキノコに含まれることも知られている。このマツタケオールは人工合成にも成功しており、いくつかの加工食品に使われていることは周知のとおりである。また、これ以外の多数のキノコ類の香り成分についても分析が進んでいる。

（小出博志）

二、キノコ栽培と自然条件

わが国は、南北に長く、東西に狭いいくつかの島からなるが、その中央帯には、標高二〇〇〇〜三〇〇〇メートルの山脈が連なり、ほぼ中心部にわが国最高峰の富士山が存在している。つまり、国土の面積は狭いが、自然の環境は、平面的にも立体的にも大きな変化を持っている特徴がある。

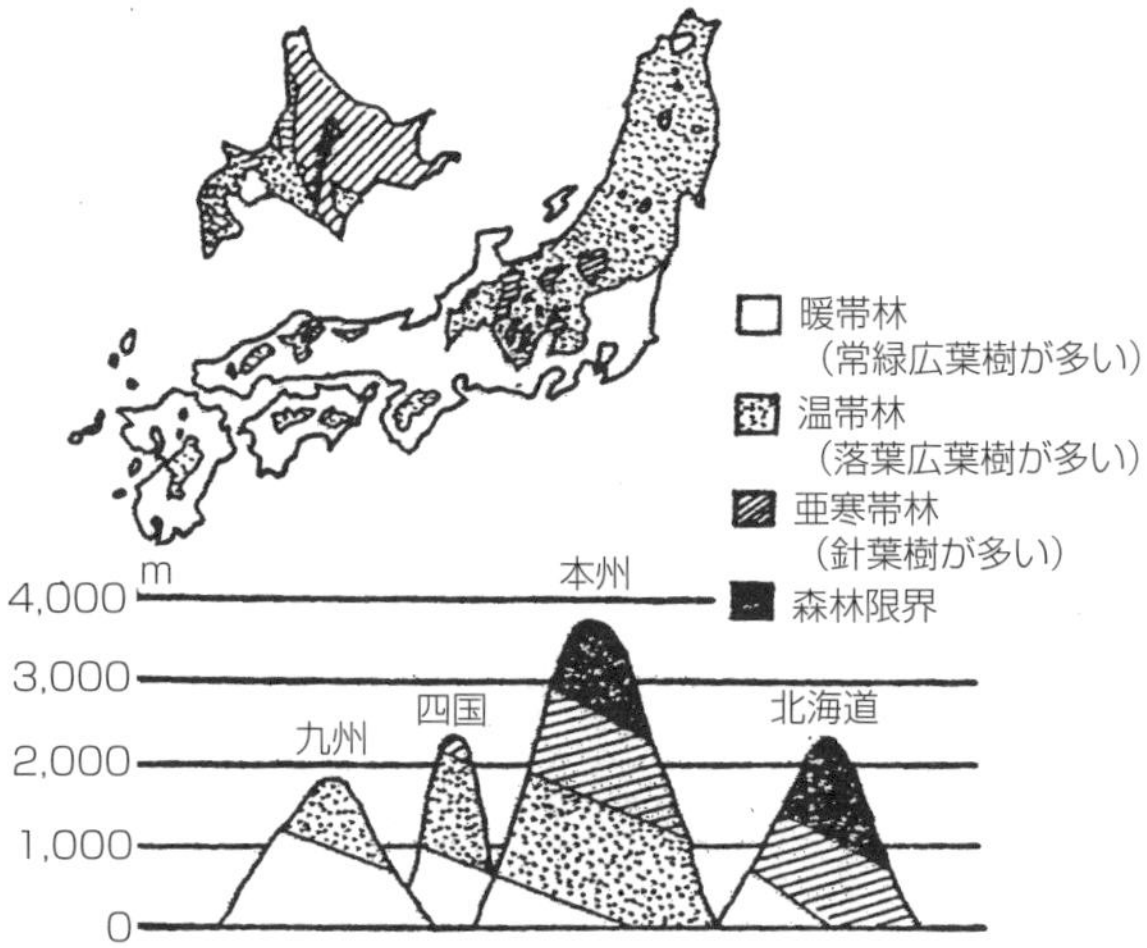

図4　森林の水平分布と垂直分布
（『私たちの森林』日本林業技術協会より）

このため、地方ごとに気候も異なり、当然そこで生育している植物にも変化が見られ、豊富な植物が分布している。したがって、キノコを栽培しようとする場合に、栽培地がそのキノコの性格に適しているかどうかをよく調べなければならない。そのためには、気候、樹木、地質などについて調べ、栽培しようとするキノコとよく照らし合わせてみることが必要である。

1 自然環境と栽培材料

ここでは、栽培に使う材料の面から、どのような材料がある場合に、どのキノコの栽培に適するかということについて述べてみたい。もちろん、キノコ栽培は、栽培の環境とか、栽培材料など個々のものが満足されても十分でなく、いろいろな因子がすべて満たされて初めて栽培ができるわけで、以下述べることは、栽培のための一つの指針として考えていただきたい。

(1) 落葉広葉樹林

①ミズナラ・ブナなど

関東から以北の地域または標高五〇〇メートル以上の地域に見られる。ミズナラ・ブナの組み合わせも、低いところでは、ミズナラを中心とした林に

図5　ナメコやヒラタケ栽培に適したブナ林
（写真：熊田淳）

なり、高いところでは、ブナを中心としてトチノキ、カエデなどが混交林をつくっている。気象条件も年平均気温が低い地域であり、ナメコの栽培が最適であると考えられ、次にミズナラを使ってのシイタケ栽培ということになろう。

ミズナラ・ブナ・ダケカンバなど—ミズナラをシイタケ栽培に利用し、ブナ、ダケカンバなどをナメコ栽培か、ヒラタケの栽培に利用する。

ミズナラは、シイタケ以外にナメコ栽培にも使用できるが、ヒラタケ栽培ではキノコが発生しにくいので利用できない。

ブナ・ダケカンバなど—標高五〇〇～六〇〇メートルの山の日当たりのよいところに、ブナを中心にダケカンバが生えている。この場合は、ナメコまたはヒラタケ栽培に利用するのが有利である。

②コナラ・クヌギ・シデ・サクラなど

標高二〇〇～三〇〇メートルの落葉広葉樹で分布は広く、キノコ栽培の原木林として最も多く利用されている森林である。

コナラ・シデ・サクラ・エゴノキなど—コナラを中心にほかの樹木が生えており、あまり手入れをしていない林で、手入れをすればコナラの林になる。コナラはシイタケに、シデ、サクラ、エゴノキなどは、ヒラタケまたはナメコ栽培に使用する。九州地方のように、温暖多湿なところではキクラゲの栽培を行なうこともできる。

コナラとクヌギ—両樹種ともシイタケ栽培の最適樹種であり、シイタケ栽培に利用するのが最も有利であるが、寒冷地ではナメコ栽培に、温暖地ではシロキクラゲの栽培に利用することも考えられる。昔は、堆肥をつくるための落ち葉ひろいや薪炭の材料として、コナラ、クヌギ林を養成したが、最近は薪炭材料には使わないサクラ、エゴノキが生え出している。

クヌギ・シデ・サクラなど—この林は、薪炭の材料としてクヌギを造林したが、手入れをしなくなって、シデ、サクラなどが生えてきたものである。クヌギはシイタケ栽培に、シデ、サクラはヒラタケなどの栽培に利用するのがよい。シデは樹皮がはがれやすいのでシイタケには使わないが、空中湿度が一年中高く、降水量が年間三〇〇〇ミリを超す地域では樹皮の割れが生ずることも少ないので、シイタケ栽培に利用することができる。

③ポプラ・ハンノキ

ポプラは戦後、イタリアポプラが導入され、生長が速く、パルプ材として も良質であるということで、製紙会社などでも力を入れ、広く栽培された。

図6　野生のシイタケ（写真：松岡靖代）

この樹種は、ヒラタケ栽培原木として最適である。

ハンノキと呼ばれる樹種には、ヤマハンノキ、ヤチハンノキなどの種類があるが、いずれのものもナメコ、ヒラタケの栽培原木として適しており、どちらのキノコでも原木として使える。しかし、両樹種とも少量の場合は、生産品を販売することなく自家消費することになってしまうので、胸高直径一〇センチ程度のものが、少なくとも一〇本以上あることが望ましい。

(2) 常緑広葉樹林

常緑広葉樹は、温暖な地域に多く分布しており、シイタケ、ヒラタケ、キクラゲなどの栽培に用いられるが、樹皮の厚いものは、樹皮がはがれやすく、適樹種とはなりにくい。また、カシ類は、ヒラタケ菌の繁殖が困難なのでヒラタケ栽培には不適である。

常緑広葉樹林には、三つのタイプがある。タブを中心にした林、シイを中心にした林、カシを中心にした林に分けられる。

①カシを中心にした林

カシ類は、アラカシ、アカガシ、ウラジロカシなどの樹種があり、昔は木炭の材料として重視されていた。これらの木は、皮が厚くはがれやすいためにキノコ栽培の適樹種ではないが、空中湿度が一年中高いところであれば、キノコ栽培に使用できる。

②シイを中心にした林

シイ類には、スダジイとコジイなどの樹種がある。シイ類はシイタケの名前があるように、天然でシイタケがよく発生する木である。シイタケをはじめとして、ヒラタケ、ナメコの原木として使用できる。

③タブを中心にした林

タブ類には、クスノキ、タブなどがある。キノコ栽培には使えるが、カシと同じで、樹皮が乾燥によってはがれやすい。湿度の高いホダ場であれば、原木に使える。

図7　スギ、ヒノキの人工林とキノコ栽培

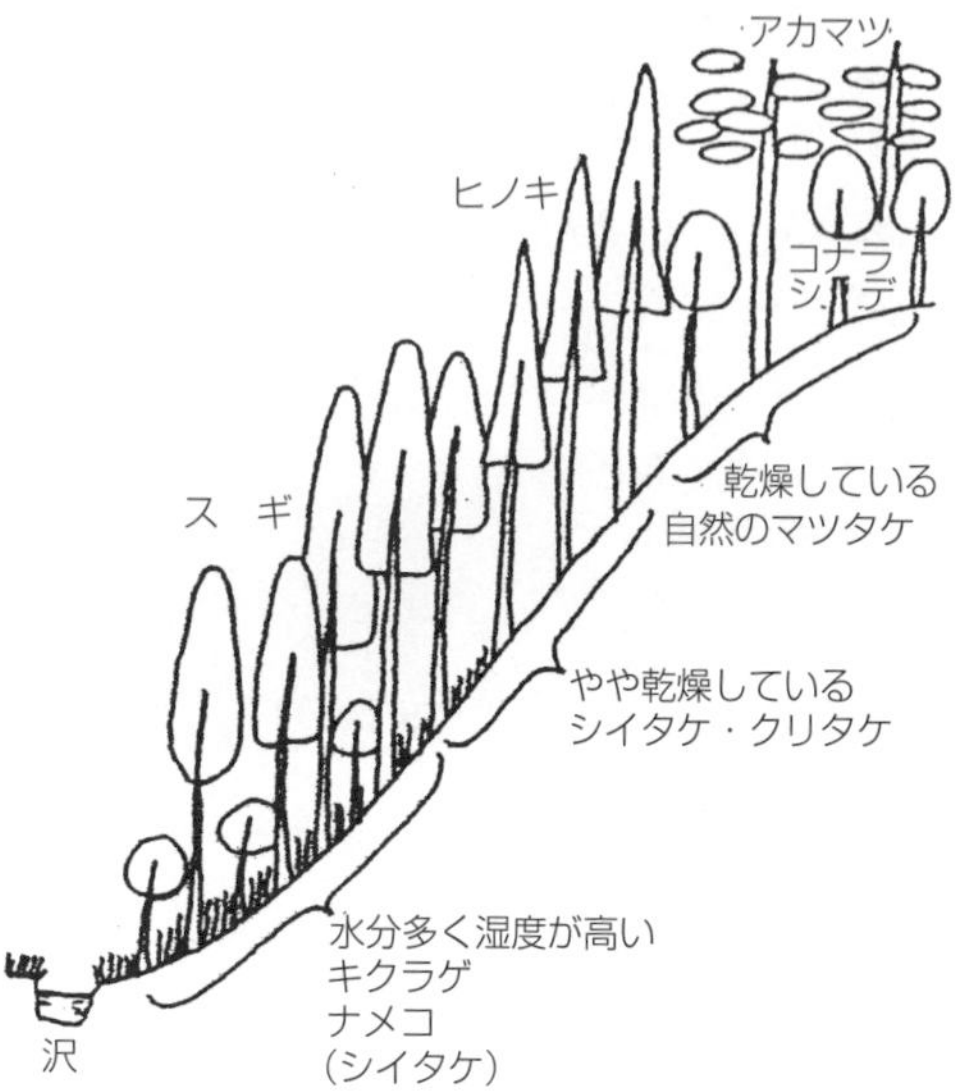

(3) 稲ワラ・麦ワラ

稲ワラは質が軟らかく腐りやすいのでマッシュルーム（ツクリタケ）、フクロタケの栽培に好適であるが、麦ワラは質が硬く腐りにくいので、一般的にはキノコ栽培に利用されていない。しかし、稲ワラが十分にない場合には、麦ワラを材料としてマッシュルームの栽培を行なうことができる。

キノコ栽培に使用する稲ワラは、秋季収穫後乾燥したものがよく、乾燥が不十分のため発酵したり、変質したりしているものはさけなければならない。

(4) オガコ（オガクズ）

キノコ栽培ではオガクズをオガコ（おが粉）といって利用しているのが一般なので、本書ではオガコとして表記する。

①広葉樹のオガコ

国内産の広葉樹材か菌床栽培（箱・ビン）によるキノコ栽培が可能であるが、オガコの粒子は、細かいものよりも粗いもののほうが適している。樹種では、ブナ、ミズナラのオガコよりも、ハンノキ、トチノキなどのオガコのほうがキノコ菌の繁殖が速いので有利であるが、シイタケの場合は、コナラ、クヌギのオガコが最適である。

②針葉樹のオガコ

いわゆる林業地帯の近くには、製材工場がたくさんあり、比較的入手しやすいと思われるが、針葉樹材には、広葉樹よりも多くの樹脂分が含まれており、広葉樹材よりも発生の仕方が劣るが、入手したら十分に天日乾燥を行なって樹脂分を揮発させれば使用することができる。また、野積みしておいて発酵させても樹脂分を除去できる。

2 自然環境と栽培地の選択

わが国の自然は、地域によって気候型、地質が異なり、この結果分布している樹木も地域によって変わっている。このため、キノコ栽培を成功させるためには、この環境に適合したものを導入することが大切である。そこで、いろいろな環境を想定して、どのような環境では、どのキノコが適するかについて考えてみよう。

(1) スギ・ヒノキの人工林地帯

スギを造林できる場所は、土地の肥沃な適湿な場所で、このような場所はキノコ栽培のホダ木の伏せ込み地として適している場合が多い。ヒノキを造林する場所は、スギを造林するところよりも、やや乾燥する場所が適地で、沢すじよりも中腹付近ということになる。

このようなスギ・ヒノキ林の環境について、キノコ栽培の面からどのキノコが適するかを見てみると図7のようになる。つまり、沢すじのところは、湿度が高く、地表面も水分が多いので、水分を多く要求するキクラゲやナメコの栽培を行なうのに適する。中腹になると、適湿度となるので、シイタケ栽培の伏せ込み地として適地となる。尾根すじは、一般に乾燥するので、ホダ木を使用して栽培するキノコ栽培には不適地となることが多い。しかし、尾根すじの場所は、アカマツ林となっている場合が多いので、マツタケ生産のための場所として活用できる。

スギ、ヒノキの造林がすすんだ地域は、ホダ木の伏せ込み適地はあっても、原木が入手困難となっていることもあり、継続して栽培していくことは容易でないと考えられる。

(2) 落葉広葉樹林地帯

落葉広葉樹林の面積は減少して、栽培に使用する原木の入手が困難となっている。現在栽培されているキノコ類の多くは広葉樹を腐朽させる木材腐朽菌であり、これらの菌の繁殖環境としては、落葉広葉樹林のほうがスギ、ヒノキの造林地よりも適していることが多い。

落葉広葉樹林は、全国的に分布しておりシイタケ、ナメコ、クリタケなど原木を使用するキノコ栽培の伏せ込み地として適している。しかし、立地条件がよい森林は、減少の一途をたどっているので、キノコ栽培の面からみると今度は積極的に造成していくことが必要となるであろう。

(3) 常緑広葉樹林地帯

この樹木の分布は、九州地方などの暖地に多く、しかも湿度の高い場所に成立している。したがって、キクラゲの栽培に適している森林であるが、過湿地をのぞけば、シイタケ栽培地としての適地ともなる。

(4) 竹林地帯

竹林における環境の特徴は、タケの数が密の場合は過湿に、疎の場合は乾燥する傾向が見られる。キノコ栽培の好環境地ということはできないが、環境条件をよく観察して、栽培者が環境調節を行なえば、シイタケ、ナメコ、クリタケなどの栽培が可能である。

(5) 水田・畑作地帯

オガコを使ってのキノコ栽培が開発されてからは、森林のないこの地帯で大量に栽培が行なわれるようになり、人工ホダ場によるシイタケ栽培、ヒラタケ栽培をはじめとして、オガコ利用のナメコ、ヒラタケ、エノキタケ栽培、ワラ利用のマッシュルームと、現在栽培されているキノコの大部分が栽培可能となっている。

3 栽培様式と菌を取り巻く環境

(1) 自然のキノコ

自然界におけるキノコの生態を見ると、繁殖最適環境で生活していることがわかる。自然界では、もっぱらキノコにできる胞子（植物の種子）が飛散して発芽し繁殖するが、環境が適さなければやがて死滅してしまい、生き残るものはきわめて少ないのがふつうである。また、キノコも十分に繁殖した場合にだけ発生し、しかもキノコの発生が少ないため、豊富な養分を利用して充実したキノコがつくられる。そればかりでなく、発生後の生長も自然の環境条件で行なわれるために、人工栽培によって発生するキノコの生長速度と比べると数倍の期間を要していると考えられる。

この差が「うまみ」にも影響しているのではないかと考えられる。したがって、収益性から考えると問題となるが、キノコ本来の味を求めるならばじっくりと時間をかけて生長させるようにするべきであろう。

(2) 自然林と人工ホダ場

原木を用いるキノコ栽培では、自然の気象条件下で管理するのが大部分であるが、自然林の伏せ込み適地が減少したために、人工ホダ場を造成して伏せ込むことも多くなってきている。自然林と人工ホダ場を比べると基本的に大きな差があることがわかる。

自然林の伏せ込み地は生物的環境であり、樹木がその環境を調節し、天然の生育環境に近い条件が整えられ、天候の変化も和らげられるが、人工ホダ場では、無機質（無生物）的環境であり、環境は気象の変化が直接環境に影響することになるため、環境の調節はすべて栽培者が行なわなければならなくなる。天然のキノコが本来自然の適環境下で生活していることを考えると き、人工ホダ場の栽培技術は、自然林における栽培技術に準じて行なうのではなく、日覆いや散水など人工ホダ場独自の栽培技術をつくることが必要となる。

(3) 菌床栽培

オガコを用いる栽培の場合は、人工ホダ場の環境よりもキノコにとってはさらに厳しい環境となる。つまり、原木栽培では、菌糸は樹皮によって保護されているが、菌床栽培では、裸に近い状態に置かれることになり、常に害菌の攻撃下にさらされていると考えなければならない。しかも、ある程度菌の生育適環境に近い状態に整備された施設下で栽培が行なわれるため、温度および湿度が菌の繁殖条件に管理されている。

このことは、逆に害菌の繁殖適環境ともなるわけで、まさに両者の繁殖競争であり、栽培者のち密な栽培管理が強く望まれてくる。それは箱→袋→ビンと培地が小さくなるにつれて重要になる。つまり、菌床栽培は人間にたとえれば赤ん坊を育てているようなもので、外界の変化や害菌にはとても弱い状態であり、さらに空調施設でのビン栽培などは保育器の中の未熟児といってよい。

4 自然環境の生かし方

(1) 条件に応じた施設化

近年になって栽培規模の拡大がすすめられ、省力化をはかるため効率的な機械を導入するなど栽培施設が整備されるようになっている。しかし、自然環境を無視した施設化は危険である。自然環境を上手に利用していくことが生産コストの合理化にもつながるので、十分に考慮しなければならない。

①原木栽培での施設

施設整備にあたってまず考えることは、キノコをどの時期に生産するかということである。たとえば、生シイタケの場合、冬季の生産を主体に行なうとすれば、東南向きの場所にフレームをつくることが暖房費の節約にもなるため必要である。逆に、夏季の生産を行なう場合には、温度が高いとキノコの生長が速くなり、また、傘が早く開いてしまい、良質のキノコが収穫できなくなるので、北向きの日陰地などできるだけ温度の低い場所に発生舎を設けることが必要である。

②オガコ利用での栽培施設

オガコを用いる栽培では、主に人工環境下に置かれているが、むやみに周年化をねらうよりは、生産するキノコの市場動向を十分に調査して、生産時期の重点を決定し、それに合った施設としなければならない。たとえば、ヒラタケ（人工シメジ）の場合は夏季の価格が冬季の価格よりも低くなっているので、冬季を生産の重点とし、夏季は副次的に行なう施設にとどめるか、秋から春までの生産として施設をつくるべきである。

生産施設で多くの経費がかかるのは冷房装置で、暖房装置の三倍くらい必要になる。暖房装置は、殺菌装置のボイラーを利用することもできるが、冷房装置は独立したものとしてつくらなくてはならない。したがって、この場合は、冬季の温度条件をよくし、暖房費を軽減するために、東南向きの場所に施設を整備することになる。秋から栽培を始めようとするときは、秋の気温が高いので、この時期は日陰となるよう落葉広葉樹があるとよい。

図8　林内環境を生かしたシイタケ菌床自然栽培

(2) 見直したい自然栽培

①生産費をかけずに高品質生産

空調施設を利用した周年栽培をはじめ、現在のキノコ栽培の主流は施設を利用したものとなっている。しかし、自然の気象条件を生かしてキノコの生産を行なうことができれば生産方式として最も合理的な方法である。もちろんこの場合、栽培するキノコの種類と栽培方法は限られてくるのはやむを得ないことである。

たとえば、ナメコとヒラタケの自然栽培には、原木を用いる栽培と袋を用いた菌床栽培を野外で行なうことが考えられる。

原木栽培は、従来から行なわれてきた方法で、ナメコの場合は、沢すじの比較的湿度の高い場所に伏せ込むようにする。ヒラタケの場合は発生舎をつくるため、平坦地を選定する。

菌床栽培でも、菌の生育に必要な環境調節を自然林の微妙なコントロールにまかせるのである。キノコの発生環境は天然キノコに近くなる。この場合、菌床の表面に直射光線が当たると輻射熱によって菌床が高温となり、菌が死んでしまうので、直射光線が当たらないようにしなければならない。

自然栽培は、施設栽培に比べると生産経費がかからないばかりでなく、キノコの肉質も充実していて美味である。また、キノコの形も、キノコ本来の形をしており、自然食品というイメージに合った姿をしているので、品質重視の時代には見直す意義も大きい。

②食味、香りなど本物のキノコをつくる

食用となるキノコは、古くからわが国で利用されてきた食材であるが、地方によって珍重されてきたキノコを調べてみると違いがあることを知ることができる。つまり、シイタケ、ヒラタケは暖かな九州、中国地方で利用されてきており、ナメコやマイタケは東北地方で古くから利用されてきたキノコである。とくに、ヌメリの強いナメコは、東北地方で好まれて消費されるが、関西、中国地方では東北地方で好まれるヌメリが逆に嫌われている。

したがって、キノコの栽培は、栽培する場所において需要の多いキノコを栽培することも考慮することが必要である。

③放置されている林野を生かす

森林浴など国民の健康志向から、自然に親しむ活動が多くなるとともに、自然食品であり健康食品であるキノコに対する要求が強いので未利用のまま放置されている森林を活用してキノコを栽培することも森林の活用の一つの方法である。

たとえば、広葉樹林の下草を刈り払い、そこにクリタケ、ナメコなどのホダ木を伏せ込んで、キノコ狩りを楽しむ場所を提供することもできよう。また、シイタケホダ木のオーナーを募集し、所有区分を定めて一年を通じてキノコと親しむとともに、採れたてのキノコをそこで味わうことができる環境を備えておくことも考えられる。

（大森清寿）

三、キノコの種類と栽培法の基本

1 キノコの種類と栽培法

(1) 種類と栽培法

キノコの生産においては、個々の種類の生理的特性や生産目的に応じてさまざまな栽培法がとられているが、現在栽培可能なキノコと適合する栽培法については表2（18ページ）を参照されたい。

(2) 原木栽培と菌床栽培の違い

わが国におけるキノコ生産の大部分は木材に由来した種類で、栽培も原木栽培から始められたものが多い。原木栽培では各種類に適する樹種を把握し、キノコが発生しやすい自然環境を生かして、ほぼ自然条件下で収穫がされてきた。

これに対して菌床栽培では、立地条件を選ばず、空調施設を設けることでどこでも一年中収穫ができる専業的、工業的栽培法といえる。

なお、原木栽培と菌床栽培の違いを表4に示したので原料やねらいに合わせて判断するとよい。

2 各栽培法のポイント

(1) 原木栽培

原木栽培で最も多く行なわれているのは、九〇センチ～一・二メートルの原木に種菌を接種して栽培する普通原木栽培であり、一般に原木栽培というとこの栽培方法を指すことが多い。伏せ込みは、ホダに組む方法と地表に並

表4　原木栽培と菌床栽培の違い

	原木栽培	菌床栽培
栽培方法	キノコの発生しやすい自然環境で栽培	立地条件を選ばず、空調施設内で栽培
収穫期	シタケ以外は自然発生期	空調施設で一年中収穫
キノコの品質	天然産に近い味、香り	天然産と大きく違う種類もある。似ていても味、香りは淡白になる傾向
栽培の難易	ホダ木の樹皮が菌糸を保護するので病害虫の被害を受けにくく、栽培しやすい	豊富な栄養と殺菌するため病虫害を受けやすいので、清潔な環境と緻密な管理が必要
栽培効率	ホダ木つくりに１～２年、収穫に数年かかり、栽培効率は低い	３～数カ月で収穫でき、年に数回収穫できるなど効率的
施設・設備と資金	施設機械などの投資は少ない	空調施設など機械施設に大きな資金が必要

べるか土中に埋設する方法などがある。

また、大径原木を厚さ一五センチ程度に玉切りし、二個一組にして間にオガ菌をはさんでサンドイッチ状に培養する短木断面栽培もあり、これは原木による簡易促成栽培といえる。そのほか、伐り倒した木の接地面側の枝だけを落として長いまま利用する長木栽培、枯死した切り株に直接接種して用いる伐根栽培といった簡易栽培方法も知られている。

主な原木栽培の手順を図9に示した。

(2) 殺菌原木栽培

原木を袋にはいる程度の大きさに切り、殺菌または煮沸をしてから袋内で接種、培養する方法である。このため、殺菌釜か煮沸殺菌装置を設けることが必要である。接種は菌床栽培と同様に清潔な部屋と技術が求められる。培養は簡易ハウスや人工日陰下で行なわれ、空調施設までは設置していない。

簡易ハウスや林内での埋め込み発生で、収穫時期は自然発生期になるので、収穫物はより天然産に近い食味や品質が期待できる。

(3) 菌床栽培

オガコ、栄養材、水をかく拌調製した後に箱、袋、ビン容器に詰め、殺菌を行なってから接種・培養をし、菌床面からキノコを発生させる。培養や発生には空調施設を設け、栽培期間を短縮して通年収穫をはかる品目が多い。

しかし、シイタケ、ナメコ、エノキタケ、ヒラタケなどでも簡易施設を用いて春接種―秋収穫といった季節栽培法が見られるし、菌床であってもヒラタケ、マイタケ、クリタケなどでは土中埋設による発生法も行なわれている。

(4) 堆肥栽培

稲ワラを主材料とした堆肥を製造し、これに種菌を接種、培養して収穫を得るタイプである。堆肥の殺菌は自らの発酵熱で行なうため、目的の温度に上げるための施設の能力が重要となっている。熟成した堆肥は棚やトレイ、ポリ袋に充てんして、接種、培養、覆土、収穫を行なうが、堆肥の切り返し機や充てん機、排出機といった一連の機械類が必要である。

(5) 林地栽培

菌根性キノコ類の栽培は生理上の特性から原木、オガコによる生産は不可能で、現在のところ林地からの天然産の採取が大勢である。マツタケにおいては増産法がかなり明確になってきている。しかし、マツタケ菌の接種技術についてはまだ確立していない。

なお、ホンシメジではオオムギを用いた人工培地で子実体生産が成功している。

3 原木栽培のポイント

原木栽培では、原木とキノコの種類の関係、原木の乾燥状態、種菌の接種方法と密度、伏せ込み場所の環境や環境管理などがポイントになる。これらの判断の目安を表5～6と図10～12で示した。なお、具体的には各論のそれぞれのキノコのコーナーを参照されたい。

4 菌床栽培のポイント

ここでは現在、栽培の主流となっている菌床栽培の技術のポイントを整理してみた。なお、図13に菌床栽培の工程ごとに主な材料・資材、施設、機器類を示した。

(1) 培地材料と仕込み

①培地材料

これには培地基材と栄養添加材、微量添加剤がある。（表7）

広葉樹オガコは屋根下で乾燥保存し、腐朽をさける。針葉樹オガコは逆に屋外で加水堆積を行ない、腐朽阻害物質の除去と保水性の向上をはかる。栄養添加材は極力新しい物を使用する。微量添加剤の使い方は個々のキノコによってさまざまである。

②培地の調製

培養期間の短い菌床栽培ではほとんど木材成分が分解されていないが、キノコの種類によっては樹種が大きく影響する。また、基材の粒度構成もキノコ形成に微妙に影響する。

基材と栄養材の配合比は、菌糸伸長速度やキノコの発生量を大きく左右するので、キノコの種類やねらいでいろいろ工夫されている。なお、配合では容積比と重量比（または一ビン当たり重量）が使われるので混同しないこと。

水分率の調整は飲用水を使用するが、通常は湿量基準（全重量に占める水分重量）で示される。表8に計算方法を示したが、慣れると手で握った感触でもほぼ調整できる。培地添加剤では、殺菌後の培地pHの変化をチェックするとともに、適正使用量をオーバーすると逆効果が生じることもあるので注意

図9　主な原木栽培の手順と対象キノコ例

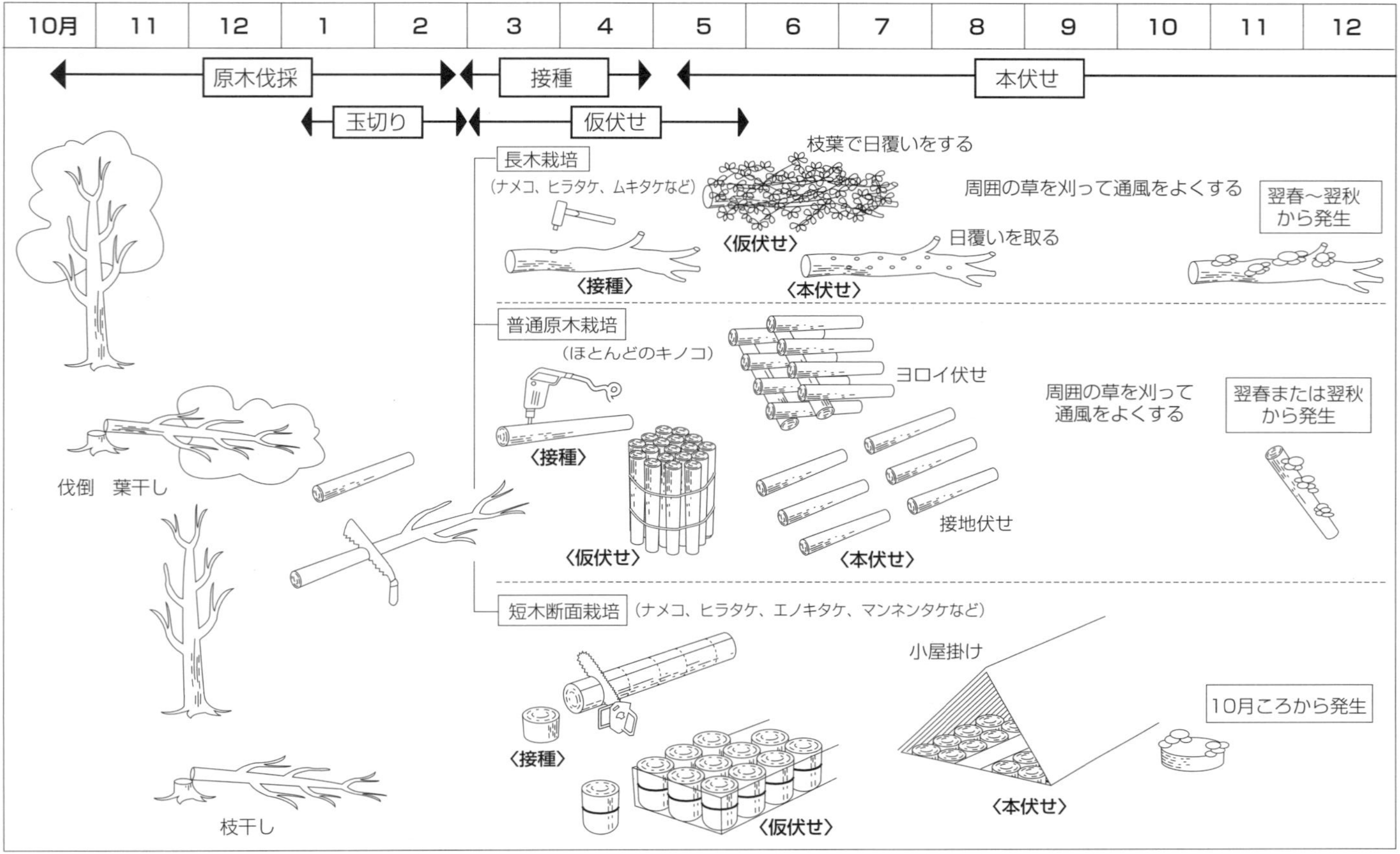

する。

③培養容器

ビン、袋が主であるが、木箱やコンテナの利用例もある。大きさや特徴を表9に示したが、容器の形状は作業性や害菌の汚染と関係が深いし、培地重量は培養期間、キノコ発生量や形状を左右するので各論をよく検討されたい。

④種菌の選択

菌床栽培用には通常オガコ種菌が使われる。同じキノコの種類でも発生型と関連した系統分け（栽培品種）があり、栽培法を考慮して選択する。空調栽培では短い培養期間で発生可能な高温性や

表5　原木の樹腫とキノコ

種類	適した樹種
シイタケ	コナラ、クヌギ、シデ、カシ、シイ、クリ
ナメコ	ブナ、トチ、コナラ、イタヤカエデ、ハンノキ、サクラ
ヒラタケ	エノキ、ハンノキ、ヤシャブシ、ポプラ、ヤナギ、クルミ、クワ
エノキタケ	エノキ、ポプラ、ヤナギ、ホオノキ、ケヤキ、トチノキ、シラカンバ
キクラゲ	アカメガシワ、エノキ、ニワトコ、ヤマギリ、クワ、タブ、サクラ、カキ、ケヤキ
クリタケ	クリ、コナラ、ハンノキ、サクラ、ブナ、シデ、ミズキ

表6　原木の大きさと栽培法

栽培法	原木の太さ cm	原木の長さ cm
シイタケ普通栽培	12〜15	90〜100
ナメコ普通栽培	15〜25	90〜100
ナメコ覆土式栽培	7〜14	90〜100
ナメコ短木栽培	15〜30	15〜 20
ヒラタケ短木栽培	15〜30	10〜 15
キクラギ普通栽培	10〜30	50〜100
クリタケ普通栽培	9〜12	60〜 90
エノキタケ普通栽培	9〜12	90〜100

図10　原木の乾燥の程度

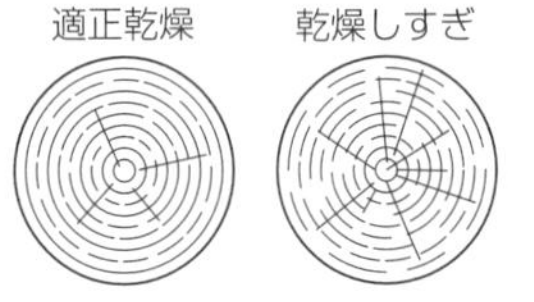
適正乾燥
乾燥しすぎ

図11　栽培方法と植菌数の目安

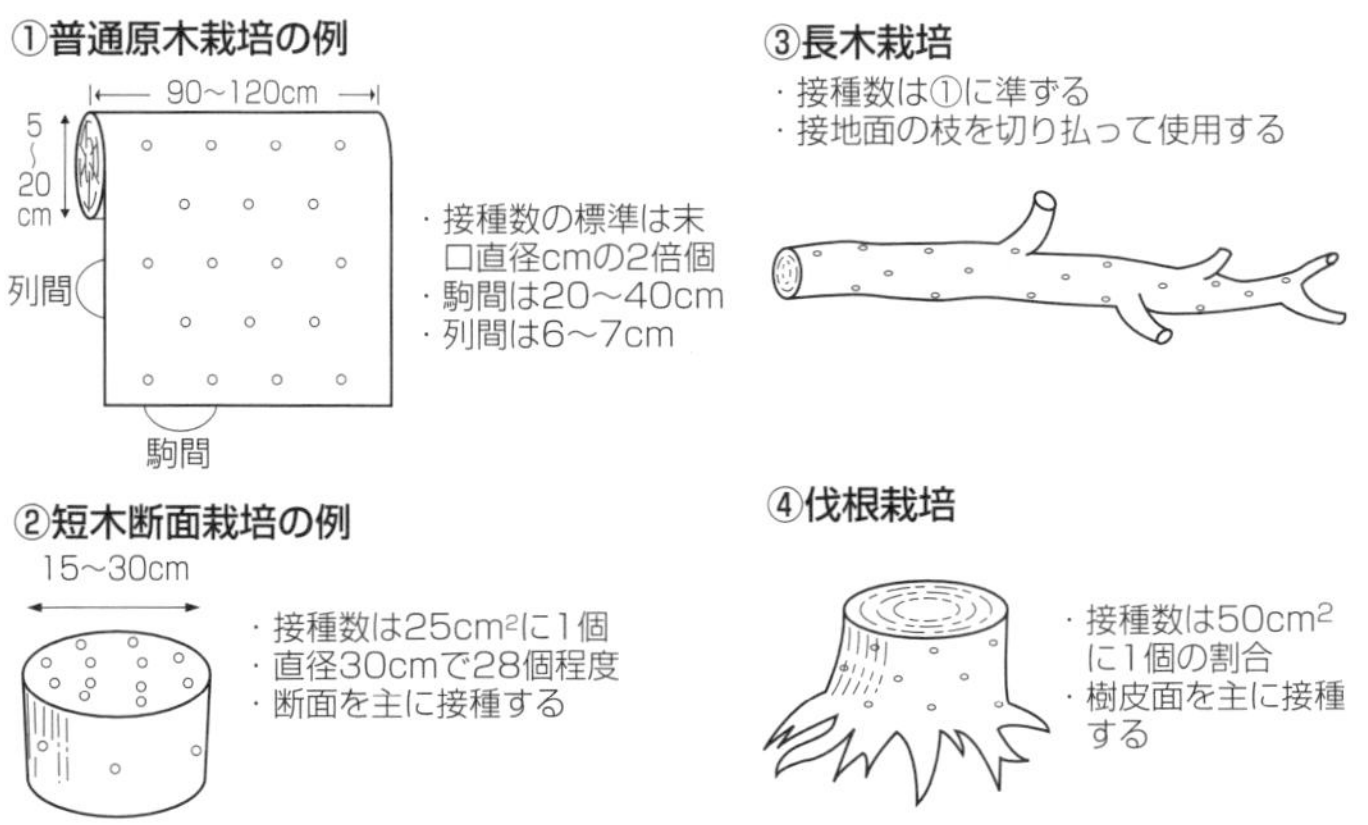
①普通原木栽培の例
90〜120cm
5〜20cm
列間
駒間
・接種数の標準は末口直径cmの2倍個
・駒間は20〜40cm
・列間は6〜7cm
②短木断面栽培の例
15〜30cm
・接種数は25cm²に1個
・直径30cmで28個程度
・断面を主に接種する
③長木栽培
・接種数は①に準ずる
・接地面の枝を切り払って使用する
④伐根栽培
・接種数は50cm²に1個の割合
・樹皮面を主に接種する

接種数が多いほど菌糸の回りが速く、収穫期も速くなる。

図12　菌糸のまん延と伏せ込み場所

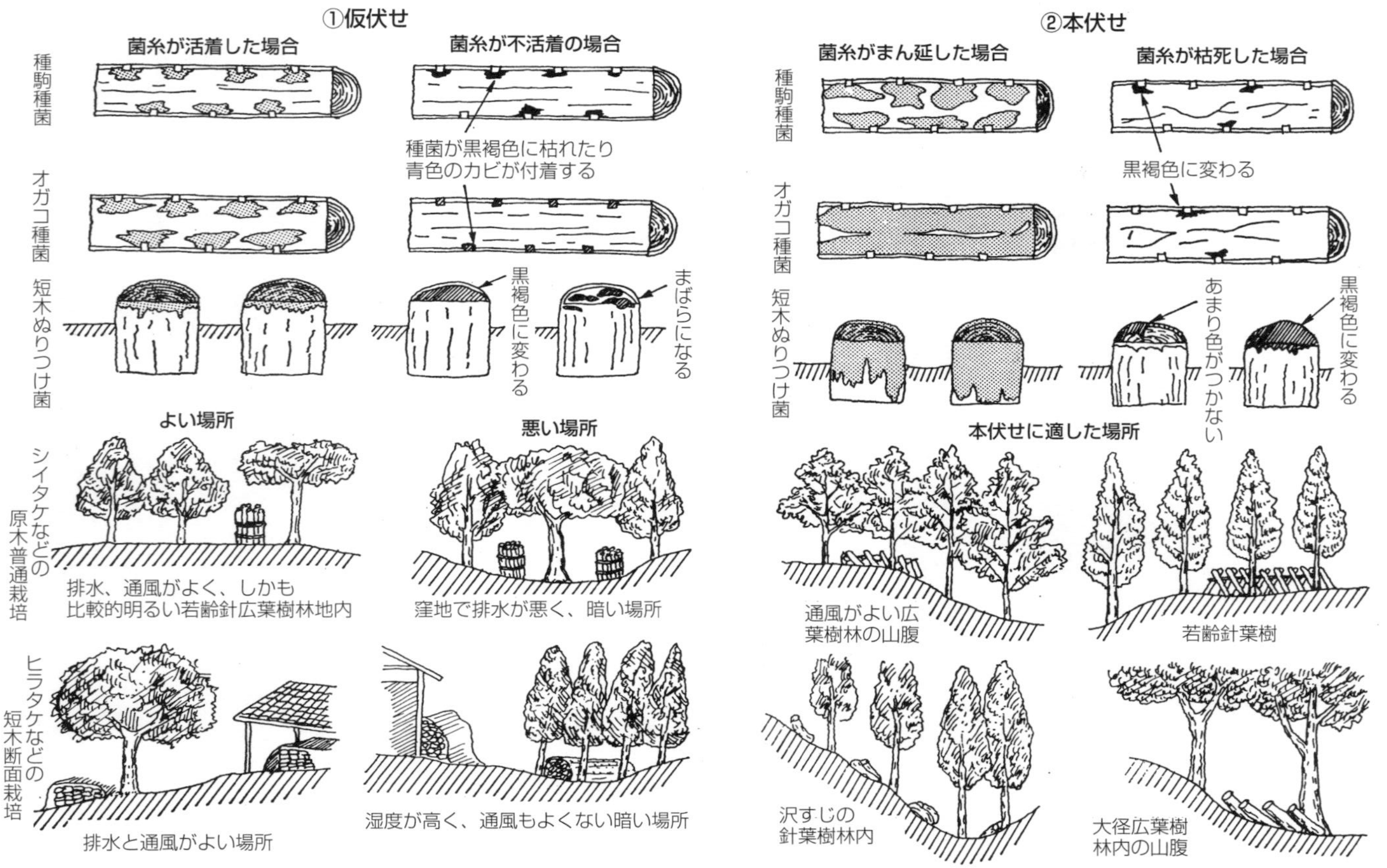

①仮伏せ
菌糸が活着した場合
菌糸が不活着の場合
種駒種菌
オガコ種菌
短木ぬりつけ菌
種菌が黒褐色に枯れたり
青色のカビが付着する
黒褐色に変わる
まばらになる
よい場所
悪い場所
シイタケなどの
原木普通栽培
排水、通風がよく、しかも
比較的明るい若齢針広葉樹林地内
窪地で排水が悪く、暗い場所
ヒラタケなどの
短木断面栽培
排水と通風がよい場所
湿度が高く、通風もよくない暗い場所
②本伏せ
菌糸がまん延した場合
菌糸が枯死した場合
種駒種菌
オガコ種菌
短木ぬりつけ菌
黒褐色に変わる
あまり色がつかない
黒褐色に変わる
本伏せに適した場所
通風がよい広
葉樹林の山腹
若齢針葉樹
沢すじの
針葉樹林内
大径広葉樹
林内の山腹

図13　菌床栽培の工程と材料、施設、機器

工程	材料、資材	施設、備品	機器類
原材料の準備		材料保管庫	フォークリフト
培地の調製	オガコ、栄養材 添加剤、水	培地調製室	ふるい機、ミキサー コンベアー
↓ ビン・袋詰め	ビン、キャップ 袋、コンテナ 燃料、水	培地調製室	ビン・袋詰め機、自動 キャッパー、コンベアー 台車、隔測温度計
↓ 殺菌（培地の調製〜殺菌：1日）		殺菌釜（常圧、高圧） ボイラー、バーナー	
↓ 放冷		放冷室、クーラー 殺菌灯、エアカーテン、 空気清浄機	
1晩 ↓ 接種	種菌、消毒用 アルコール	接種室ほか、前項同様	接種台、接種機、サジ、 アルコールランプ、他
↓ 培養		培養室、冷暖房装置 換気装置、加湿装置、 管理灯、棚	リフト、台車
1〜数カ月 ↓ 発生 芽出し、生育		芽出し室、抑制室、 生育室、冷暖房装置、 換気装置、加湿装置、 照明装置、棚	菌かき機、抑制機、紙巻き機
1〜数カ月 ↓ 収穫			収穫機
↓ 出荷	包装資材	調製・荷造り室	選別機、計量器、脱気機 包装機、予・保冷庫
↓ 清掃・消毒	消毒薬		かき出し機、ビン洗浄機 掃除機、薬剤散布機

極早生系の品種が使われるし、自然温度栽培では収穫期間に幅を持たせるため早生系から晩生系の数品種の組み合わせを行なったりする。もちろん、選択には発生量やキノコの形状、品質も重要である。品種の選択には種菌メーカーのカタログや『きのこ種菌一覧表』（全国食用きのこ種菌協会発行）を参照するとよい。

種菌は純粋培養されたもので、表示された品種の特性を有し、かつキノコの生産能力が高くなければならない。栽培者がこれを的確に把握することはかなり難しいが、肉眼的にチェックすべき最低限の内容を表10にまとめた。

⑤殺菌・放冷

調製、容器詰めされた培地は変質しやすいので速やかに殺菌をする。殺菌方法は表11のとおりであるが、必要以上の高温や時間をかけると培地の乾燥や変質をともなうのでさける。殺菌釜の扉には片開きと両開きがあるが、釜を壁に埋め込み、殺菌後の培地を清潔

表7　培地材料

培地基材	オガコ、チップ、チップダスト、コーンコブミール(トウモロコシの穂軸粉砕物)、ほか
栄養添加材	米ヌカ、フスマ、トウモロコシ、ほか
微量添加剤	消石灰、発酵残さ物、無機成分、その他市販物多数

表8　培地水分率の調整方法

<条件>　ビン容量850ml、培地水分率65%、詰め重510g/1ビン、配合材料（オガコ320g、コーンコブミール20g、米ヌカ50g、フスマ20g、乾燥オカラ10g）

<計算方法>

栄養材量の水分率は約11%で一定しているので、オガコの水分率によって追加する水分量を求める。

①オガコの乾物重を求める

全体の乾物重から栄養材の乾物重を引くと

510g×35%−(17.8+44.5+17.8+8.9) =89.5g

②オガコの1ビン当たりの詰め重を求める

乾物重÷乾物率＝1ビン当たり詰め重

89.5÷0.28(28%)=319.6　約320g

③加える水の量を求める

全体の詰め重510gからオガコ、栄養材の詰め重を引くと、水分添加量90mlが求められる

	水分率 %	乾物率 %	乾物重 g	水の量 ml	詰め重 g
全体	65	35	178.5	331.4	510
オガコ	72	28	89.5	230.4	320
コーンコブミール	11	89	17.8	2.2	20
米ヌカ	11	89	44.5	5.5	50
フスマ	11	89	17.8	2.2	20
乾燥オカラ	11	89	8.9	1.1	10
水				90	90ml

（備考）直接材料の水分率を求める場合は、試料を105℃で24時間乾燥（絶乾重、水分がまったく含まれていない状態）し、乾燥前と乾燥後の差（水分重）を求めて算出する。

①湿量基準＝水分重/絶乾重＋水分量（%）……キノコ栽培関係で使われている水分率

②乾量基準＝水分量/絶乾量（%）……木材関係で使われている水分率

な放冷室側から取り出す構造にすると優れた害菌対策になる。高圧釜では暴発の危険をさけるため、安全弁の点検と缶内圧力が0になってからの開扉を励行する。直下式の釜では水不足による空焚きに注意する。

放冷室は、外気の流入や人の持ち込む害菌を防ぐ対策をとる。室内もカビの繁殖しにくい材料を用い、殺菌灯の設置や定期的な消毒を行なって無菌精度を高めことが重要である。これらの考え方については「シイタケ種菌製造管理基準」（昭和四十七年、林野庁制定）に詳しいので参照されたい。

⑥接　種

培地が二〇℃程度に冷却すれば接種できる。通常は一晩置けばよいが、高温時や収容量の多い場合にはクーラーを用いる。

接種時は、栓を開放するために空中浮遊菌の影響を受けたり、接種器具の消毒不良から汚染を受けやすいので、接種室の無菌化と作業の清潔性、迅速

性が重要となる。接種作業は手作業と接種機による方法があり、機械にも半自動や全自動、処理本数も一本または四本同時といったいくつかのタイプが開発されている。接種個所は通常培地表面と接種穴であるが、種菌を培地内部に混ぜ込む混合接種という方法もある。

図14　菌床用の各種栽培ビン

ポリプロピレン製で、略してPPビンとも呼ばれている

(2) 培養施設と培養

培地の積み方には、棚差し、棒積み（重箱積み）、台車利用など容器の形状や場所の広さに応じて工夫されている。

室内培養では、培地周辺の空気が動くように間隔をあけるとともに、積み高と天井の距離にも注意する。空調施設では、内壁を断熱パネルやウレタン吹き付けとし、冷暖房装置、タイマー式換気扇、熱交換式換気扇、天井ファン、管理灯などを設ける。二方向のドアを開放して大量換気をする構造もある。室内培養では、収容量と炭酸ガス（CO_2）濃度の関係、培養初期の発酵熱の処理がポイントとなっている。

図15　菌床栽培用の各種栽培袋（培地を詰めた状態）

図16　プラスチックの箱を利用した容器に培地を詰めた様子

表9　培養容器

容器	素材、大きさ、栓、など	特徴と利用
ビン	ポリプロプレン製(PP)ビン、容量500～1,500ml、口径55～77mmが多い。専用キャップや紙栓を使う	シイタケを除く大部分のキノコの栽培で利用
袋	ポリエチレン製かポリプロピレン製、培地重量1～1.4kg、2.5kg、2.5kg以上用がある	シイタケ。その他キノコの林内や簡易施設栽培で利用
木箱、コンテナ	培地重量４～５kgから10kgくらいまである。耐熱製フィルムで培地を包む	ナメコの林内栽培などで利用

表10　肉眼的オガコ種菌の見分け方

項目	優良種菌	熟度不良種菌	汚染種菌
ビンの外周	白色綿毛状の菌糸で覆われている	菌糸は見られるが粗いかまだら状態（未熟）	緑色、黒色の斑紋や拮抗線または未まん延部がある
ビン口内部	白色の菌糸で覆われている	気中菌糸が栓にまでまん延する（過熟）	緑色、紅色などの斑紋、原種菌の乾燥がある
培地内部	菌回りが均一で培地の色が明色である	菌回りが粗く色が明色～暗色の層状（未熟）	円状の拮抗線や未まん延部がある
培地を取り出したとき	培地に弾力があり大割となる	弾力がなく小割や紛状になりやすい（未熟）	緑色の斑紋、拮抗線、未まん延部、ときに異臭あり
培地をくずしたとき	適当な水分があり、くずすのに固い状態	水分過多で軟弱な状態（過熟）	水分過多あるいは極端に乾燥している
その他	ビン壁に傷やピンホールのないもの	ビン底に褐色の水がたまる（過熟）	ビン口に褐色の水が生じる場合もある

注）未熟種菌は追培養をすれば使用可能だが、過熟種菌や汚染種菌はビンごと廃棄して使用しない

表11　殺菌釜と殺菌方法

種類	温度と殺菌時間	利用	価格の目安
常圧殺菌釜	98～100℃で４時間以上	菌床栽培、殺菌原木栽培	80～150万円前後
高圧殺菌釜	120～121℃で１時間から１時間30分		350～1,600万円前後
煮沸殺菌	沸騰後5～6時間煮沸(ドラム缶にバーナーが多い)	主に殺菌原木栽培	25～40万円

簡易施設の場合には、直射日光を避ける日陰と風通し、夏でも三〇℃以上にならない場所の選定、周辺の清潔性に注意を払う必要がある。

(3) 発生と収穫

①発生操作と発生管理

発生室は一般に棚で行なわれるため、培養室の数倍の広さが必要となる。

原基形成から生育までは微妙に環境設定を変えるが、これを一室で行なうタイプと複数室で培地を移動して行なうタイプがある。発生室は害菌・害虫の繁殖しやすい条件にあるため、周年栽培では複数の部屋を設けて各部屋ごとに生育ステージをそろえるほうが安全に管理しやすい。

部屋の内壁は培養室と同じであるが、冷暖房装置は風の強く動かない機種を用い、加湿機は超音波や二流体方式の細かい霧状のタイプが好まれている。

ビンでの発生操作では菌かきがポイントとなるが、これにはエア式、スプリング式、平がき式、ぶっかき式などがあり、キノコの種類によって使い分ける。

②収穫・包装

キノコの収穫は個体ごとに行なう種類と株ごと行なう種類がある。主要な種類では出荷規格が作成されているのでこれにもとづいて行なう。収穫は手作業が多いが、ナメコでは自動収穫機も開発されている。

包装はキノコによって形態が異なるため、おのおのの専用機が使われる。包装には異物や汚染、変質キノコの混入に注意するとともに、密封不良による気中菌糸（キノコ表面に発生する菌糸、カビと混同されやすい）の発生を防止する。高温期の予冷や低温輸送にも配慮する必要がある。

(4) 廃床処理・清掃

収穫の終わった廃床は速やかに容器からかき出して、栽培地から離れたと

図17　大型培養センターの培地調製室

ミキサー（奥）と詰め機（手前）

図18　空調栽培舎の全景

図19　簡易ハウス栽培舎

シルバーシートを利用して遮光し、温度の上昇を防いでいる

ころで保管、あるいは堆肥処理を行なう。廃床が大量に排出される産地ではこの処理が問題となるが、堆肥、粉炭、家畜の敷料、燃料、昆虫飼育用、キノコ培地への再利用、など多くの再利用法が工夫されている。栽培地周辺には害菌・害虫の繁殖源となるような腐敗植物、廃ホダ木、廃菌床を置かないようにする。

栽培施設は、部屋が空になる都度、培地粕を除去し、水洗や薬剤消毒を励行して、日常的に害菌・害虫の密度を下げておくことが大切である。

5 経営、販売上の工夫

(1) 経営方式のタイプ分けと特徴

まず、腐生性キノコ栽培の経営形態を大別すると、一貫方式、共同施設利用方式、分業方式に分けられる。

①一貫方式

個々の栽培者が、材料の調達から収穫・出荷まですべてを行なう方式である。このため、栽培にかかわる一切の機械、施設を設置する必要があるし、技術面でも全工程に精通することが求められ、栽培者の資金および技術的負担は大きい。しかし、栽培中に障害が生じた場合、栽培者自らが全工程を管理していることから比較的容易に原因を追及することができ、栽培の安定化がはかれる。また、種菌や培地、培養条件などの選択が自由で、技術上の改善がしやすいメリットもある。

一貫方式は、キノコ専業経営やキノコ主体複合経営で多いが、ヒラタケ、ナメコの短木断面栽培、マイタケ、マンネンタケの殺菌原木栽培などの季節的、副業的経営でも行なわれている。

なお、一貫方式の経営体には、個人、協業体、協同組合、農業法人のほかに企業がみられる。

②共同施設利用方式

高額な投資を必要とする菌床栽培用の施設、機械を共同化し、製造コストの低減をはかる方式である。この事業体には、協業体、農協、森林組合などがあり、公的補助金を導入して投資額の圧縮をはかる例が多い。

施設の利用形態としては、個人が自ら必要な培地を製造するタイプ、共同して培地製造を行ない各自に分配するタイプなどがある。一貫方式と同様に、栽培者自らが栽培全工程の技術に精通する必要がある。

もっぱらシイタケやナメコの菌床栽培で行なわれており、秋から冬季発生の季節栽培で小規模、副業での導入例が多い。

③分業方式

培地製造と発生収穫を分離して行なう方式であり、栽培者は完熟培地か培養途中の培地を購入する。培地製造は、栽培者、農協や森林組合の施設で専従の職員（菌床センター方式）、培地製造専門企業、キノコ関連企業によるものなどがある。発生・収穫は個人栽培者だけでなく企業の参入もあるが、発生舎を主にした施設で投資額が軽減でき

表12　いろいろな販売、経営の例

項目	販売、経営の内容
系統出荷	最もよく見られる販売方法で、農協や森林組合など系統組織を通して都市部の市場に出荷する。価格は市場の競りによって決まるが、安定した数量の供給や品質水準を保つことで銘柄産地としての有利な販売が可能となる。このためには、産地としての一定の生産規模を確保することと共選共販体制といった組織化が大切である
個人出荷	生産者が個人的に地元市場に出荷する方法であるが、輸送が個人の負担となるし、出荷が集中した場合には価格の低下も否めない
委託販売	地元の小売店に手数料を払って販売を委託する方法で、商品の陳列や売れ残り品の回収は生産者が行なう。最近増えている地元特産店や道の駅などでの販売もこれに含まれる。秋の自然発生期を中心に可能な限りの多品目を栽培して、少量でも珍しさを強調した販売に取り組んでいる例もある
産直販売	市場を通さず、都市部の生協などに直接販売する方法である。栽培者はグループ化して生産量を確保する必要があるが、段ボール箱でのばら詰めや野菜などとの混載輸送、市場手数料のカットなど工夫して流通経費の削減をはかっている
宅配便販売	生産者が会員を募り、注文に応じて個々に宅配便で送付する販売方法である。会員に栽培現場の視察研修や意見を聞く場を設ける栽培者もあり、まさに栽培者の顔の見える流通という点で信頼性が高く、有利販売している例がある
契約栽培	食品加工や薬用原料としての生産では、契約にもとづいて栽培する例が多い。市況に左右されず計画的な生産が可能だが、生食用に比べ価格的には厳しいようだ
ホダ木のオーナー制	都市部の会員から資金を募ってホダ木をつくり、できたキノコは会員に還元するという方法である。会員は接種や収穫時期に栽培地を訪れ直接栽培体験をしたり、参加できない場合はキノコを送付する。栽培地ではホダ木の管理や収穫に責任を負う必要がある。都市部との交流による地域起こしの一環にしようというねらいもある
マツタケ観光	マツタケの産地では、山に小屋がけをして個人的にマツタケ料理を提供するところが少なくない。公設の保養所やレストランを設けたり、住民共同で分校跡や公民館を利用して運営する例もある。マツタケを観光の目玉としてより高い付加価値を付け、地域起こしにもなる
観光キノコ園	観光地周辺では、入場料を徴収して直接キノコを採取させる例もある。原木シイタケ、菌床のナメコ、ヒラタケ、マイタケなどで行なわれているが、入場者数が不確定なこともあり大規模な経営はあまりない
キノコで住宅ローン返済	北海道のO市では分譲住宅の地下にキノコの発生室を設け、在宅で収入を得るといった取り組みを団地ぐるみで行なっている。培地供給や技術指導、製品の集荷、販売を一手に行なう企業があって成り立つが、キノコもここまで活用されるとうれしいかぎりである

る。しかし、菌床製造側と栽培者側とのトラブルも少なくないので、両者の信頼関係を樹立、維持しておくことが重要となる。

エノキタケ、ブナシメジ、シイタケ、ナメコの菌床栽培では専業的な周年栽培に導入している例や、秋から冬期の季節栽培のみに導入している例がある。マイタケなどの殺菌原木栽培でも菌床購入による栽培例がある。

(2) マツタケ山の経営タイプ

次に、菌根性キノコとしてマツタケの経営例を述べる。

マツタケ山の経営形態としては、所有者自らが管理して採取する、市町村有林や共有林でマツタケ採取権を入札して特定の人に採取させる、入山料を徴収して一般人に採取させるなどのタイプがある。

①個人で経営するタイプ

シロの位置や状態を把握しているので、環境改善施業を積極的に実施できるし、規格や品質の向上をはかった収穫を行なうことができる。

②山林所有者と採取者が異なるタイプ

山の手入れがすすみにくい状況にある。採取者は現状の環境変化を嫌うし、所有者はシロの状態を正確に把握していないため、発生林での手入れを誤る危険性が高い。そのため、発生林であってもその能力を十二分に発揮している山は少ない。このようなタイプでは、これから発生する若い林の施業を中心に行なってシロ数の増加をはかってから入札価格に反映させる対策を取らざるを得ない。

入札資格者は地元住民に限定され、キノコの採取年数は一～三年の幅があるが、二年が最も多いようである。落札価格は対象山林の発生能力やその年の気象条件によって変動があるし、入札時期が六～八月の間に行なわれるためかなりの投機性を含んでいる。近ごろはマツタケの希少価値を反映して入札相場は上がる一方という状況である。

③入山料を取って一般に開放している山林

まず積極的に山の手入れをしているところは少ない。また、採取者のマナーも悪いことから山が荒れることは否めない状況である。最近では、山菜やキノコの採取に対して一般人の入山を規制する地域が増えつつあるが、マナーを守って自然の恵みを楽しむ道を閉ざしたくないものである。

(3) いろいろな経営例

キノコ栽培を行なう中では、生産物をいかに有利に販売するかが大きな課題となるが、ここでは一般的な販売方法から観光、地域起こしにかかわるユニークな方法までいくつかの例を表9に紹介した。

なお、企業が退職者対策、業務拡張、産廃物利用などの観点からキノコ生産に参入している例も認められるが、ここでは割愛した。

（小出博志）

キノコ栽培の実際

シイタケ（キシメジ科マツオウジ属）

名　称		シイタケ（キシメジ科マツオウジ属）
別　名		中国名：香菇
機能性、薬効等		生・乾燥、和風・洋風、コレストロール値の低下・抗腫瘍効果
生態	自然分布	暖帯や温帯の常緑・落葉広葉樹林の枯れ木、倒木、切り株等
	自然発生時期	春、秋
生理	菌糸伸長温度	伸長範囲5～35℃、最適温度25～27℃
	菌糸伸長含水率	－
	子実体発生温度	発生範囲5～28℃、最適温度8～22℃
	子実体発生湿度	－
	CO_2濃度・光線	300 ～3,000ppm、 2,500 ～4,000または200～300ルクス
栽培	栽培方法	原木栽培、菌床栽培
	適応樹種	原木栽培：コナラ、クヌギ、ミズナラ、シデ類、シイ類等 菌床栽培：広葉樹
	培地材料	菌床栽培：培地基材、培地添加物
	品種と種菌形状	高温性・中温性・低温性　駒菌・オガコ菌・成型駒菌
	栽培所要期間	原木栽培：２年または６～７年 菌床栽培：５月または11～12月
	年間発生回数	原木栽培：３～６回または春秋２回 菌床栽培：４～５回
	収穫物の規格	出荷規格等と関係した形状

シイタケの特徴

(1) キノコとしての特徴

①野生での分布、形態

シイタケは日本全国に分布しているばかりでなく、中国、ベトナム、マレーシアなど東南アジアおよび南半球のインドネシア、ボルネオ、ニューギニアにも分布している。

シイタケは倒木や立ち枯れた木に発生するが、暖地性のキノコでカシやシイに発生がよく見られる。また、北日本でもコナラやミズナラなどに発生する。

「傘」と「柄」がはっきりしており、キノコの代表的な形をしている。

②利用と成分、機能性

シイタケは古くから不老長寿の食品として珍重されており、漢方薬としても利用されている。血圧降下作用のあるエリタデニン、ガン細胞抑制作用のあるレンチナン、骨を丈夫にするエルゴステロール（ビタミンD_2）などが含まれており、その効果も確認されている。

(2) 生育に適した環境と栽培法

①生育環境と条件

シイタケ菌の生活には、おおむね温度五〜三五℃、湿度七〇〜九〇％で、空気（酸素）、光（明るさ）、養分（寄生）が必要である。なお、シイタケは木材腐朽菌なので森林地帯で生活する。

②どんな栽培法があるか

シイタケの栽培は、原木による栽培とオガコを利用した菌床栽培がある。

原木栽培　主に広葉樹（コナラ、クヌギ、ミズナラ、シイなど）の原木に接種し、森林内や人工的日陰地で栽培する。

原木栽培は、自然の条件を生かして栽培するので、比較的経費がかからず、導入しやすい。

菌床栽培　近年になって開発された栽培方法である。原木栽培に比べて多くの施設が必要なので経費がかかるが、集約的な栽培が可能であるとともに、自宅周辺で栽培ができる利点がある。

①菌床つくりからキノコの発生、収穫まで一貫して行なう栽培と、②培養した菌床を購入して発生、収穫だけを行なう栽培とがある。

(3) 経営のねらいと栽培方法の選び方

①原木栽培

シイタケで年間所得の六〇％以上を上げることを目標にした専業的経営、ナメコや野菜と組み合わせた複合経営がある。後者では、個々の規模は小さいので地域の産業として産地化をはかることも重要である。また、林内栽培の場合シイタケ狩りをしてもらう観光キノコ園を開設することもできる。その場合、収穫したシイタケをその場で料理して食べることができる施設も設置したい。

なお、近くに広葉樹林があり、原木が容易に入手できるようなら、高齢者や婦人を中心に地場消費主体に栽培を行ない、朝市などで「朝どりシイタケ」として販売し消費の拡大をはかる。

また、小中学校に自然観察教材として提供し、シイタケや地場産業の理解に役立ててもらうことも行ないたい。

②菌床栽培

菌床栽培でも原木栽培同様、専業、複合経営、林内栽培による観光キノコ園などの経営がある。また、発生のさせ方の解説書をつけた完熟菌床を、教材用や家庭用に通信販売することもできる。

なお、とくに専業経営の場合は栽培に必要な施設を設備して栽培すると同時に、経営を安定させるためにはシイタケ菌の性質を十分把握し、最良の状態になるように管理することが重要である。

（大森清寿）

原木シイタケ

1 原木と種菌の準備・接種

(1) 原木の準備

原木として用いる樹種には、コナラ、クヌギ、ミズナラ、アベマキ、クリ、シイ類、カシ類、シデ類、サクラ類、ヤシャブシ類などがある。原木の伐採時期については、クヌギ、コナラなどの落葉広葉樹は秋の紅葉が始まってからであるが、適期は樹種によって異なるため、表1にまとめたので参照されたい。また、クヌギ、コナラなどの大径木や北向きの木、葉の少ない木は早めに伐る。乾燥期間は樹齢、太さ、伐採時期、伐採地の環境、栽培方法などによって異なる。

原木の長さは、乾シイタケ栽培では一～一・二メートル、生シイタケ栽培では一メートル程度（裸地伏せには一・二メートル前後）が適当である。原木の直径はコナラ、クヌギでは六～一四センチ、シイ類、カシ類、シデ類では一〇～二〇センチ程度のものがキノコの発生量、形質ともに有利である。しかし、乾シイタケ栽培では、三～三〇センチのものが使われており、生シイタケ栽培では原木の移動が多いので、作業性から六～一〇センチのものを用いることが多い。

乾シイタケ栽培では自ら伐採、玉切りを行なうのが一般的であるが、生シイタケ栽培では周年生産が多く、原木の伐採や玉切りまで手が回らないので、玉切りした原木を購入することが多い。

(2) 種菌の準備

①シイタケの品種

シイタケの栽培品種は、種菌製造業者が販売している種菌の商品名をいい、キノコの発生温度によって次の三群に分けることができるが、中間的なものもある。

高温性品種　キノコの発生適温は一五～二二℃で、主に春に発生するものが多い。適当な刺激を与えると短期間に集中して発生するので、商品価値としてはやや劣るが、施設利用の生シイタケ栽培に適する。キノコは一般に小形、薄肉である。

中温性品種　キノコの発生適温は一〇～二〇℃。自然発生は秋から春におよび、秋に多いものと春に多いものとがある。一回の発生期間が長く、集中的に発生しにくいので、施設利用の生シイタケ栽培には向かないが、林内（露地）での自然的栽培（散水管理を含む）に向いている。キノコは小形～大

図1　栽培工程

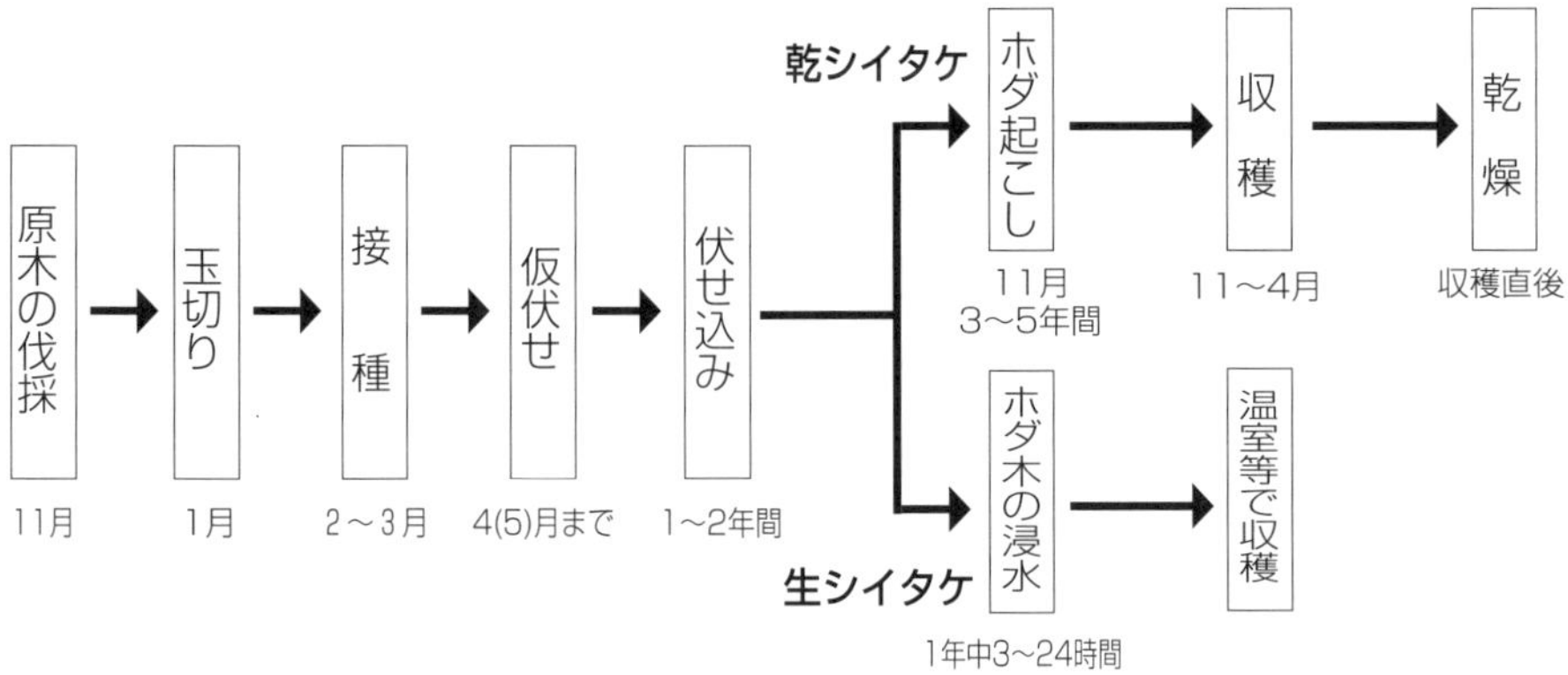

形である。

低温性品種　キノコの発生適温は八～一五℃。主に春に自然発生する。乾シイタケ栽培とともに冬の生シイタケ栽培にも適する。キノコは一般に大形、厚肉である。

表1　原木の伐採時期と乾燥期間

樹種 / 伐採時期、乾燥期間	クヌギ	コナラ	ミズナラ	シイ類 カシ類	シデ類
伐採時期					
黄葉初期から3分黄葉（10月下～11月上旬）	◎	◎	◎		◎
4分黄葉から7分黄葉（11月中～11月下旬）	○	◎			
厳寒期　（1～2月上旬）		○		◎	
春　期（2月中～3月上旬）		○			○
伐採後玉切りまでの日数	45～60	60	60～90	7～15	20～60

注：◎…最適期　○…適期

（日本きのこセンター編『シイタケ栽培の技術と経営』を改変）

②種菌の形状

種菌の形状には、以下の三種類がある。

種駒　木片にシイタケ菌を繁殖させたもの。

オガコ種菌　オガコなどにシイタケ菌を繁殖させたもので、専用の接種機で接種し、接種の際に封ろうなどが必要である。

成型（形成）駒　オガコなどを固めたものにシイタケ菌を繁殖させたものか、あるいはオガコ種菌を型わくに詰め、再培養して固めて、上部に発砲スチロールの菌栓を取り付けたもの。封ろうの必要性はない。

③種菌の管理

入手した種菌は、異常がなければ、できる限り早く使用する。使用するまでに日時を要するときには、ほこりや汚れ物などのない、保冷庫または風通しのよい倉庫など清潔な冷暗所に保管する。

(3) 接　種

①接種時期と方法

玉切りした原木は速やかに接種する。遅くともソメイヨシノの開花日を接種終了の目途とする。

種駒の場合には、駒の長さより深く穿孔し、駒の上部が樹皮と水平になるように詰め、孔の底に五ミリ程度の空間ができるようにする。

図2　接種孔数と位置

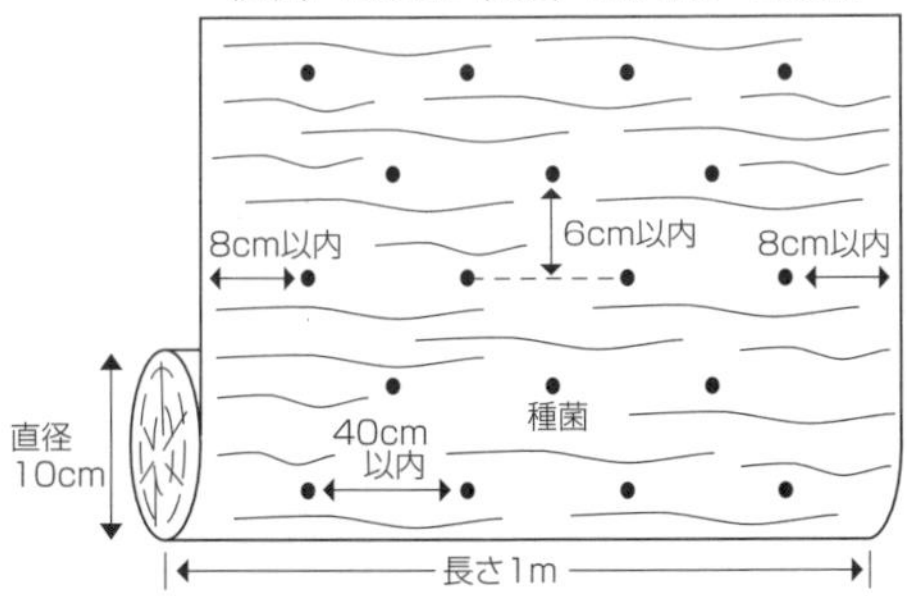

オガコ種菌は接種孔にやや堅く、樹皮面よりやや低く詰め、熱したろうで封じるか、菌栓の厚さだけ低く詰めて菌栓を取り付ける。

成型（形成）駒では駒の長さと同じ深さに穿孔して接種する。

②接種孔数と位置

接種孔数は末口直径（センチ）×長さ（メートル）×（一・五～二・〇）を標準にするが、近年、害菌防止と早期ホダ化をねらい、これより多くする傾向がある。

接種孔の間隔は原木の縦方向で四〇センチ以内、横方向（接種孔の列間）で六センチ以内とし、接種孔を千鳥状に配置する。木口に近い接種孔は木口から八センチ以内とする。樹皮の損傷や枝跡などがあり、これらの大きさが三センチ以上のときには、損傷などの上下（縦方向）またはそのどちらか一方に穿孔し、接種する。

2 仮伏せと伏せ込み

(1) 仮伏せ

仮伏せは、種菌の水分の過度の減少を防ぎ、活着をよくするために行なう。

ホダ木を伏せ込む場所の環境が、シイタケ菌の活動に十分な温度、湿度および庇陰がない環境の場合には、種菌が確実に活着するように、排水のよい場所でホダ木を横積みまたは縦囲いにする。

横積み法では枕木を二本並べ、その上にホダ木を横にして乗せるが、下部はホダ木が乾きにくく、上部はホダ木が乾きやすいのでホダ化のバラツキを小さくするため、細いものは下部に、太いものは上部あるいは周辺部に配置し、積み上げる高さは五〇センチ以下とする。

縦囲い法では元口を上に向け、内部に細いホダ木を、外部には太いものを立て、直径三メートル以内の束にする。

ホダ木の上面は透水性のよい枝葉、遮光ネットなどで覆い、側面は乾燥を防ぐためにコモやビニールなどで囲う。仮伏せ中は、ホダ木が乾きすぎた場合には散水したり、乾湿のバラツキが顕著な場合には積み替えあるいは天地返しをしたりする。仮伏せは平均気温が一五℃を超えない時期までに終了する。

なお、三月や四月の接種で気温が上がり、また雨がひんぱんに降るようになれば、仮伏せは必要ではない。

表2 ホダ木の高さ（角度）の調節

条件と高さ（角度）／条件		高くする	低くする
ホダ木	樹種	クヌギ、コナラ、ミズナラ	シデ類、シイ・カシ類
	太さ	太い	細い
	水分	多い	少ない
天候		降雨の多い時期	干天が続く時期
伏せ込み地	排水	不良	良好
	通風	不良	良好

(2) 伏せ込み

接種直後または仮伏せしてから、シイタケ菌がホダ木内によくまん延するように林内、裸地、人工ホダ場でホダ木を組む。

①伏せ込み場所

林内や裸地では、ホダ木の伏せ込み部分だけでなく周囲もできる限り除草し、地表の落葉や腐植をかき取り、枯れ株、枯れ枝を除去する。ただし、雨による土のはね上がりで土ばかまの付きやすいところでは落葉をホダ木が埋まらない程度に残す。

なお、林内では間伐や枝打ちをして、日光がチラチラる程度に枝葉の量を調整する。人工ホダ場の場合には通風や排水がよく、日照時間の長いところで、遮光率九〇～九五％の庇陰資材を二・五～三メートルの高さに張り、砂利を敷き、散水装置と排水溝を設ける。

②ホダ木の組み方

ホダ木を通り抜ける風の通りがよく、害菌が付きにくく、シイタケ菌が伸びやすくするため、傾斜地では下方から上方へ、平坦地では常風の風上側から風下側へ組んでいく。ホダ木はできる限り末端で組み、前後（上下）が重ならないように配置する。裸地では笠木（枝葉）をかける。

③伏せ込み中の管理

梅雨から秋にかけては、ホダ木の伏せ込み部分とその周辺の雑草、かん木を刈り払い、通風を促す。

林内で庇陰が不足する場合には、ホダ木に笠木をかけたり、化学繊維の庇陰材料を張ったりする。菌糸のまん延が均一なホダ木をつくるために、六月～九月に一～二回ホダ木の天地返しを行なう。

裸地では笠木の状態に注意し、破損した部分があれば修復する。

人工ホダ場ではホダ木の乾燥と高温障害を防ぐために、適宜散水する。六～九月に月一回程度天地返しを行なう。

(3) 集中ホダ化方式

家の近くの空き地や、田畑を利用する。接種後、密なよろい伏せにし、その周囲を麻袋で囲う。ホダ木の上部に薄い網をかけ、その上に稲ワラをのせる。その上面を庇陰材（トレネット）で覆う。ホダ化の状態や乾き具合、雨の降り方に合わせて散水する。この方式は主に生シイタケの生産に用いられている。

図3　ホダ木の組み方

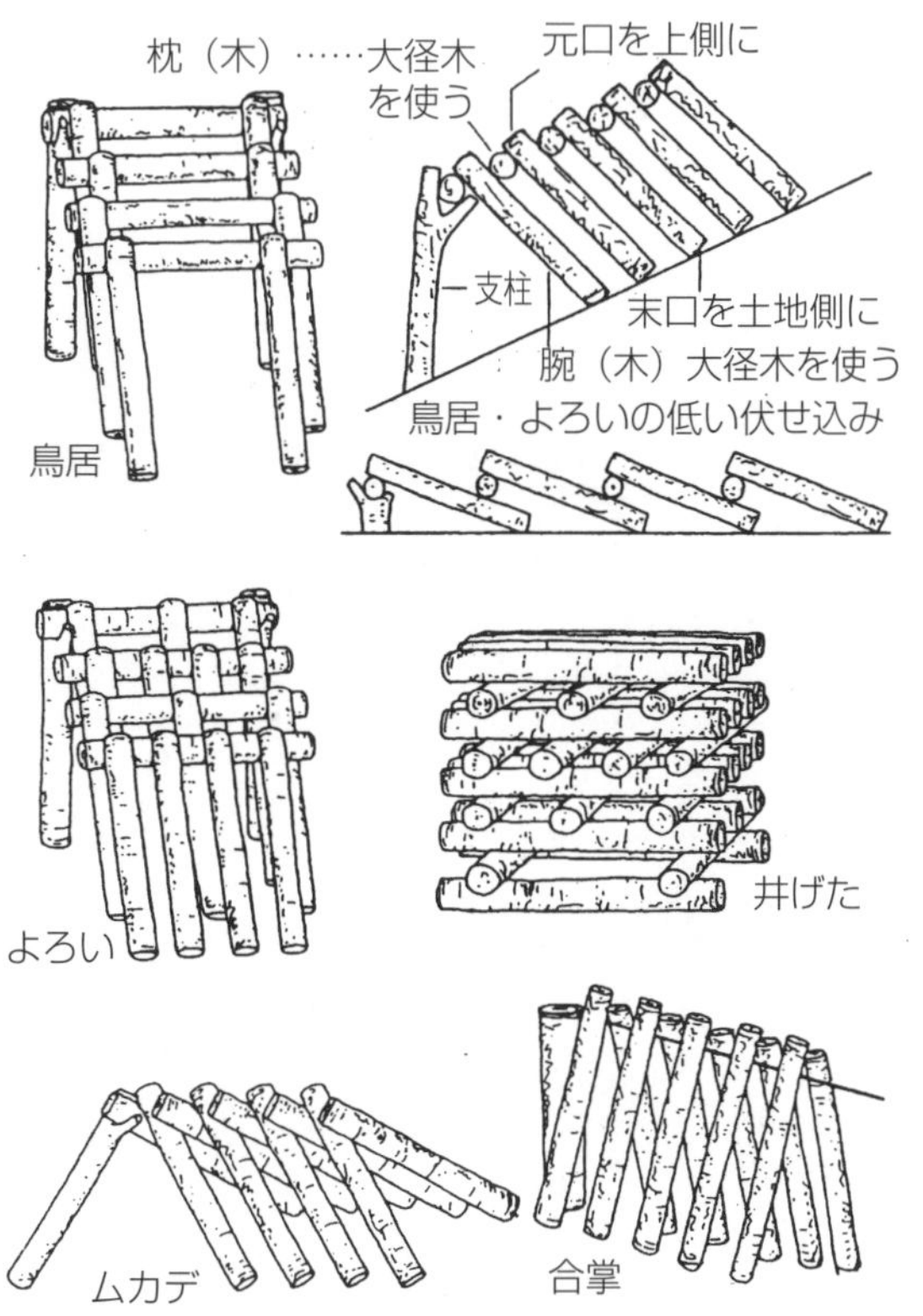

〔(財) 日本きのこセンター編
「シイタケ栽培の技術と経営」より抜粋〕

図4　裸地伏せ込み

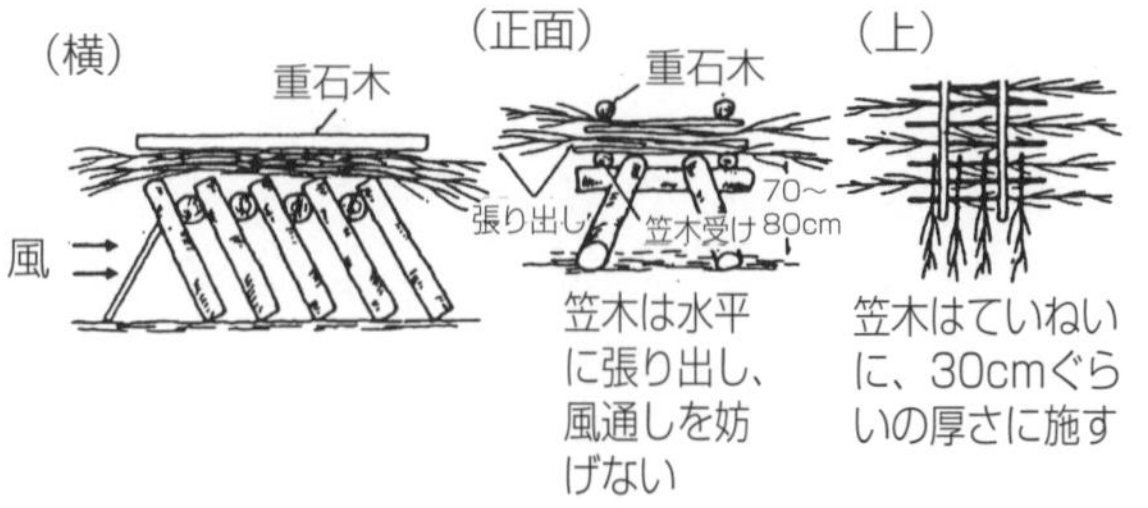

〔(財) 日本きのこセンター編
「図解やさしいきのこ栽培」より抜粋〕

(4) ホダ木懸垂方式

原木に鉄パイプを通す穴をあけ、接種および仮伏せをした後、その穴に鉄パイプを通して吊り下げ、人工ホダ場内の鉄鋼上に並べ、頻繁に散水してホダ木づくりをする。このホダ木は鉄パイプに吊り下げたまま生シイタケの生産に使われる。

3　乾シイタケの生産

(1) ホダ起こしと発生

①ホダ起こし

乾シイタケは、中温性、中低温性、低中温性、低温性品種を使う。伏せ込み場からホダ木を林内のホダ場に移し、合掌またはそれに準じた方法で組む。接種して二夏経過後に行なうのが一般的であり、中温性品種では九月～十月ころに、中低温性および低中温性品種では十～十一月ごろに、低温性品種では十一～一月ごろに実施する。必要性に応じて防風垣、散水装置を設け、雨よけをする。

②キノコの発生

シイタケ菌が十分にまん延しているコナラのホダ木では、ホダ起こし後四年間に一立方メートル当たり一五～二五キロの乾シイタケを生産できる。

天地返し、なた目処理、くぎ目処理、発生時期前のホダ倒し、降雨中の打木《だぼく》、およびこれらと散水との併用はキノコの発生に有効である。

ホダ場の湿度が八〇%以上のときには香信（コウシン）系、六〇～七〇%のときには冬菇（ドンコ）系、五〇～六〇%のときには花冬菇（花ドンコ）系のキノコが得られる。ホダ場に落葉樹が多いと、花冬菇系のキノコが多くなる。それは、キノコの発生時期に葉がないので、日が射し込み、風当たりも強くなるので、キノコが乾きやすくなるためである。

図5　ホダ木の林内伏せ込み

図6　懸垂装置

表3　発生促進の工夫

処理法	やり方
天地返し	ホダ木の上下をかえる
ナタ目処理	ナタで樹皮に傷を付け、ホダ木が水分を吸いやすくする
クギ目処理	クギで樹皮に傷を付け、水分を吸いやすくする
ホダ倒し	ホダ木を地面に倒して衝撃を与え、水分の吸収を図る
打木	ホダ木の木口や樹皮面を木槌などでたたく

低温でしかも乾燥する時期に発生したキノコを正常に生長させる方法として、ホダ木の被覆、キノコに対するポリ袋かけが行なわれ、またキノコを雨子にしないために、ホダ木のハウスなどへの移動が実施されている。

③ニュートラル栽培方式

低温期間に雨を防ぎ、ホダ木の水分、湿度、気温、風量、光を制御して栽培する方式である。(1)散水後、雨よけカーテン、ホダギコート(長繊維不織布)、天白コート(コーティングした不織布)などを使用する方法、(2)アーチ型パイプハウス内でホダ木コート、遮光ネット、散水管を使用する方法、(3)散水装置、段ボール、ホダ木コートなどを活用したビニールトンネルを使用する方法がある。生シイタケの生産にも用いられている。

④ハウス型人工ホダ場方式

人工庇陰、雨よけ装置、散水装置付きのパイプハウス型人工ホダ場を使用する。生シイタケの生産にも使われている。

⑤収　穫

傘が五～六分開き(ドンコ)、六～七分開き(コウコ)または八～九分開き(コウシン)のときに収穫する。

キノコの収穫終了後は、次の発生時期までの間、落葉、落枝および廃ホダを取り除き、草刈りまたは除草を行ない、風よけや雨よけを取り払い、通風を促す。

(2)乾燥・出荷・保管

①乾　燥

灯油、重油、木質燃料などを使用する火力乾燥が広く行なわれている。キノコを大きさ、銘柄別に分け、柄を下にしてエビラに並べ、キノコの水分状態や肉質に応じて温度(三七～五〇℃ぐらいから始め、六〇℃ほどで終了)、風量、給気口や排気口の開閉を調節し、水分率が八%以下になるまで乾燥する。

乾燥が終了するまでには、おおむね日和子(ヒヨリコ)で一五～一七時間、雨子(アマコ)で一八～二二時間かかる。

②選別・出荷

乾シイタケを出荷規格に準じて、品柄、大きさ、形状、色沢別に区分する。

選別したものを段ボール箱(ターポリン紙袋とポリ袋を併用)に入れ、銘柄、正味重量を表示して出荷する。

③保　管

一〇℃以下(五℃前後)、湿度五〇%以下の暗室で保管することが望ましい。

④スライスシイタケの生産

規格外のキノコを用いることが多い。柄を切断し、切片が規格の長さ、厚さになるようにスライスする。四五℃で四〜五時間乾燥し、最後に五〇℃くらいで仕上げる。

4 生シイタケの生産

生シイタケは自然的栽培と不時栽培の方式とで生産されている。

(1) 自然的栽培

ホダ場で中温性、中低温性、低中温性、低温性の品種のホダ木を合掌に組み、秋から春にかけて自然的に発生したキノコを収穫する。

主に生シイタケを生産するために、ホダ木を倒したり、立てて寄せ集めたりして、必要性に応じて散水し、キノコが発生し始めてから合掌に戻し、収穫する場合と乾シイタケ生産に使う予定のホダ木に発生したものを転用する場合とがある。

キノコが生長する際に乾燥すると、傘の表面に亀裂が生じ肉質がしまる。雨が当たるなど多湿の条件では、水分を多く含み、柄が長く、肉質が軟らかくなる。

(2) 不時栽培

ホダ木を水槽の水につけ、急激な吸水と打木による刺激をホダ木に与え、キノコを発生させる。高温性、中低温性、低中温性、低温品種のホダ木を使う。必要に応じてクーラーを用い、水温を調節する。キノコを発生させるハウスは風当たりが弱く、日当たりのよい場所に設け、日中二〇〇〇ルクス程度の明るさと、高温性品種の栽培では一五〜二二℃、中低温性品種の栽培では一〇〜一五℃、低温性品種の栽培で

図7　循環熱風式乾燥機

図8　ホダ木の浸水槽

表4-1　生シイタケの季節別発生操作（1）

	冬（12月～3月）栽培	春（4月～6月）栽培
ホダ木	1. 早熟型の高温性品種（接種後1夏経過） 2. その他の高温性、中低温性、低温性品種（2夏経過）	1. 高温性、低温性品種 2. 1夏または2夏経過、未使用あるいは2月頃までに1回使用したもの
ホダ木の乾燥	1. 高温性品種……不要 2. 中低温性、低温性品種……秋にホダ木水分が飽和に近い場合やキノコが自然発生して困る場合に、浸水の1～2カ月前から屋根下、戸外で井げたに組み、雨や雪に当てない	1. 高温性品種……不要（晩秋～冬に使用し、春の自然発生を回避） 2. 低温性品種……自然発生の約1カ月前から、井げた組み、雨などに当てない
浸水	1. 浸水時間は1～2日間。ホダ木の品種、新旧、太さ、乾燥状態等によって変更 2. 水温はあまり関係ない	1. 浸水時間は同左 2. 水温は5月に12～15℃、6月には13～18℃
水抜き	1. 高温性品種……不要 2. 中低温性、低温性品種……半日～5日間、戸外で束立て、横積み、井げたに組み、雨や雪に当てない	1. 高温性品種……不要 2. 低温性品種……半日～3日間、戸外で束立て、横積み、井げたに組み、外気にさらす
芽出し	1. ハウスの中で束立て、横積みにしてムシロ、ビニールシート等で4～6日間覆う 2. 高温性品種……15～20℃ 3. 中低温性、低温性品種……10～15℃	ハウス、戸外（雨よけあり）で横積みにしてムシロ、ビニールシートなどで4～6日間覆い、発生を促す
展開	1. ハウスで合掌、よろい状などに組む 2. 高温性品種……20℃前後 3. 中低温性、低温性品種……15℃前後 4. 湿度75～90%、明るさ日中2000ルクス	高温にならないように処置したハウス、建物の吹き抜けの部分、林内（雨よけあり）で、合掌、よろい状などに組む
採取	1. 展開後7～10日間経過すると収穫できる 2. 7分開き以内で採取	1. 展開後6～8日経過で収穫できる 2. 6分開き以内または7分開き以内で採取
休養	暖かい林内や人工ホダ場などの日陰で休養させ、50～60日後に再び発生操作をする	林内や人工ホダ場で休養させる

は八～一五℃の気温とともに、七五～九〇％の湿度をできる限り保つ。夏場には換気および遮光の強化などにより気温が二八℃を超えないように努める。

同一ホダ木で二回以上発生させる場合には、次回の発生操作は前回の収穫終了後三〇日以上経過した後に行なう。

図9　ハウス栽培

表 4-2 生シイタケの季節別発生操作（2）

	夏（6月〜9月）栽培	秋（9月〜11月）栽培
ホダ木	1. 高温性品種 2. 接種後14〜16カ月またはそれ以上経過	1. 高温性、中低温性品種 2. 2夏経過
ホダ木の乾燥	1. 不要 2. ホダ木の水分が30%以下に乾燥している場合には、浸水の5〜10日前に予備散水が必要	同　左
浸水	1. 浸水時間は3〜15時間 2. 水温13〜18℃ 品種、乾燥状態、天候等により時間、水温を決める	1. 浸水時間は10月頃には15時間、11月頃には24時間程度 2. 水温は5月には12〜18℃
水抜き	不　要	1. 高温性品種……不要 2. 中低温性品種……半日〜3日間、冬栽培 に準じて外気にさらす
芽出し	不　要	戸外（雨よけあり）、ハウスで、10月ごろは2〜3日間、11月ごろには4 〜5日間、冬栽培に準じて発生を促す
展開	風があまり吹き込まず、雨が当たらない涼しい場所で、合掌、よろい状などに組む	春栽培に準ずる
採取	1. 浸水後7日前後経過すると収穫できる 2. 6分開き以内で採取	1. 展開後6 〜8日経過すると収穫できる 2. 6分開き以内または7分開き以内で採取
休養	林内ホダ場、人工ホダ場で休養させる	同　左

この間ホダ木は、林内または人工ホダ場で立てかけたり、組んだりして休養させる。

(3) 採取と出荷

生シイタケは新鮮で、傘が丸く、変形せず、明るい色をしていて、表面が乾き気味で肉が厚く、七分開き以下で、ひだが白く、倒れず、柄が細く短く、なるべく白く、傘の縁までの範囲で斜めに付き、虫害がなく、異物がなく、水分が比較的少ないものが好ましい。柄を持ってていねいに採取し、柄を上にして容器に入れ運搬する。

生シイタケの生産量の目安は、コナラホダ木では、一代（高温性品種は約一年）に一立方メートル当たり一〇〇〜一三〇キロである。

規格に合わせて選別し包装して出荷する。気温が高いときには、出荷までの間、保冷庫を使ったり、輸送中にドライアイスを用いたりして鮮度保持に努める。

（武藤治彦）

菌床シイタケ

1 シイタケ菌床栽培とは

一九八五年ごろ開発されたオガコを栽培の主原料とする菌床栽培法が確立されてから、原木を用いた栽培から菌床栽培が急速に普及して、最近では菌床栽培によるシイタケの生産が生産量の過半数を占めるようになっている。

菌床を用いる栽培は、①培地の調製からキノコの生産まで一貫生産を行なう栽培法と、②シイタケ菌糸を培養してある菌床を購入してキノコを生産する栽培法の二つの方法に大別される。

①の方法は、菌床栽培に必要な機器類および培養室、発生室などの栽培施設を整備するため、多額の資金が必要となる。②の方法は、栽培施設としては、発生室（フレーム）の造成のみで投下資金は少ないが、キノコを生産する菌床を、その都度購入して生産するので菌床購入費が必要である。

また、キノコを生産する時期、期間によって、自然栽培と空調栽培に分かれるが、前者は自然の気象条件に依存する季節栽培型であり、後者は空調施設を導入する周年栽培型である。

2 菌の生理的性質

シイタケ菌が生活し繁殖していくためには、①養分、②温度、③水分（湿度）、④空気（酸素）および⑤光の五要素が必要である。菌床栽培では、こうした要素を正しく認識して、的確に環境を調整することによって初めて安定生産が可能になる。

図10　収穫期の菌床栽培シイタケ（写真：北研）

①養　分

シイタケ菌が必要とする養分は、炭素源、窒素源、無機塩類に大別される。シイタケ菌が利用する炭素源は、可溶性の炭水化物であり、木材中のセルロースをセルラーゼによってグルコース

図11　栽培工程

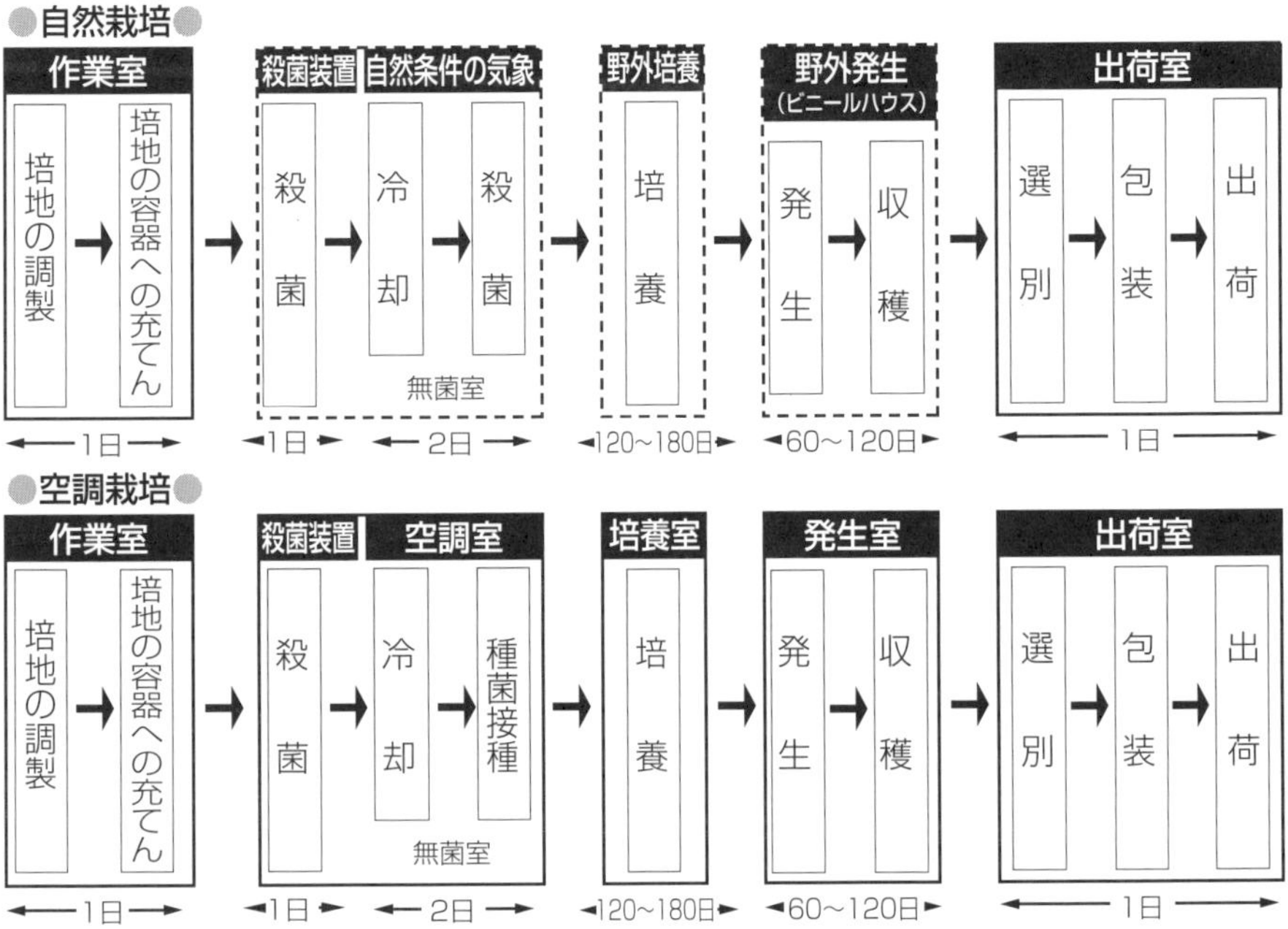

に加水分解して吸収する。窒素源は、同じく木材中に含まれる蛋白質を、プロテアーゼによって加水分解して養分とする。無機塩類は、水分率を調整するために使用する水に含まれているものを利用している。

菌床栽培における養分は、培地のオガコ、米ヌカ、フスマおよび水分率を調整するための水に含まれている養分ということになるので、原木栽培の養分よりも多いことが理解できよう。

②温　度

シイタケ菌の温度特性は、44ページの表のとおりである。菌床栽培とくに空調栽培の場合は、一～二℃の温度変化が培地の分解腐朽に大きく影響してくるので、温度管理については十分留意することが必要である。

シイタケ菌の温度別伸長量について調べてみると、図12のように低温側に強く高温側には弱い特性があることがわかる。

また、キノコが発生する温度は品種によって若干異なるが、最適温度の二五℃よりも約一〇℃低い温度帯にあるのが普通である。さらにキノコの原基形成温度は一六～一八℃のとき旺盛であり、これらの特性について十分把握することが肝要である。

③水分（湿度）

培地の水分率は、培地調製時に六五%とするのが標準である。培地内の水分は菌糸の繁殖とともに水分が蒸発するので、水分が少し減少しても菌糸

図12　シイタケ菌の温度特性

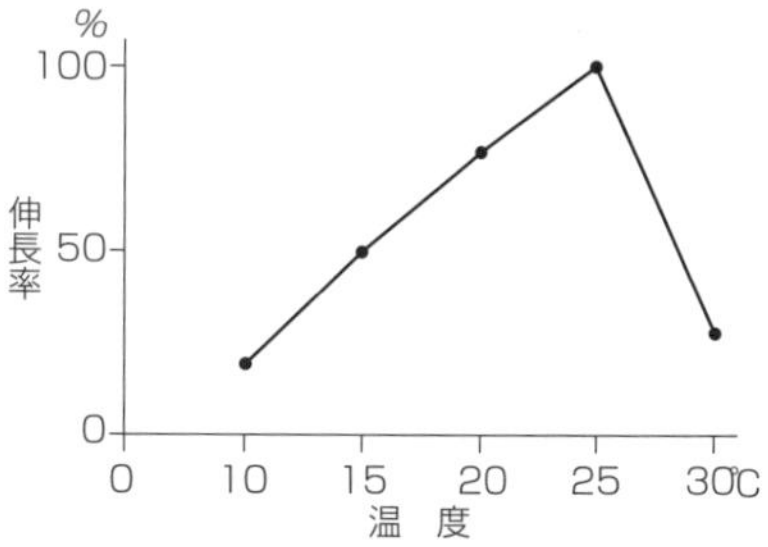

表5　栽培に必要な資材

品名	摘　　要
広葉樹オガコ	粗いオガコと細かいオガコ混合
米ヌカ	新鮮なもの
フスマ	
コーンブラン	トウモロコシヌカ
栄養材	メーカーが開発販売
栽培用袋	耐熱性のあるもの
コンテナ	菌床運搬用

の生長に影響しないよう水分を維持する必要がある。このためには、菌床を管理している環境の湿度が六五～七〇％となるよう管理する。

キノコが発生し生長するためには、八〇～九〇％の湿度とするが、九〇％以上の湿度が長く続くと生長中のキノコの水分が高くなって品質が低下してしまうので注意する。

④空気（酸素）

シイタケ菌は、人間と同じように、酸素（O_2）を吸ってCO_2を吐き出す呼吸作用を行なって繁殖する。吐き出されたCO_2が栽培環境に停滞すると、菌糸の繁殖ばかりでなく正常なキノコの発生に障害となる。

空気中に含まれる酸素の量は二〇％であるが、CO_2の量は〇・〇三％にすぎない。これよりも多い量になるとキノコの発生に影響を生ずる。

⑤光（明るさ）

シイタケ菌の菌糸は暗黒の環境でも正常に繁殖するが、キノコの原基形成や生長には光を必要とする。したがって、培養後期から菌床に光を与えて培養し、キノコの原基形成を促進するよう管理する。また、キノコを発生させる場所についても、キノコの形質をよくするために明るさが必要である。

3　栽培の実際

(1)　培地と施設、資材の準備

①栽培材料の準備

シイタケ菌を繁殖させる培地の原料は、シイタケ菌が円滑に繁殖できるものでなければならない。現在、針葉樹のオガコを利用できる技術は開発されていないので、針葉樹と広葉樹のオガコが混合したオガコではよい栽培成績を上げることはできないので信用できる業者から購入するようにしなければならない。また、米ヌカやフスマなどの購入についても新しい新鮮なものを購入するようにする。

その他、栽培袋、菌床を管理するためのコンテナが必要である。

②種菌の準備

菌床栽培が普及するにつれて、品種の開発も活発に行なわれるようになり、いくつかの優れた品種が市販されるようになってきたが、品種の選定にあたっては、信頼できる種菌メーカーの品種を選ぶようにする。種菌の選定は栽培の基礎であり、慎重に選定することが大切である。

③機械器具類の準備

表6　主な栽培施設の仕様

施設名	仕　様	摘　要
オガコ置場	・広葉樹オガコを堆積するので屋根付きとする ・床はコンクリート ・粗いオガコと細かいオガコを区別して管理	・空調、自然栽培共通
作業室	・勾配を付けて給排水を考えておく ・床は勾配を付けたコンクリート床とする	・空調、自然栽培共通 ・出入口はフォークリフトの導入を考え高くする
殺菌装置（釜）	・できるだけダブルハッチ装置付きとする	・空調、自然栽培共通 ・高圧式と常圧式がある
種菌接種室（無菌室）	・一番重要な場所なので予備室を設ける ・出入口は引き戸式にする	・空調、自然栽培共通 ・冷却機はフィンクーラーとする（自然降下式）
培養室 発生室	〈空調栽培〉目的に合った環境条件が得られるように造成する 〈自然栽培〉針葉樹、広葉樹などの森林、人工遮光施設、簡易ハウス	・空調関係施設の設置 ・森林内に培養棚を設置する
廃菌床保管場	常風方向を考えて雑菌の胞子が施設を汚染しないようにする	・空調関係施設の設置

培地の仕込みからキノコの発生まで、一貫した栽培を行なう場合は、表7に示す機械器具が必要となる。機械器具には栽培量によって、多種多様な機器類があるので、カタログなどによって検討し栽培規模に合う機械器具を選択する。

④栽培施設の整備

栽培用の資材、機械器具類の準備と並行して整備しなければならないのが栽培施設である。新設する場合は栽培管理に適合するよう造成すればよいが、既設の施設を活用する場合は、作業の効率や栽培目的に適合する環境が得られるよう改造を行なう。

また、空調栽培（周年栽培）と自然栽培（季節栽培）で必要な施設も違ってくるが、種菌の接種までより培養、発生施設に大きな差が出てくる。空調栽培は一年三六五日シイタケを生産するための施設として、夏の冷房、冬の暖房など栽培に必要な環境調節を効率的に行なえる、断熱材を使った施設が必要になる。一方、自然栽培は気象条件を生かした栽培のため、菌床の培養、発生は林内や簡易ハウスで行なう。

(2) 培地の調製・殺菌・接種

①培地の調製

諸材料の準備ができたらいよいよ栽培作業の開始である。所定の量のオガコをふるい機にかけて、夾雑物を取り除いてからミキサーに入れる。次に米ヌカ、フスマなどの添加養分を所定量入れかく拌する。十分オガコと米ヌカ、フスマが混合したら水を加え、培地内

表7　菌床栽培の主な施設と機械・器具

工　程	空調栽培	自然栽培
培地調製・殺菌・接種	<共　　通> オガコふるい機、ミキサー、コンベアー、袋詰め機、殺菌装置(高圧、常圧)、種菌接種室(冷却装置、殺菌灯、クリーンルームとする)、接種用器具類(接種機、ブンゼンバーナー、エタノールなど)、菌床移動車	
培養	培養室（空調施設、加湿器、温度計、湿度計、換気扇、炭酸ガス検知器)	森林内培養棚 簡易ハウス
発生	発生室（発生棚、散水装置、空調施設、加湿器、移動水槽)	森林内(発生棚、移動水槽、遮光ネット) 簡易ハウス(発生棚、移動水槽、遮光ネット)
選別・包装・出荷	<共　　通> 作業台、自動梱包機、保冷庫、段ボール箱、ラベル	
オガコ置場	<共　　通> 床コンクリート、屋根付き	

表8　培地のタイプ別重量と配合割合

栽培タイプ	生産時期	培地の重量	オガコ配合割合（容量比）		
			粗粒子 (5〜10mm)	細粒子 (2〜3mm)	添加養分 (米ヌカ、フスマ等)
空調栽培	周年	1.2〜2.5kg	3	6	1
自然栽培	秋生産型	2.5kg	5	4	1
	春生産型	2.5kg	4	5	1

注）培地の重量には、1.2〜1.5kg、1.9〜2.2kg、2.5〜3.5kg等の種類があるが、オガコ混合比によって、同じ袋であっても重量は異なってくるので1菌床当たり重量の基準はなく、培地重量は目安と考えればよい。

の水分が均一になるまで十分かく拌を行なう。

かく拌が完了したら培地を耐熱性のある栽培袋に充てんする。充てん量は表8のとおりであり、粗い粒子のオガコと細かい粒子のオガコの混合比も表8を基準と考えればよい。

②培地の殺菌

培地の中に繁殖しているバクテリアやカビを殺菌するとともに、シイタケ菌が養分を吸収し、繁殖しやすいようにするため殺菌を行なう。殺菌の方法には、高圧殺菌と常圧殺菌の二種類がある。高圧殺菌の装置は費用がかさむが確実に殺菌することができる。

高圧殺菌　培地の温度を一二〇℃まで上げてから六〇分間この温度を維持し殺菌を行なう。点火してから殺菌が完了するまでの所要時間は四時間三〇分〜五時間である。

常圧殺菌　培地の温度が一〇〇℃になってから四〜五時間維持する。点火してから殺菌完了までの所要時間は七時間三〇分から八時間となる。

③種菌の接種

接種室は、栽培上最も重要な場所であり常に無菌状態にしておくことが必要である。

殺菌終了後、菌床培地温度が二〇℃

以下まで冷却してから種菌の接種を行なう。

接種作業の従事者は、清潔な服を着用し、接種器具類および両手はエタノール（七〇％アルコール）脱脂綿でよく消毒する。また、使用する種菌も同じように、ビンの表面をエタノールで消毒し、ビンの口を火炎滅菌し、さらに種菌に接種した母菌を取り除き、新しく繁殖した菌糸でできた種菌だけの状態にする。菌床一袋当たり種菌接種量は、培地重量一・二～一・五キロの場合二五ミリリットル、二・五～三・〇キロ培地では四〇ミリリットルを基準として種菌を接種する。

接種室内にある菌床全部に種菌の接種が終了してから培養室に移動する。移動が完了してから接種室を清掃し、殺菌剤をスプレーし、最後に紫外線殺菌灯を点灯する。

図13　空調培養室（写真：北研）

図14　空調培養室での培養状況（写真：北研）

(3) 培養

①培養環境

種菌を接種した菌床は、培養室でシイタケ菌を培養する。培養室の環境はシイタケ菌が円滑に繁殖できるよう環境を調節する。

環境の調節とは、温度、湿度、酸素濃度、CO_2濃度について条件を整えることであり、温度は一八～二二℃、湿度七〇～八〇％として、酸素濃度はできるだけ高く（空気中の酸素濃度は二二％）、CO_2濃度はできるだけ低く（空気中のCO_2濃度は〇・〇三％）管理する。とくに菌床内部のCO_2濃度が高くなると、菌糸の繁殖が抑制されるので換気が十分行なわれるように管理し、CO_2濃度を三〇〇〇ppm以下とすることが必要である。

②培養期間

培養に要する期間は、重量一・二〜一・五キロの菌床では八〇〜一〇〇日、二・五〜三・五キロの場合には一二〇〜一三〇日である。

③培養中の管理

培養中は初期、中期、後期の三期に分けて管理する。

培養初期　初期はシイタケ菌が最も活発に活動する時期のため、呼吸作用による熱が生じるので培養初期の温度はまず低めの温度からスタートする。

培養中期　培養を開始して約三〇日経過すると菌床全体に菌糸が繁殖して、菌床全体が白色を呈する。この時期になると菌糸の繁殖も一段落してくるので、さらにシイタケ菌の体質を強化するよう管理するのが中期の管理である。したがって、シイタケ菌が十分な養分蓄積ができるよう菌床を横にして管理し、菌床上下の培養ムラが生じないよ

図15　平地での簡易ハウスによる培養

図16　簡易ハウスでの培養状況

図17　林内での自然培養

図18　菌床の培養過程

①菌種接種後35日：白色の菌糸が培地表面を覆う

②菌種接種後70日：菌床表面に褐色の皮膜を形成

うにする。菌床表面が外界に触れると褐色に変化し保護組織ができる。このころ（培養七〇日目ころ）になると、培地の重量が菌の分解作用によって減少する。

培養後期　培養七〇日目ころからの管理は、菌床に明るさ（光）を与えてキノコの原基形成を促進し菌床の成熟に努める。つまり、この時期の管理は菌床のその後のキノコ発生を左右する大切な時期であり、とくに、温度、湿度、換気に留意して管理しなければならない。

培養の時期別ポイントは表9のとおりである。

図19　平地での簡易ハウスによる発生

(4) キノコの発生

培養が完了した菌床は、発生室に移し、袋から取り出して水洗して棚に並べる。

空調栽培でも自然栽培でも、菌床を袋から取り出して管理するが、菌床の乾燥を防ぐため袋の一部を残して管理する場合もある。

キノコを発生させるには、温度一五℃前後、湿度八〇～九〇％、明るさを一五〇ルクス程度に保つよう管理する。とくに、明るさは傘の表面の色沢に大きく影響するので注意する。

キノコの発生は、発生が始まってか

表9　菌床の培地時期別管理のポイント

初期（0〜30日目）	中期（30〜60日目）	後期（60〜90日目）
・菌が活着し、繁殖して菌床全体にまん延する ・菌糸が活発に繁殖するため呼吸量が多く熱が出る	・白色の皮膜が褐色に変化するとともに、オガコの腐朽がすすみ、オガコの細胞内の水分が出て（分解水）、底の部分に水がたまる	・オガコの腐朽がすすみ、分解水が多くなる原基形成と熟成が完了してキノコ発生となる

ら四～五回発生するのが普通である。二度目の発生からは、菌床を浸水して培地に十分水分を補給して発生管理を行なう。浸水時間は、二度目で五～六時間であるが、発生回数が多くなるにつれて浸水時間を長くし、四度目の発生では一五～一六時間浸水する。

キノコを発生させる技術の開発は、年々すすんでおり、最近では、注水発生法や上面発生法（特許技術）が開発され実用化されている。

キノコが菌床表面全体に一度に集中して発生すると、キノコが小形になり傘の厚さも薄くなり商品性も低くなってしまうので、一回の発生は一菌床当たり五～八個とし、日持ちをよくするためできるだけキノコの水分を少なくするよう管理する。

(5) キノコの収穫・出荷

①収　穫

キノコが生長し市場の規格に適合する大きさになったら収穫する。収穫にあたっては、キノコを傷めないようていねいに採取する。

採取する時期は、傘が六分開きとなるときを目安とする。傘が開きすぎると胞子が飛散してキノコを汚染するばかりでなく、菌床養分を多く消費するため、ひいてはキノコの発生を少なくする原因となるので、適期（六分開き）採取の励行が収益の増大になる。

②選別・包装・出荷

収穫したキノコは、鮮度が落ちないよう包装資材を使用して選別し、包装を行なって市場に出荷する。

出荷にあたっては、消費者の需要が多い規格について常に調査しておき、消費者のニーズに応える規格で出荷するように心がける。しかし、生産組合などに所属している場合には、生産組合が定めた規格によって出荷することが市場価格を高くする。

（大森清寿）

ナメコ
（モエギタケ科スギタケ属）

名　称		ナメコ（モエギタケ科スギタケ属）
別　名		方言：ホンナメコ、ヤマナメコ、ココリナメコ、ヌラボコ
機能性、薬効等		抗ガン性？・動脈硬化抑制？
生態	自然分布	日本のブナ帯（台湾？）、ブナ風倒木
	自然発生時期	晩秋
生理	菌糸伸長温度	4～32℃程度、最大伸長速度（菌叢周縁部）22～28℃
	菌糸伸長含水率	原木最適水分率35～40%、菌床最適水分率65%前後
	子実体発生温度	6～20℃
	子実体発生湿度	空調栽培では95%以上に設定されることが多い
	CO_2濃度・光線	ヒラタケ、マイタケよりはCO_2濃度障害小、間接光要
栽培	栽培方法	原木栽培（普通・短木断面・覆土式・伏根） 菌床自然栽培（箱ナメコ）、菌床空調栽培（袋・ビン）
	適応樹種	原木栽培：ブナ、トチ、ヤマザクラ、コナラ等広葉樹 菌床栽培：ケヤキ、ネムノキ、クリ等を除く広葉樹
	培地材料	菌床栽培：広葉樹オガコ、フスマ、米ヌカ等
	品種と種菌形状	晩生、中生、早生、超極早生　駒菌、オガコ菌
	栽培所要期間	原木栽培：２年目の秋から 菌床空調栽培：培養45～70日、発生操作後14～21日目
	年間発生回数	原木栽培：秋１回（数年間） 菌床自然栽培：秋１回
	収穫物の規格	つぼみ：T，S，M，L　ひらき：P，E，J

1 ナメコの特徴

(1) キノコとしての特徴

①野生での分布

野生のナメコは、北海道、本州、四国、九州の主にブナ帯で、秋季にブナ、トチ、カエデなどの落葉樹の倒木や切り株上に群生ないし束生する。離島では、佐渡島で分布を確認している。ナメコは、日本固有種といわれているが、台湾での採取例があるらしい。

②利用と成分、機能性

ナメコは、古くから優秀な食用菌として利用されてきた。ナメコの無機、ビタミン成分を他のキノコと比較しても、とくに多く含まれる成分はない。しかし、千葉県郎らの研究によれば、ナメコに強い抗ガン性が認められている。また、ナメコに特徴的なゼラチン質のヌメリは、動脈硬化の抑制に有効といわれているが、成分の構造と機能については今後の研究が期待される。

図1　栽培工程

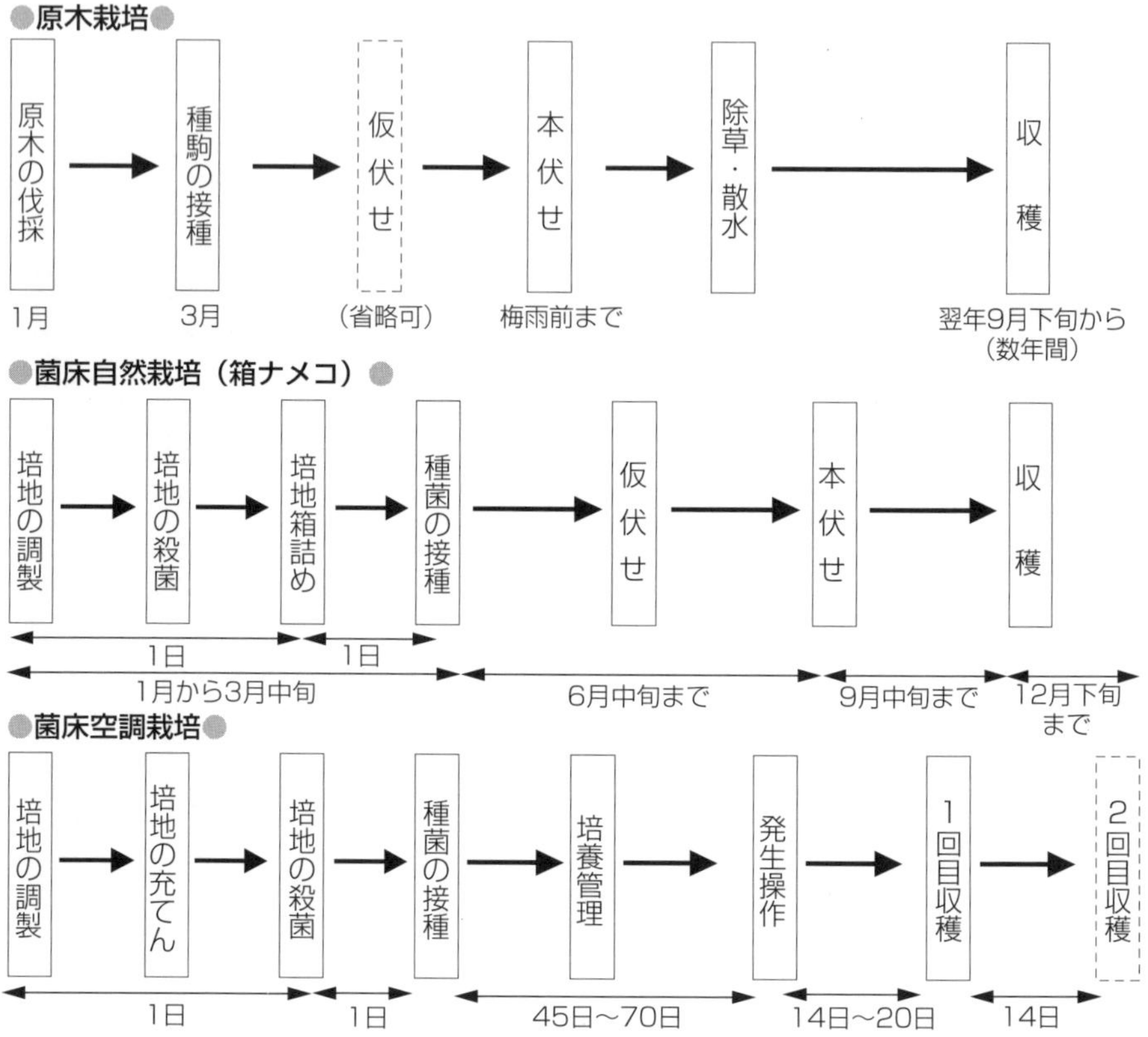

(2) 生育に適した環境と栽培法

①生育環境と条件

野生のナメコは、紅葉の見ごろを過ぎた落葉がすすんだ時期に、ブナ原生林の谷すじの上木が欠けた場所を目印に風倒木を探し出せば、比較的容易に見つかる。ナメコの発生の好適条件は、ブナ帯気候で晩秋の空中湿度が高い環境である。具体的な条件としては以下の四点があげられている。

ア．七〜八月の平均最高気温が二八℃以下であること

イ．平均気温は十月が一三℃以下、十一月が七℃くらいであること

ウ．降水量が年間二〇〇〇ミリ内外、十月と十一月がそれぞれ一五〇ミリ以下にならないこと

エ．十月と十一月における〇・一ミリ以上の降雨日数が月間二〇日内外であること

②どんな栽培法があるか

ナメコ栽培法は、自然栽培と空調施

設栽培とに大別される。前者は自然環境を利用し、無殺菌原木、伐根、あるいは殺菌した短木やオガコ培地を用い、秋季に野生ナメコに近い品質の生産を行なう栽培方法である。後者は、温湿度管理が可能な培養室と発生室を利用し、殺菌したオガコ培地を用い、年間を通して短期大量生産を行なう栽培法である。

(3) 経営のねらいと栽培法の選び方

①複合経営で地場消費

オガコ培地を用いたナメコ自然栽培法は、「箱ナメコ栽培」あるいは「ナメコところ箱栽培」と呼ばれる。昭和三十八年ころ、福島県相馬郡のヒラタケ栽培者が誤ってナメコ菌を接種したのが契機となり、福島県が開発したF27という品種を用いた自然栽培法が全国に普及した。その後、F27品種から極早生品種が開発され、現在の空調栽培法によるナメコ産業へと展開した。

現在では、一部の地域を除きほとんど用いられなくなった栽培法であるが、野生ナメコに近い品質が得られる本栽培法は、もう一度その価値が見直されてもよい。本栽培法による製品は、形態、味、香りともに本物志向の消費者の嗜好性を満足させうるものであり、販売方法の工夫により高単価も期待できる。また、殺菌釜以外に大きな投資を必要とせず、仕込み作業が一～二月の厳寒期、収穫作業が十～十一月に集中するため、中山間地域の副収入源として期待される。原木栽培より比較的軽いため、作業強度の点からも、高齢者や婦人中心の中山間地域に適した栽培法である。

②専業経営

箱ナメコ栽培から発展した空調施設栽培は、一年を通した短期大量栽培法である。ナメコの消費量が伸びている時期には、大きな投資をともなう本栽培法でも資金の回収が比較的容易であった。しかし、年間消費量が二万五〇〇〇トンから伸び悩み、かつ既存の栽培施設が大規模化しつつある近年では、新規参入あるいは規模拡大には慎重な資金計画が要求される。

ナメコは、種菌の能力が突然劣化してしまう不思議なメカニズムのある生物であり、工業的な短期大量培養には大きなリスクをともなう。したがって、このリスクに対する技術的・経済的コストを生産コストに計上する必要がある。一方、現在の市販品種はキノコの形質に大きな違いがないので、栽培施設の大規模化にともない、さらに価格競争が激化すると予想される。空調施設栽培では、このような社会環境の中で、リスクに対するコストをいかに低くかつ安全にするかが決め手である。そのためには、ナメコに対する高い専門的知識が要求される。したがって、本栽培法は、高い専門性を持つ経営者が専門に行なう必要があり、しかも経営者のリスクへの考え方が長年にわたる収益性に大きく影響する。しかしながら本栽培法におけるリスクは、大手企業の参入から一経営者を守る側面もある。

③観光キノコ園

ナメコ原木栽培は、昭和二十年代から福島、山形、秋田、新潟県などで、主に缶詰用として実施され、中山間地域の重要な収入源であった。その後、箱ナメコ栽培、さらには空調施設栽培によるナメコ生産量の増大にともない、減少の一途をたどっている。しかし、原木ナメコの品質は、野生ナメコとほとんど変わらない。このため、現在残っている栽培地域、たとえば福島県の弥平四郎地域などの缶詰製品は、首都圏の大手デパートなどでは高値で販売されている。それにもかかわらず、本栽培法が減少している背景には、栽培適地の減少、重労働を要し担い手が高齢化している、新たな品種が開発されないなどさまざまな問題がある。

しかし、労働力の調達とホダ場の遮光や散水管理が可能な観光キノコ園などでは、本栽培法の短所が問題にはならない。また、消費者が直接栽培現場に訪れる観光農園では、自然環境下で原木から発生するナメコの美しさは、視覚的にも絶大な効果が期待される。

原木栽培と箱ナメコ栽培、あるいは他の野生キノコ栽培を組み合わせ、それぞれの長所を巧みに引き出すことで、消費者に対する産地のイメージづくりと、経営が成り立つ生産量の確保が同時に達成できる。少ない設備投資と自然環境を利用した低コスト栽培により高品質のナメコ生産をめざすこの戦略は、観光キノコ園を含めた中山間地域全体の産業として、もう一度キノコ栽培の原点に返って見直されるべき栽培法である。

2 培地材料と種菌の準備

(1) 原木栽培

①原木の条件と準備

ナメコの原木栽培には、ほとんどの広葉樹が利用できるが、採算性の点からブナ、トチ、コナラ、サクラなどが適する。原木の伐採時期は、紅葉時期から新芽が開く前がよいとされているが、接種までに原木が乾きすぎない時期を選ぶ。伐採地で接種する場合はホダ木の寿命を延ばすため二メートル以上に、平地で集約的に管理する場合は原木を移動しやすい一メートル程度に玉切りする。

②種菌の選び方

ナメコ原木栽培用には、種駒種菌を用いる。市販種菌は、ナメコの発生温度により、早生、中生、晩生などの種類があるので、有利な販売時期を考慮して選択する。種菌は、購入後直ちに使用する。やむを得ず保管する場合は四℃で二週間以内をめどとする。保管期間が長くなるほど種菌が劣化しやすくなる。

(2) 菌床栽培

①オガコの条件と準備

ナメコの菌床栽培には、ブナオガコ

がよいとされるが、ケヤキ、ネムノキ、クリなどを除き、ほとんどの広葉樹が利用できる。オガコの粒度とチップダストの混合比は、用いる栄養材により異なり、培地水分率を六五％程度に調整したとき、下部に水がたまらない条件で、最大の通気性を確保できるように調整する。

②種菌の選び方

図2　原木普通栽培

接種した原木は、秋に空中湿度が高くなる沢沿いの林床に伏せ込む

ナメコ菌床栽培用には、オガコ種菌を用いる。市販種菌の品種は、中生から晩生系の自然栽培用と中生から超極早生の多種の空調栽培用がある。ナメコ菌株は、栽培特性が変化しやすい性質があり、培養期間が短い栽培法ほどそのわずかな変化が収益性に影響をおよぼす。したがって、種菌の変化に対するリスクは、培養期間が長い自然栽培より、培養期間の短い空調栽培でより大きくなる。空調栽培は、施設の回転率が高いほど計算上の収益性はよいが、その分リスクが高まる。このため、品種と培養期間は、実質的な収益性を各生産者の経営方針にもとづき慎重に検討して選択する。

3　栽培の実際

●原木栽培●

(1) 接種作業

原木を用いた栽培は、普通原木栽培と短木断面接種栽培があるが、ここでは前者を対象とする。接種時期は、労力の確保と原木の伐採時期により選択する。通常は、秋の農閑期あるいは春の田植え前に行なう。種駒の接種数は、原木（長さ一メートル）の直径（センチ）の三～四倍を目安とする（例えば直径二〇センチなら六〇～八〇個）。接種孔は、樹皮の厚さで異なるが深さ三センチ以上が望ましく、電気ドリルなどを用いて千鳥状にあける。

(2) 伏せ込み作業

種駒を接種した原木は、梅雨前に直射日光の当たらない林床下に伏せ込む。接種後に気温が〇℃以下になるところでは、菌糸の活着と伸長を促す目的で、散水しても凍結しない場所で仮伏せを行なうこともある。伏せ込みの方法は、乾き気味の場所ではホダ木が直接地面に接するようにする。湿り気味の場所では、一方に枕を入れ接地伏せにする。

図3　伐根栽培（福島県西会津町）

伐採したブナ、トチなどの大径木切り株に、直接種駒を接種して発生させる

(3) ホダ場の管理

接種した原木を伏せ込んだホダ場は、夏季に湿度が高くなりすぎないよう除草を行ない通気性に注意する。ただし、風が直接当たる場合は風除けを、原木が乾きすぎる場合は適度に散水を行なう。乾き気味の場所では、伏せ込んで

二年目からは、一年目よりワラなどによるマルチを厚くして原木の乾燥にとくに注意する。

(4) ナメコの発生と収穫

発生は、接種二年目の秋から始まり、寿命は太いもので五～六年、細いもので三～四年である。発生は気温が二〇℃以下になると始まり、十～十一月にピークを迎える。乾き気味の場所では、発生期の散水が効果的であり、週二回程度ホダ木がぬれる程度に散水する。

●伐根栽培●

伐採したブナ、トチなどの大径木の切り株に、種駒を直接接種する栽培法で、天然ナメコが発生しているような場所に適する。雑菌に侵されて変色した切り株は利用できない。接種後は、枝葉などで日除けが必要である。

本栽培法は、伏せ込みの労力が省けるが、最近は伐採地が奥地化して収穫

に労力を要することが多い。

●短木断面接種栽培●

(1) 接種と伏せ込み

ブナ、トチ、ハンノキ、エノキ、サクラ、シラカンバ、ホオノキ、ヤナギ、ポプラなどの腐朽しやすい樹種を一五センチ程度に玉切りし、二本の原木でオガクズ種菌をサンドイッチ式にはさみこむ栽培法である。

接種は三月上旬ころ行ない、種菌が乾かないように合わせ目をガムテープなどで巻いて止める。接種した原木は、排水や通風のよい野外または屋内で、二個一組の原木を二、三段積み重ねてムシロなどで包み、上部を枝条で庇陰して梅雨直前まで仮伏せする。本伏せは、サンドイッチした原木を引き離し、散水可能な排水のよい畑地などに接種面を上にして上部五センチ程度まで覆土する。伏せ込み中は、庇陰にして加湿にならない程度に散水する。

(2) 当年の秋から収穫

原木の寿命は二年程度であるが、接種当年の秋から収穫できる利点があり、子実体形質も原木ナメコと変わらない。このため、観光キノコ園や直売場を持つ地域に適した栽培法であるが、害菌対策のためその都度新たなホダ場を使用する必要がある。休耕田などの未利用地の活用法として有望である。

図4　箱ナメコ栽培の本伏せ（レンガ積み）

冬季に接種した培地を、4月上旬まで重箱状に積んで仮伏せを行なうが、本伏せは直射日光が当たらない場所にレンガ積みする。通気性に注意する

オガコ自然栽培（箱ナメコ栽培）

(1) 培地の準備

広葉樹オガコと栄養材を一〇対一～二程度に混合し、水分率を六五％程度に調整する。栄養材は、米ヌカ、フスマなどさまざまのものが利用可能である。米ヌカは、保管の難しさと培養期間の長期化から、空調栽培では利用が敬遠されがちであるが、ナメコの味によい影響を与える。本栽培法は、食味性を重視した長期培養法であるため、栄養材としては米ヌカが適する。また、培地の調製・接種は、一～二月の厳寒期に行なうため、米ヌカの保管も容易である。

調製した培地の殺菌は、耐熱性の容器と布の場合は袋や箱に詰めた後に、非耐熱性の容器と布の場合はバラで行ない殺菌したものを詰める。本栽培法の殺菌では、比較的安価な常圧殺菌釜で十分である。常圧釜の場合は、点火から六～七時間殺菌を行なう。

あらかじめポリプロピレン（ＰＰ）製（耐熱性）か、ポリエチレン製（非耐熱性）のシートを敷いた箱に、一箱（35×55×10センチ程度）当たり六～八キロ、厚さが六～八センチ程度に培地を詰める。詰めこんだ培地には、直径一・五センチ程度の接種孔を等間隔で千鳥状に一六個程度あけてから、敷き込んだシートをたたんでていねいに包み込む。

(2) 種菌の接種と培養

接種作業は、無菌室で行なうのが望ましいが、ベンレートなどの薬剤で殺菌した外気が吹き込みにくい部屋でも可能である。接種は、一〇〇ミリリットルの種菌を迅速に接種孔へ接種し、残りを培地全面に均等にばらまく。接種した培地は、雨や風が直接当たらな

図5　箱ナメコ栽培の採取

屋外で発生を行なう場合は、直射日光が当たらない林内を用いる。容器は、木箱でもよいが、写真のようなプラスチック製を用いることが多い

い室内か、専用の小屋で重箱状に一五〇センチ程度の高さに積み上げ、仮伏せを行なう。冬季の凍結と春先の高温には十分注意する。仮伏せした培地は、四月上旬までに本伏せを行なう。本伏せは、直射日光の当たらない屋内（仮小屋程度でよいが温度の上昇に注意する）、または広葉樹林内などの屋外で、通気性を確保するためにレンガ積みに

図6　菌床栽培（袋栽培）の栽培状況（菌糸まん延時）

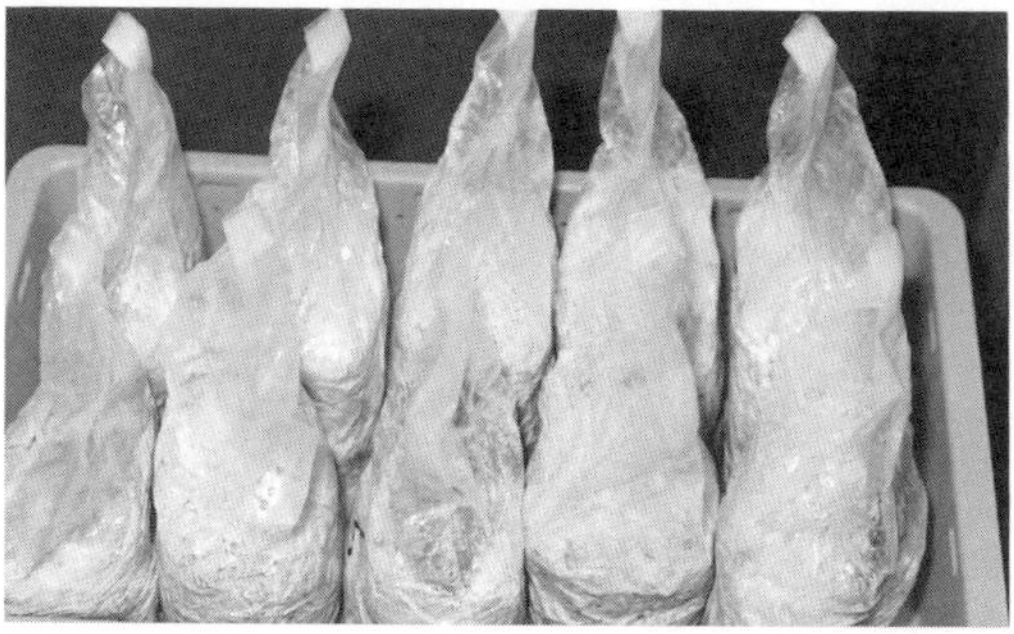

空調施設栽培では、通常は袋・ビン栽培ともに60日程度培養を行なう。菌糸がまん延する前の初期培養では、培地内温度が25℃を超えると急激に発生不良の危険性が高まる

する。本伏せ期間中に一～二回上段と下段を積み替える。

(3) 発生操作と発生

本伏せ後約六カ月（自然培養）で表面に皮膜を形成し完熟する。キノコが生長する空間を設けるために、発生の約二週間前（屋外では九月上旬）に一度被覆材を広げ、また柔らかく覆っておく。発生は、屋内または屋外で行なうが、屋内の場合は散水するなど、培地表面が乾かないように湿度調整を行なう。屋外では、気温二〇℃以下で発生が始まり、二～三回発生する。

●空調施設栽培●

(1) 培地の準備

広葉樹オガコと栄養材を一〇対二程度に混合し、水分率を六五％程度に調整する。発生不良が見られるときは、多少水分率を高めに調整する。栄養材は、専管フスマとネオビタスなどメーカ販売の栄養材とを組み合わせて使う生産者が多いが、ビールの搾り粕、オカラなどさまざまなものが利用可能である。培地組成により、同じ品種でも食味や形態の異なるナメコを得ることができるため、培地組成の選択は経営戦略上重要な要素である。

混合した培地は、専用の詰め機を用いPP製八〇〇ミリリットル広口ビン、

あるいはPP製袋に充てんする。ビンを用いる栽培法は、作業の工程が機械化されており、袋栽培より設備投資が大きいが、作業性はよい。

充てんした培地の殺菌は、常圧殺菌でも可能だが、施設規模が大きい場合は高圧殺菌釜が適する。高圧釜の場合は、一・二気圧・一二一℃で一時間程度殺菌を行なう。

(2) 種菌の接種と培養

殺菌終了後、培地内温度が二〇℃以下になってから、無菌室内で専用の接種機を用い種菌を接種する。一回の仕込みごとに、複数の品種を接種し、ナメコが発生する時期の遅延やビンごとの収量のばらつきを品種間で比較し、健全な品種を使う。

菌糸がビン全体にまん延するまでの培養初期は、培地内温度が一五～二〇℃になるように室温を調整する。発生不良が起きている時期は、とくに培地内温度が二〇℃を超えないよう細心の注意を払い、菌糸伸長速度を抑制して培養期間を一〇～二〇日延長するなど、菌叢の薄い菌糸がまん延するのを防ぐ。菌糸がまん延した培養後期でも、培地内温度が二五℃以上にならないように注意する。培養室の湿度は、六〇～六五％に調整する。

培養期間は品種により異なるが、通常の早生品種で六〇日、高速栽培品種で四五日程度である。しかし、培養期間を一〇日程度長めにすることで（発生不良が起きた場合はさらに一〇日程度の延長）、発生不良による被害金額が大幅に軽減できるので、余裕ある施設の回転計画を立てたい。品種と培養期間の選択、および年間スケジュールの設定は、大きな生物的リスクを有するナメコ経営において、最も重要な要素である。

(3) 発生室とナメコの発生

培養が終了した培地は、一四℃、湿度八五％以上の発生室に移す。このとき、芽出しをそろえる目的で菌かきと注水を行なうこともあるが、一回目の収穫で打ち切る場合以外は必ずしもこの操作を必要としない。二〇日程度で一回目の収穫ができる。大規模施設での高速ビン栽培では、一回目の収穫後培地を廃棄するが、通常は約一四日後の二回目の収穫、あるいはさらに約一四日後の三回目の収穫までを行なう場合がある。ナメコは、初期の発生不良により収穫時期や収量のバラツキが生じやすい。一回取りは、収益性が高いが、わずかなバラツキが収益性に直接影響する。三回取りは、収益性は低いが、初期の発生不良による収益性への影響は少ない。生産者が新たな施設に投資する場合は、自己の発生不良防止技術を客観的に評価して長期的見地から収益性を検討し、採取回数を選択する。

4 収穫と出荷・販売

(1) 収穫・包装・出荷

原木ナメコは缶詰用、空調栽培ナメコは生食用に用いられることが多い。生食用ナメコは、水洗いの有無、足切りの有無、包装資材、包装方法、包装量によりさまざまな形態で販売される。

これまでは市場出荷が主なため、大部分が足切りナメコを水洗いして大き

図7　ハサミを用いた菌床栽培（袋栽培）の採取状況

空調の発生室を用いた袋栽培では、培地を三角棚に横に並べ、採取と足切りを同時に行なうことが多い

図8　大規模施設における菌床栽培（ビン栽培）の発生状況

ビン栽培では、培地を棚に並べる。通常の棚は、間隔40cm程度で4～5段。写真は、機械化された施設のため、棚は10段程度。このような施設では棚の上下の環境条件の違いに注意を要する

図9　市場規格による選別作業

足切りしたナメコを径の異なるふるいに水で流し、規格別に選別する

図10　製品の包装形態のいろいろ

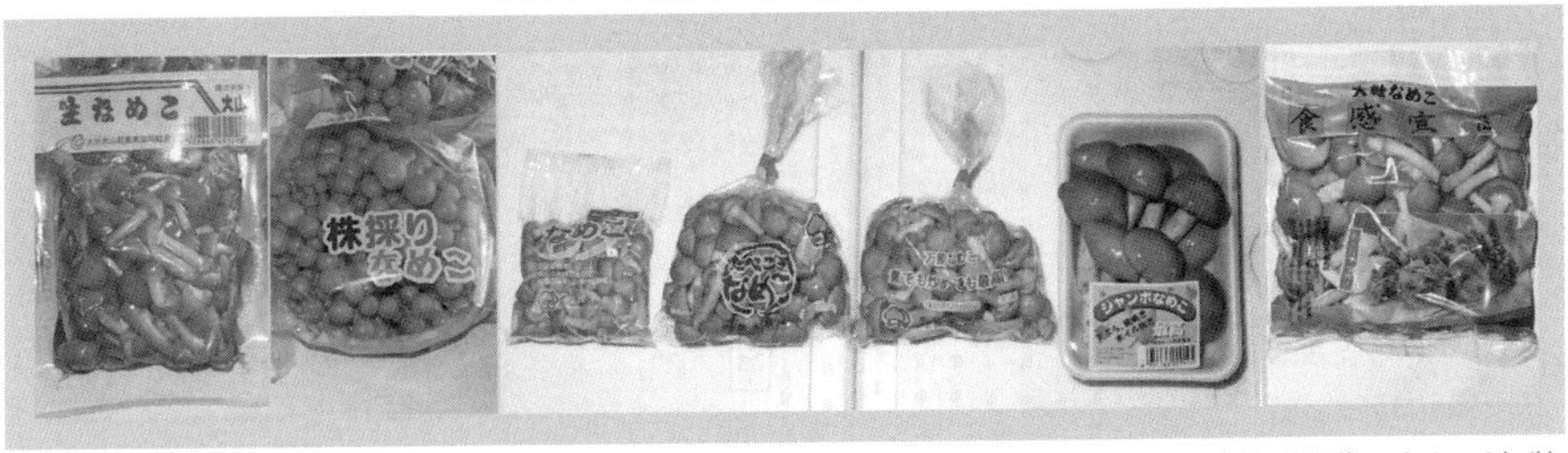

左から、真空パック、株取りピロー包装、半真空包装、普通袋（大粒）、普通袋（無選別）、トレイ包装（超大粒）、普通包装（無選別、水洗いなし）。近年、大型小売店に直接出荷する形態では、食味性に優れた大粒ナメコの人気が高い。左から4、5、6番目の製品は、食味性を重視した特殊な栽培法により、ブランド化に成功している例。一番右は、差別化と消費の拡大を目指し、パッケージにあえてコストをかけて料理法の写真を印刷している例

さごとに選別し一〇〇グラムポリ袋包装していた。市場出荷では、大きさがそろった小粒で色の薄い製品の価値が高いとされるため、選別作業が必要になる。選別機を用いるには、足切りしたナメコを水につける必要がある。このような出荷形態は、ナメコの料理法を限定している原因の一つではないだろうか。また、鮮度保持や食味性のうえからも、水につけないほうが有利である。最近は、石づきが付いた株取りナメコを水洗いしないで専用機で普通包装した製品が増えつつある。足付きの出荷形態は、作業経費の大幅削減と廃棄する部分の削減により、経営上非常に有利である。また、柄は、食味の優れた部位であり、食味のうえからも、重要な意味を持つ。

包装形態は経営上重要な要素であり、多彩な料理法に適する製品や高付加価値製品の開発に合わせて工夫することでより効果が発揮される。

(2) 販売方法と工夫

ナメコは、通常は生産者から集荷業者、生産組合、森林組合、総合農協を通して、あるいは直接卸売市場に出荷される。市場の規格は、傘の開き具合と大きさにより四種あり、小粒のつぼみが好まれる傾向があった。

しかし近年は、生産者と消費者を直結した観光地などでの直接販売や、生産者のホームページなどによる販売が増加している。このような直接販売形態では、食味に優れている大形なナメコが好まれる傾向にある。すなわち、卸売市場と消費者のどちらを中心に出荷するか検討し、販売方法に合わせた栽培法を選択し工夫することが、今後ますます重要になると予想される。

（熊田　淳）

ヒラタケ

(ヒラタケ科ヒラタケ属)

名称		ヒラタケ(ヒラタケ科ヒラタケ属)	
別名		シメジ、カンタケ等	
機能性、薬効等		整腸作用等	
生態	自然分布	温帯の世界各地域、広葉樹(まれに針葉樹)の枯れ木や倒木、切り株などに多数重なり合って発生	
	自然発生時期	主として、秋から春	
生理	菌糸伸長温度	生育適温度範囲は3~35℃、最適温度は25℃前後	
	水素イオン濃度	生育適pH範囲は3~11、最適pHは6.5付近	
	子実体発生温度	発生適温度範囲は10~20℃、最適温度は15℃前後	
	子実体発生湿度	発生適湿度は約75~80%.以上、最適湿度は90%以上	
	CO_2濃度・光線	CO_2濃度:生育適濃度は0.3%以下、最適濃度0.1%以下、発生適照度:10ルクス以上、生育適照度:100~500ルクス	
栽培	栽培方法	菌床(ビン)栽培	原木(短木)栽培
	適応樹種	ブナ、スギ、マツ等のオガコ	ポプラ・エノキ>ブナ・トチ>カキ・クルミ等
	添加栄養材	米ヌカ、フスマ、コーンコブミール、乾燥オカラ等	−
	品種と種菌形状	早生系品種:オガコ種菌	早・中・晩生系品種:オガコ種菌・駒種菌
	栽培所要期間	40~45日(1番のみ)	8カ月(3~11月)程度、ただし、2~3年間は発生可能
	年間発生回数	6~6.5回転(1番のみ)	1回
	収穫物の規格	傘の直径2㎝前後、7分開き以内色沢良好、柄の長さ4~6cm	菌床栽培に準じるが、傘および柄の大きさは適宜

1 ヒラタケの特徴

(1) キノコとしての特徴

①野生での分布、形態の特徴

ヒラタケは温帯の世界各地に分布する木材腐朽菌であり、主に秋から春にかけて広葉樹の枯れ木や倒木、切り株などに多数重なり合って発生する。

キノコの傘は初めまんじゅう形であるが生長すると貝殻形~半円形となり、その後漏斗形になることもある。傘の直径は五~一五センチと大きく、表面は平滑で湿り気があり、初め黒色~青色を帯びた灰色をしているが、後に淡い灰褐色・黄褐色~灰白色となり、まれに白色に近いものまである。肉質は軟らかくて弾力性があり、白色で、特別な匂いはない。ひだは柄に長く垂生し、黄白色~灰白色で、初めは密であるが後に疎となる。柄はほとんど認められないことが多く、傘に対する付き方は片側だったり中心に付いたりと幅

図1　栽培工程

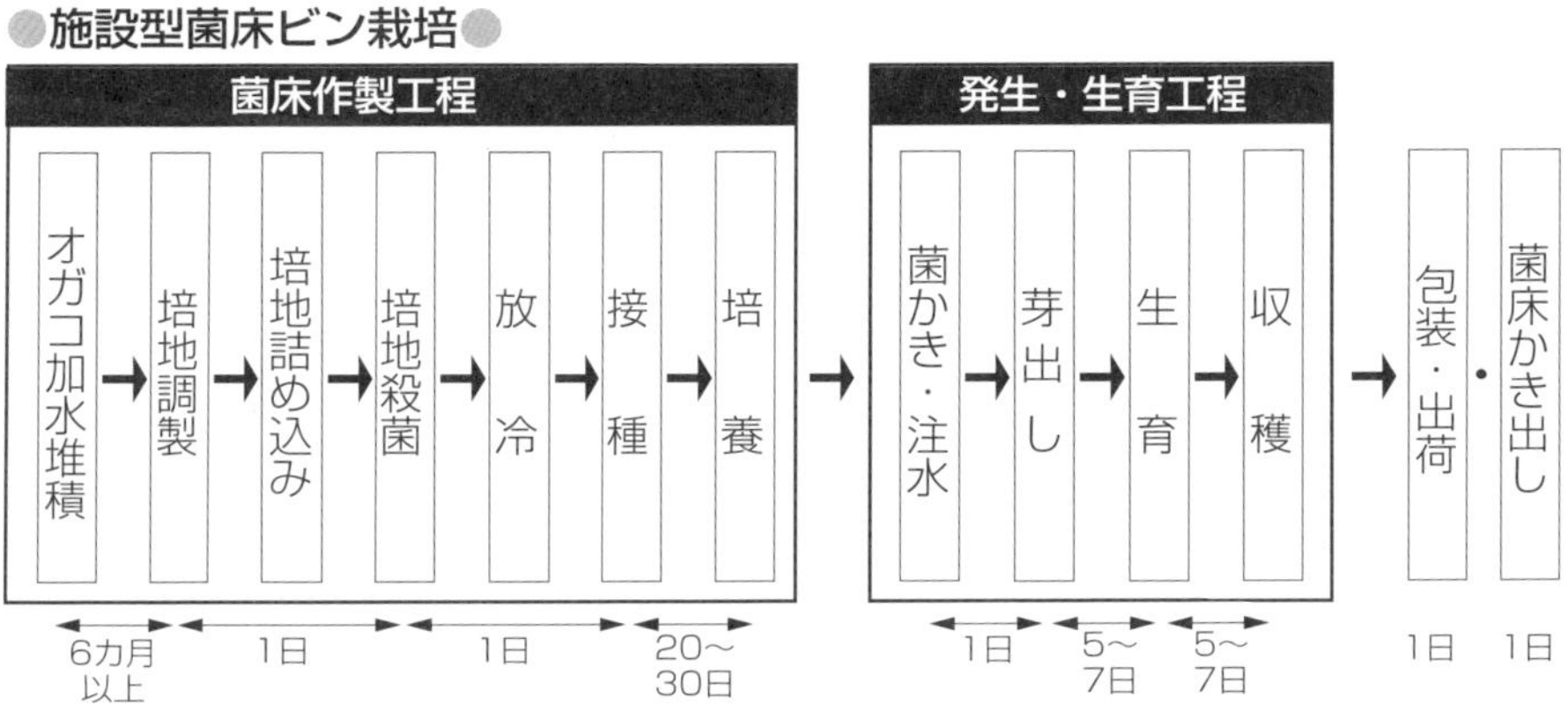

が広い。

②利用と成分、機能性

ヒラタケは世界各地で栽培されており、Oyster mushroom（オイスターマッシュルーム、貝のカキの形をしたキノコ）として流通するポピュラーな食用キノコである。国内では一般に「○○シメジ」と称して流通していることが多く、味はくせがなく、香りも少ないので料理の種類も多い。

(2) 生育に適した環境と栽培法

①生育環境と条件

図2　野生のヒラタケ

菌糸の生長　寒天培地上における菌糸の生育温度範囲は三～三五℃、最適温度は二五℃前後である。〇～三℃では生長が抑制されるが、マイナス一〇℃程度でも死滅することはない。一方、高温域を超えると劣化が生じ、長時間続くと死滅する。菌糸伸長に適するCO_2濃度は二五％以下であり、二五％を超えると伸長が低下する。水素イオン濃度に関してはpH三～一一の範囲で伸長するが、最適pHは六・五付近にある。

キノコの生長　キノコの発生温度範囲は一〇～二〇℃、適温は一三～一六℃である。生育温度範囲は六～二〇℃と広いが、高温域では生長が速いものの軟弱徒長のキノコとなる。キノコ発生に必要な湿度は約八〇％以上であり、それを下回ると原基形成が阻害される。キノコの生育に最適なCO_2濃度は〇・一％以下であり、〇・三％を超えると柄の徒長や傘の展開抑制が生じ、さらに〇・六％を超えるとキノコの奇

表1　ヒラタケの栽培法とその特徴

	栽培方法	栽培の特徴
原木栽培	短木栽培	管理は比較的容易、栽培期間は6～8カ月と短い
	長木栽培	栽培法はシイタケとほぼ同じ、キノコの発生は2年目がよい
	枝条結束栽培	せん定枝が利用できるが手間がかかるうえ、一年しか発生しない
オガコ栽培	菌床地伏せ栽培	キノコの発生量、管理ともに箱栽培よりもよい結果が得られる
	ビン栽培	原料の入手が容易。設備投資は最も多くかかる
	袋栽培	箱栽培よりも容易。都会でも栽培できる
	箱栽培	どこでも栽培できるが設備に費用がかかる

形や生育停止などの症状が見られる。光はキノコの発生と生育に不可欠で、原基形成時の照度は五〇ルクス程度でよいが、生育時には一〇〇ルクス以上が必要で、光量がたりないと傘の展開が遅れ、柄は徒長する。

②栽培法

ヒラタケは人工栽培されているキノコの中で、最も栽培方法が多岐にわたっており、オガコなどの菌床を用いる方法と原木を用いる方法とに大別される。菌床栽培は用いる容器の種類によってビン栽培、袋栽培などに分かれ、一方原木栽培は、用いる材の種類や長さによって短木栽培、長木栽培、枝条結束栽培などに分かれる。国内で最も普及しているのは菌床ビン栽培である。

(3) 経営のねらいと栽培法の選び方

①専業経営

一年を通じてキノコ生産を行なうため、菌床ビン栽培による冷暖房を完備した施設型周年経営を選択することになり、多額の資金と企業的経営能力が必要となる。近年、自己完結型大規模経営と共同培養センター利用経営の二極化がすすんでいる。

②複合経営

キノコ消費の減退期である春～夏にかけては田畑の作物を生産し、市場価格の上がる秋～冬にかけて、菌床栽培により生産する自然栽培と、自然プラス暖房栽培で長期出荷するタイプがある。自己完結型の場合でも比較的簡易な施設で栽培できるが、より手軽に栽培するのであれば、共同培養施設などから培養済みの菌床を購入し、発生以降の管理を行なう方法もある。

なお、地場消費を主眼に置いた場合、原木栽培や菌床を袋で培養後伏せ込んで、より天然に近いキノコを採る栽培で生産することもできる。その際、簡易ハウスなどを利用すると生産期間を長くすることが可能である。

③観光キノコ園

秋のキノコシーズンに、天然ものに近いキノコを生産して直売所などで販売する場合は、原木栽培や菌床伏せ込み栽培が適しており、やや大きめのヒラタケを生産するとよい。

2 資材・材料と種菌の準備

(1) 菌床栽培

①培地材料

オガコとしてブナなどの広葉樹を用いることもあるが、一般的には六カ月以上加水堆積したスギやマツなどの針葉樹を使用する。添加栄養材としては米ヌカやフスマを中心とし、コーンコブミール、大豆皮、乾燥オカラなどを混合して用いる。

②容　器

ビン栽培ではPP（ポリプロピレン）製の容量八〇〇～八五〇ミリリットル、口径五二～五八ミリものが適している。また、袋栽培ではフィルター付きPP製の二・五キロ用の袋が多く用いられている。

③種　菌

キノコ関係民間資材メーカーに直接注文するか、あるいは各県にある林業関係試験場などに問い合わせるとよい。品種は栽培日数が短い早生系のものが適しており、オガコ種菌として市販されている。

(2) 原木栽培

①原木の種類

栽培に適した樹種はポプラやエノキなどで、直径は一〇～二〇センチ程度、心材が少なく、乾燥しにくいものがよい。一般的には管理が比較的容易なため短木栽培が普及している。

②種　菌

菌床栽培と同様にメーカーに直接注文するか、あるいは各県にある森林組合や林業関係試験場などに問い合わせるとよい。品種は早生系～晩生系のものまで各種あり、栽培環境や出荷時期を考慮して条件に合うものを選択する。通常、短木栽培ではオガコ種菌、長木栽培では駒種菌を用いる。

3 栽培の実際

●ビンによる菌床栽培●

(1) 培地の準備

①培地の調製

オガコと栄養材を体積比で三～四対一に混合してよくかく拌した後、加水して培地水分率を六五％に調整する。そして、八〇〇ミリリットルビンに内容量で五〇〇グラム程度充てんした後、ビン口から培地に軽く圧をかけてビン肩部より五～一〇ミリ上の位置に均一な菌床面を成形するとともに、ビン底まで垂直に直径一五ミリ程度の孔をあける。次に、ビンの回りに付着した培地を除去した後、PPや紙などの栓をする。

②培地の殺菌

殺菌は高圧釜で一一五～一二〇℃・四五分間加圧して行なう高圧殺菌法と九六～一〇〇℃、六～八時間加圧せずに行なう常圧殺菌法がある。

(2) 種菌の接種と培養

①種菌接種

殺菌後、放冷・接種室で培地内温度を二〇℃以下に下げてから接種する。その際、よく砕いたオガコ種菌が菌床全面を覆うように一ビン当たり二〇cc程度接種する。放冷・接種室はオスバン一〇〇〇倍希釈液やベンレート一〇〇〇倍希釈液などでよく消毒し、できるだけクリーンな環境を確保しておくとともに、接種作業中の衛生管理にも十分注意する。

②培養管理

培養室の温度は一八〜二二℃とし、ビン内温度が上昇しても二五℃以下に抑え、湿度は六〇〜七〇%に維持する。また、ビン内―室内―外気間の空気循環がスムーズに行なわれるよう、栓の種類、ビンを納めたケースの配置、室内空気の流れなどに配慮する。

(3) 発生操作と芽出し・生育

①発生操作

菌回りが完了した七〜一〇日後、接種した種菌を取り除くために菌かきを行なう。その後、菌床表面に水分を補給するためビン内に注水するが、培養中の乾燥程度に応じて水量と時間を加減する。

②芽出し

発生操作後ビン内の水を切り、芽出し管理へ移し、必要に応じてビン口を有孔ポリシートや新聞紙などで覆い、菌床面の乾燥を防ぐ。部屋の温度は一三〜一六℃、湿度は九〇〜一〇〇%、CO_2濃度は〇・三%以下とする。芽出し期間中の照明は部屋全体が薄明るい（五〇ルクス）程度でよい。通常、五〜七日程度でキノコ原基が形成される。

③生育管理

原基形成後キノコの分化が確認されたら生育管理へと移る。部屋の温度は一〇〜一三℃、湿度は八五〜九五%と芽出しよりいくぶん温度や湿度を下げる。また、室内のCO_2濃度は〇・二%以下とし、換気や室内空気の循環をしっかり行なう。照明は一〇〇ルクス程度でよいが、傘の展開と柄の伸長程度に応じて照度や照射時間を調整する。通常、七〜一〇日で収穫期を迎える。

(4) 収穫と出荷・販売

①収穫・包装・出荷

傘が七分開きで直径二〇ミリ前後になったら、株ごとビンから引き抜いて収穫する。生育が速いので収穫適期を逃さないように注意する。そして、株元の菌床が付いている石づき部をナイフで切り落として計量した後、トレイなどに入れて包装し、出荷する。

②販売方法と工夫

周年栽培の場合は市場出荷や契約による直販が主体となるが、大口需要者の要求・仕入れ行動に対応した供給を心がけなければならない。一方、季節栽培の場合は周年出荷に比べて市場評価が低い傾向にあるため、直販や観光土産店を中心に販売を進めたい。

(5) 収穫後の管理

一回発生させた栽培ビンを再度芽出しから生育管理を繰り返すことにより、収量は二五～五〇%は下がるが、二番のキノコを収穫することも可能である。

なお、収穫の終わった菌床は直ちにビンからかき出して廃棄するが、野積みして堆肥化した後、有機質肥料として利用することもできる。なお、ビンは繰り返し利用できる。

図3 普通原木栽培でのヒラタケの発生

図4 短木栽培でのヒラタケの発生

図5 短木（原木）栽培暦

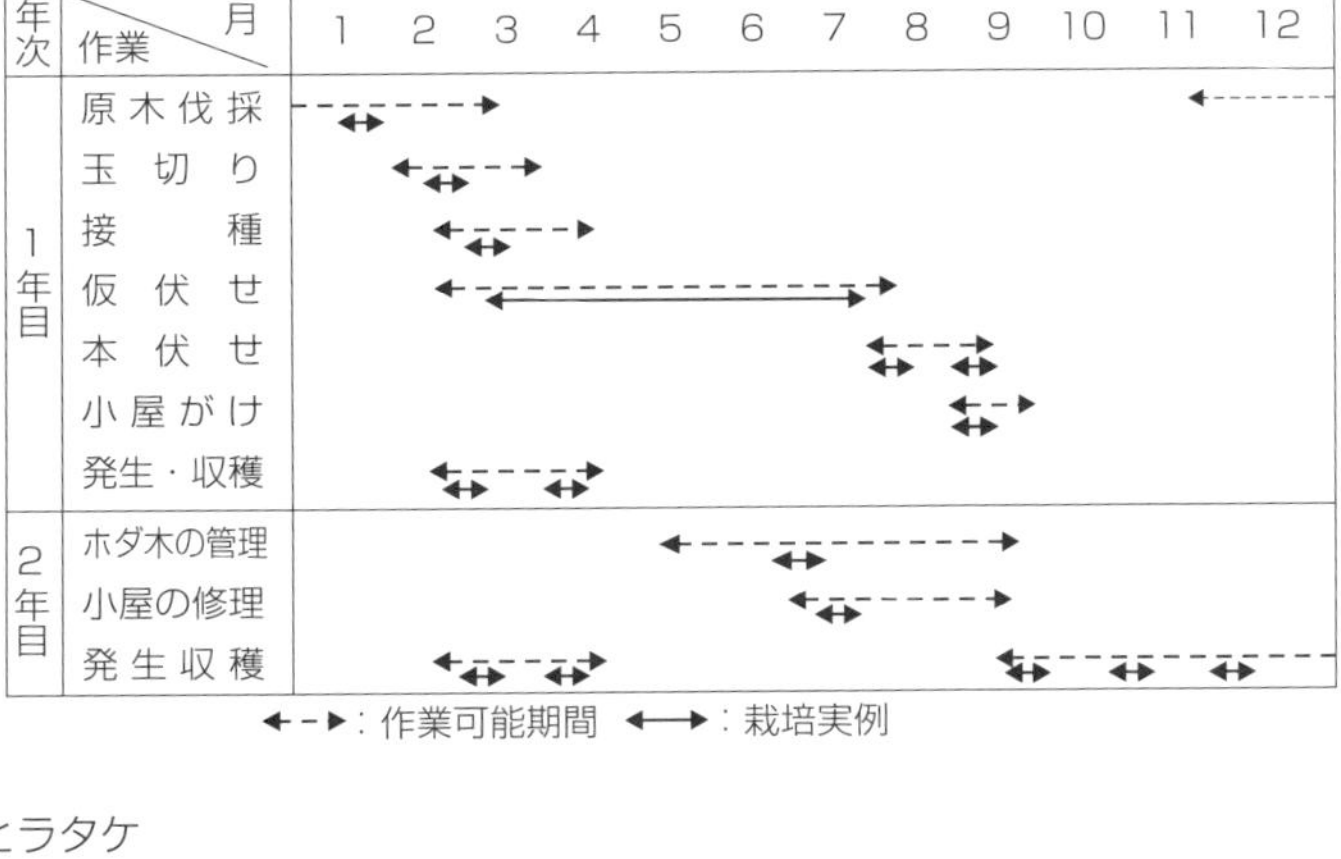

●短木による原木栽培●

(1) 原木の準備

原木の伐採時期は一～二月の生長休止期がよく、伐採一五～三〇日後に適当な長さに切っておく。そして、種菌接種直前に一二～一五センチの長さに玉切りを行ない、二個一組として木口面を合わせておく。

図6　短木による原木栽培の手順

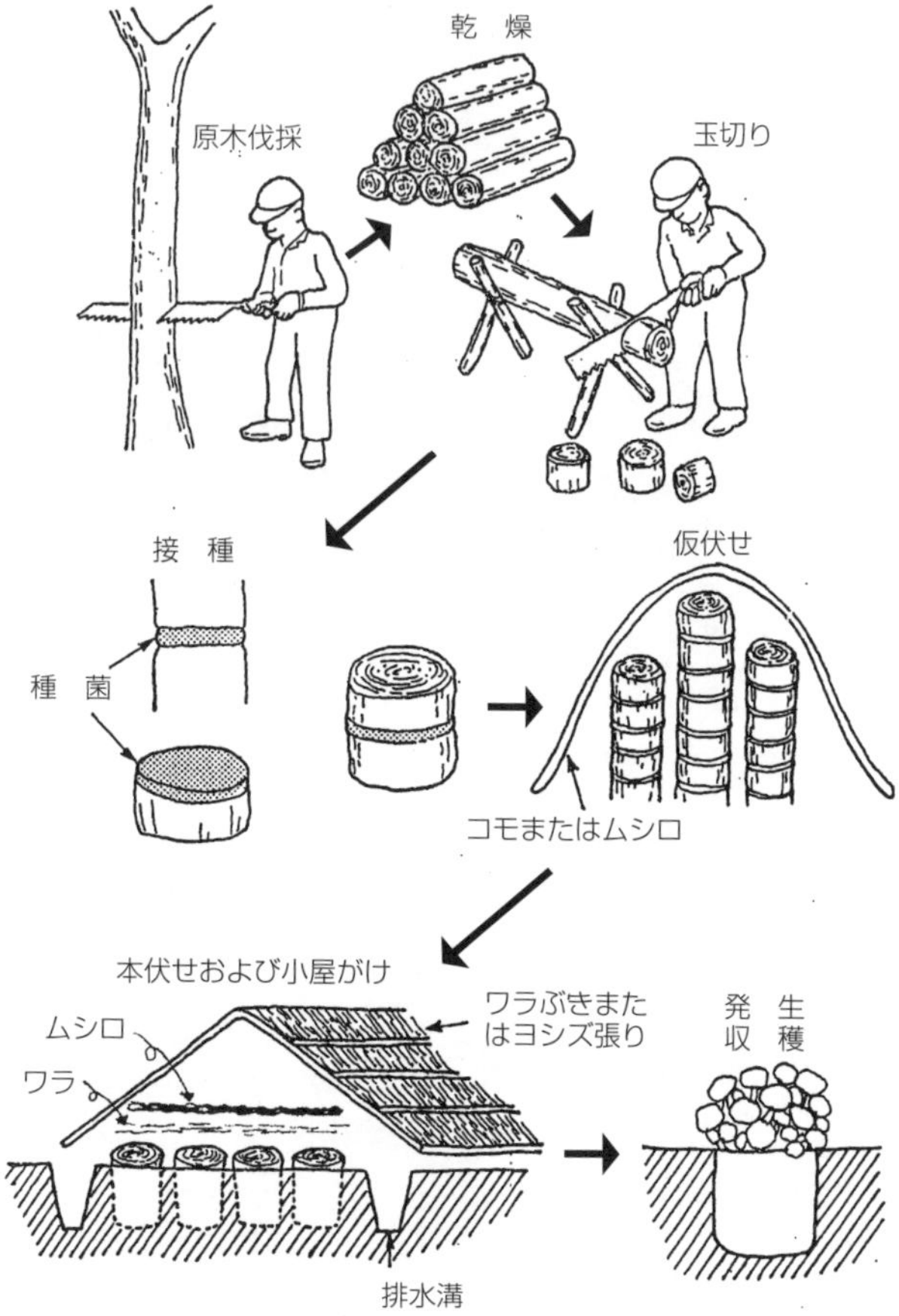

(2) 種菌の接種と培養

接種は二個一組となっている一方の原木にオガコ種菌を木口全面に厚さ五ミリ程度塗りつけた後、もう一方の原木を重ね合わせて種菌を密着させる。接種時期は三月ごろまでには終了させる。

接種済みの二個一組となっている原木を三段程度に積み上げた後、ムシロやビニールシートで覆いをかけて仮伏せを行ない、原木内部に菌糸を十分にまん延させてホダ化させる。ホダ化の目安は二個一組の原木が接着して離れにくくなったときである。仮伏せは木陰や林内で六～八月ごろまで行なうが、保湿と通気に気をつける。

(3) 本伏せと発生

仮伏せ完了後二個一組のホダ木を一つ一つ離し、種菌を接種した木口面を上にして土中に伏せ込み（土壌の湿気や水はけの違いにより高さや深さなどを調節）、切りワラを厚さ三センチ程度にかけた後散水し、その上をムシロなどで被覆する。

キノコが発生する前に、雨除けや温度・湿度・光量の調節を目的とした小屋がけを行なうとともに、木口面を覆っていたムシロを取り除き、散水する。

キノコの発生は平均気温が一五～一八℃程度になると誘導されるため、寒冷地では九月下旬、温暖地でも十月中旬ごろから始まる。発生中は温度一〇～一五℃、湿度八〇％以上、照度二〇〇～五〇〇ルクス程度の環境を確保する。キノコは一〇～一五日程度の周期で発生を繰り返し、十二月中旬ごろまで続く。

図7　短木栽培における本伏せの方法

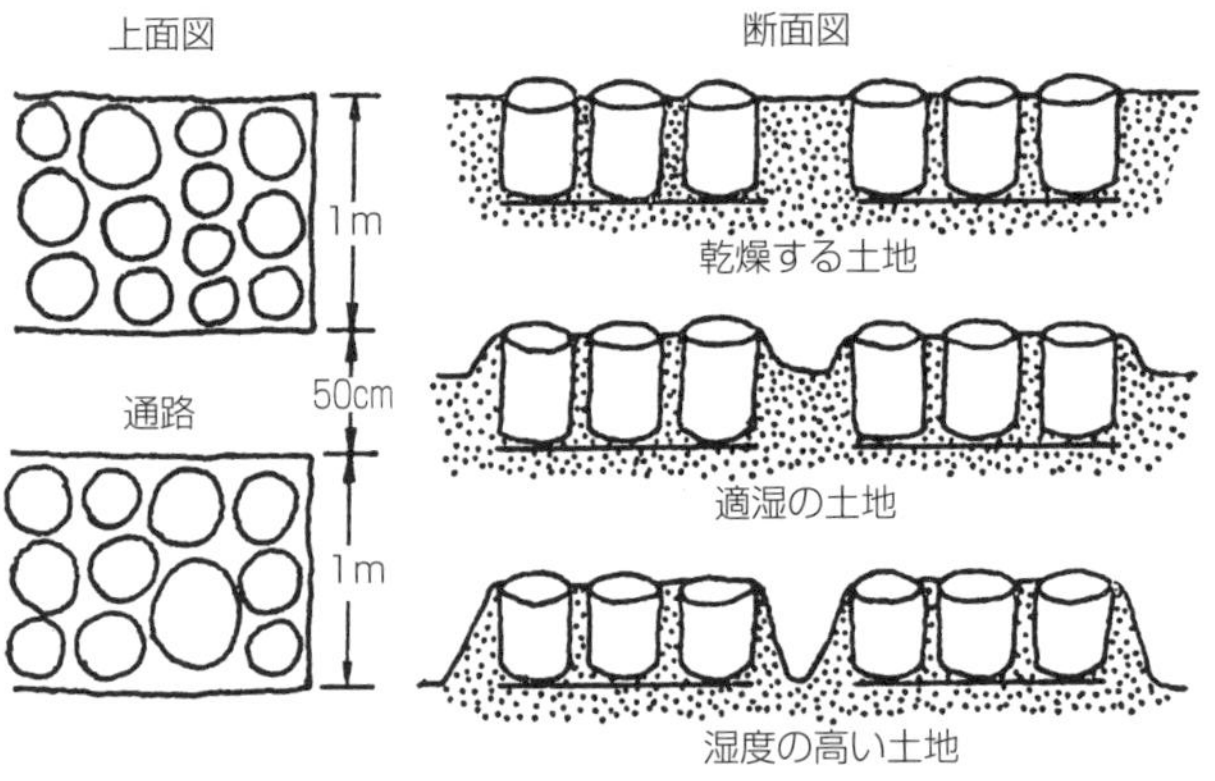

(4) 収穫と出荷・販売

傘が七～八分開きで直径二〇～五〇ミリ前後になったら、株ごと手で引き抜いて収穫する。ナイフなどを用いると原木を傷めることもあるのでさける。収穫適期は出荷先のニーズに合わせた傘の大きさを考慮して決める。収穫後は、株もとの石づき部をナイフで切り落とした後トレイなどに入れて包装し、出荷する。

ビン栽培のキノコとは違う傘が大きく柄も太く株にボリューム感があり、野性味あふれる形状に仕上げることにより、自然食指向の需要が見込まれるため、直販や土産店での販売が適している。

(5) 収穫後の管理

原木からは翌年もキノコを発生させることができるため、伏せ込んだままの状態にしておけばよいが、敷きワラを取り除いた後、土を二～五センチ程度かけて保護する。以後は、風通しを確保するとともに、乾燥時の散水や雨季の排水などの適切な管理を行なうことが重要である。やや乾燥気味に管理するが、極端に乾燥する場合は散水する。そして、翌年の発生時期になったら土を除き、ワラを敷く。

●その他の栽培方法●

(1) 菌床による伏せ込み栽培

菌床を袋などで培養後抜き出して原木栽培の本伏せ以降の作業・管理を施すことにより、栽培が可能となる。

(2) 普通原木栽培

原木シイタケと同様に、長さ六〇～

図8　菌床伏せ込み栽培暦

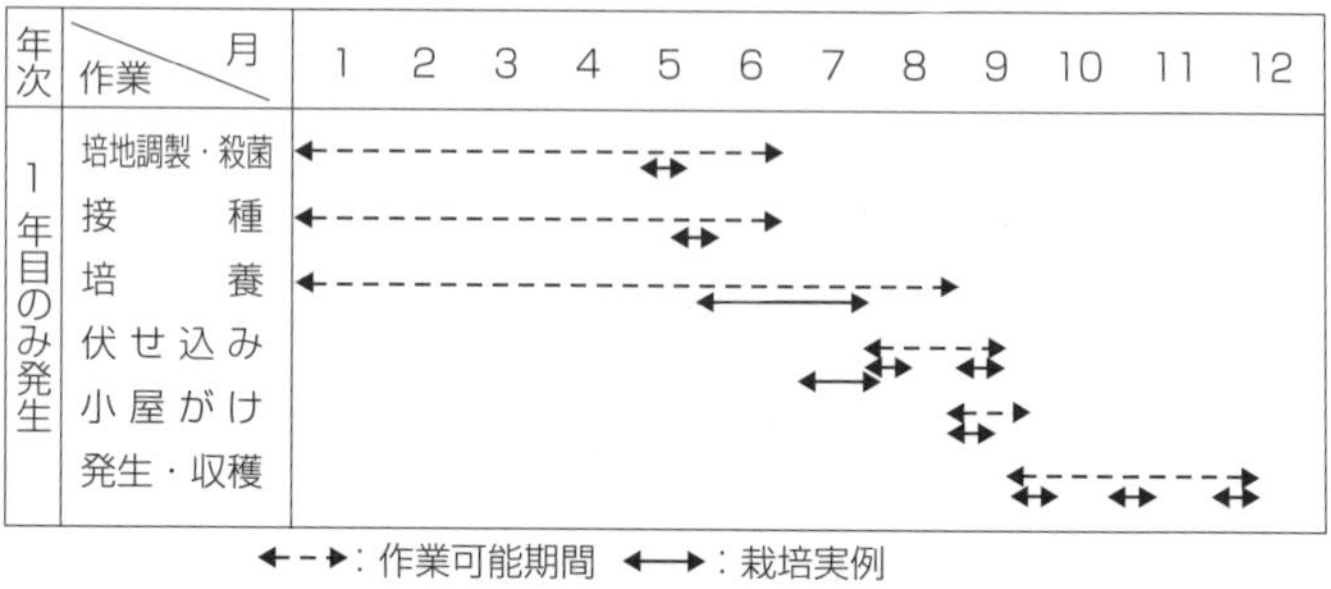

一〇〇センチ程度の原木を用いて栽培する方法であり、シイタケ栽培に不適な樹種の原木でも利用することができる。原木シイタケと同様の栽培管理を行ない、本伏せは夏季の高温をさけるため、梅雨前にナメコの原木栽培のように林地内に並べるか、土中に浅く埋め込んで伏せ込む。キノコの本格的な発生は二年目からである。

(3) 枝条結束栽培

果樹の剪定枝や短木栽培に不向きな細い原木を長さ一五～二〇センチ程度に切りそろえ、直径一〇～一五センチ程度に束ねた後、種菌を接種して栽培する方法である。基本的な栽培管理は短木栽培と同じでよいが、キノコの発生は一年目のみである。

（赤羽弘文）

エノキタケ
（キシメジ科エノキタケ属）

名　称		エノキタケ（キシメジ科エノキタケ属）	
別　名		ナメタケ、ユキノシタ、アシグロナメコ	
機能性、薬効等		整腸作用、抗ガン効果があると発表されている	
生態	自然分布	温帯～亜寒帯　山中から街中 エノキ、クルミ、クワ、カキ、ヤナギ、ポプラなどの広葉樹の枯れ木、切り株、倒木に発生する	
	自然発生時期	晩秋から冬（11月～2月）	
生理	菌糸伸長温度	伸長範囲4～33℃、最適温度22～26℃	
	菌糸伸長水分	伸長範囲55～70%、最適水分60～66%	
	子実体発生温度	発生範囲10～20℃、最適温度14～15℃	
	子実体発生温度	95%前後	
	子実体発生 CO_2濃度・光線	CO_2濃度　0.1% 光線　芽出し時　50～100ルクス 生育時　150～300ルクス	
栽培	栽培方法	菌床栽培（空調栽培）	原木栽培
	適応樹種	スギ、エゾマツ、米マツ、アカマツ等	エノキ、クワ、カキ、ヤナギ、ポプラ、クルミ等
	培地材料	米ヌカ、フスマ、大豆皮、オカラ、コーンコブミール、綿実殻等	原木
	品種と種菌形状	純白系品種　褐色系品種 オガコ種菌	褐色系品種 オガコ種菌　種駒種菌
	栽培所要期間	55～60日	8カ月以上
	年間回転数 発生可能期間	5～5.5回転	2～3年（太い原木3～4年）
	収穫物の規格	傘径9～11mm	傘径2～3cm
	キノコの特徴	傘柄は白い 傘が小さく柄が長い	傘柄は褐色～黒褐色 傘が大きく柄が短い 菌床栽培より食味良

1　エノキタケの特徴

(1)　キノコとしての特徴

①野生での分布、形態の特徴

エノキタケは、低温性のキノコで晩秋から早春にかけて発生し、積雪の間からでも発生する。世界に広く分布するが、温帯から亜寒帯地域に多い。発生場所は広葉樹の林地はもちろん、市街地や庭先のカキ、エノキ、クワ、ポプラ、イチジクなどの切り株や枯れ木にも発生する。

図1　野生のエノキタケ

図2　栽培工程

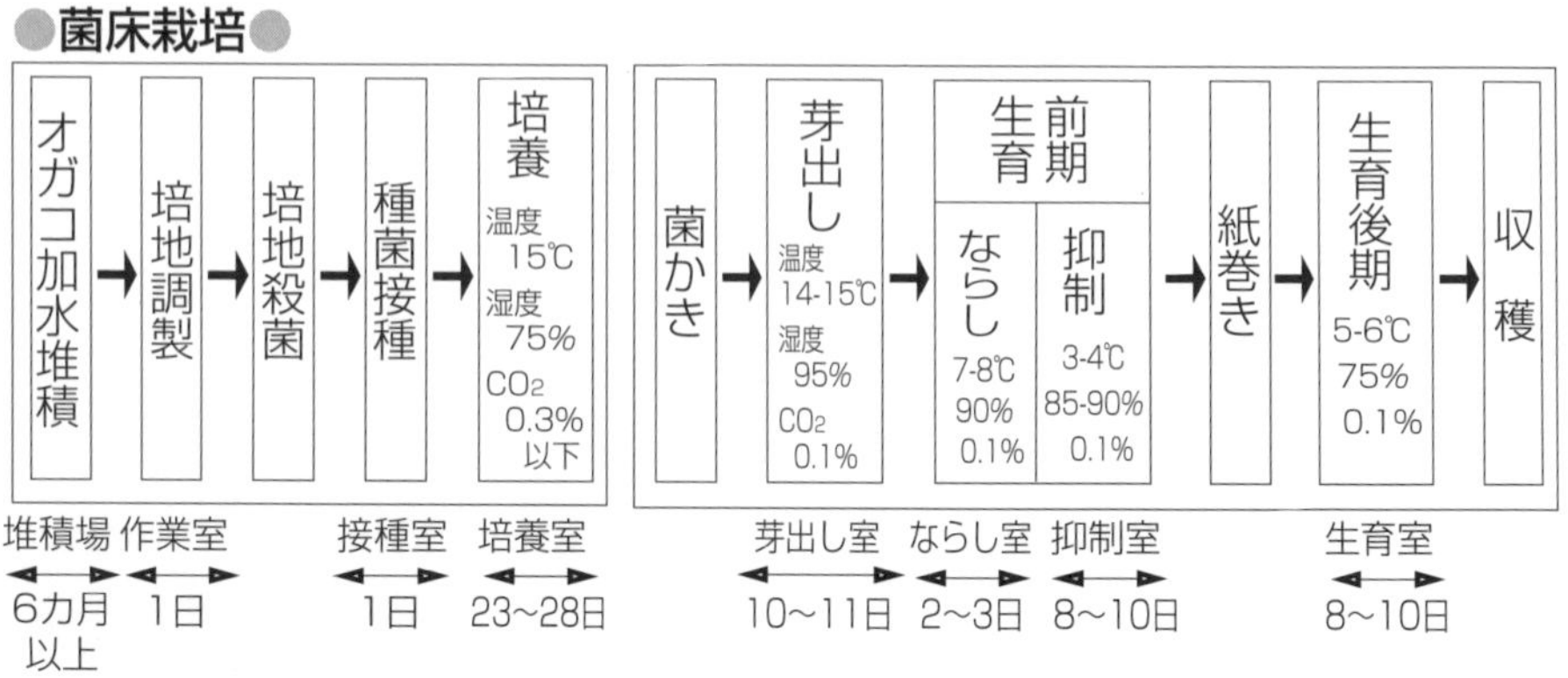

野生エノキタケの傘径は二～五センチ程度であるが、中には一〇センチほどになるものもある。色は全体的に淡褐色で、中央部はやや色が濃い。茎（菌柄）は上方直立し、長さ三～五センチ。太さは三～八ミリで、上部は黄褐色をしており、下部は黒褐色で細かい柔毛が密生している。

栽培エノキタケは昭和三年に京都府の森本彦三郎氏が「主婦の友」でビン栽培法を発表し、これを参考に長野県の旧制屋代中学教諭の長谷川吾作氏が栽培技術を確立した。

長谷川氏に教えを受けた松代のグループが、紙巻き技術を発明し、現在の「もやし状」の栽培形態を確立した。このため野生のエノキタケと栽培エノキタケとは、その形状、色が大きく異なることになった。

②利用と成分、機能性

調理法は、汁物、天ぷら、酢の物、ホイル焼きなどがあり、味は淡白でくせがなくあらゆる料理に合う。

繊維質が多く、整腸作用があり、抗ガン作用もあると発表されている。

(2) 生育に適した環境と栽培法

周年栽培する場合は、温度、湿度、換気などの環境コントロールのため空調設備が必要となり、多額の資本を要する。

培養した菌床が入手できれば、秋から初春にかけてビニールハウス、納屋などを利用した栽培も可能である。また、原木栽培も可能であるが、発生時期は秋から冬に限定される。

(3) 経営のねらいと栽培法の選び方

①専業経営

すべての作業を行なう自己完結型経営と、培養センターから培養した菌床を導入する経営とがある。前者は保有ビン数規模が数十万本以上の大規模のものもあり、施設整備に多額な資金、高度な栽培技術と経営能力が要求される。

②複合経営

他作物との複合経営としては果樹（モモ、サクランボなど）野菜（キュウリ、アスパラガス、トマト、ピーマンなど）、花、水稲などとの組み合わせが可能である。また、培養センターを利用することで、培地調製から培養までの作業がなくなり、さらに多くの作物の組み合わせが可能である。

③自家用や直売用の栽培

自然条件の中で原木を利用して、秋から冬に天然物に似たエノキタケを生産できる。家庭で楽しんだり、多く収穫できたときには直売所などで販売するのもよい。

2 培地材料と種菌の準備

(1) 菌床（ビン）栽培

菌床栽培では、スギやエゾマツなどの針葉樹オガコと、培地添加材として主に米ヌカを使用する。

オガコは入手しやすい針葉樹のオガコを六カ月以上散水しながら堆積して、菌糸生長阻害物質を流出させるとともに、保水性を高めて使用する。米ヌカはできるだけ新鮮なものを使用する。使用量は容積比でオガコ三に対して米ヌカ一とする。

オガコに替わるものとしては、トウモロコシ穂軸粉砕物（コーンコブミール）、綿実殻（コットンハル）などが利用できる。また、米ヌカに替わる資材としては、フスマ、大豆皮などがあるが、これら資材は米ヌカ使用量の一〇～二〇％程度とする。

品種は各公立研究機関や民間種菌メーカーで育成されたものを使用する。品種は光に当たってもキノコが褐色にならないもの、やや褐色になるもの、褐色になるもの、の三タイプに分けられる。現在、栽培されている品種の多くは、光に当たっても褐色にならない純白系品種である。

(2) 原木栽培

エノキタケは原木栽培されることは少ないが、菌床栽培が行なわれる以前は原木からエノキタケを発生させる栽培が行なわれていた。樹種は、カキ、クルミ、ヤナギ、サクラ、ポプラ、クワ、エノキなど広葉樹の多くが使用できる。原木の太さは直径五センチ以下の極端に細いもの以外利用でき、切り株や庭先などの広葉樹のせん定枝でもよい。

種菌はビン栽培に使用されている純白系品種よりも、原木への菌糸伸長が速い原木栽培用の品種がよい。

3 栽培の実際

●菌床栽培●

(1) 培地の準備

①培地の調製

培地基材と培地添加材を十分混合したところで、適正な水分率となるように加水する。加水後のかく拌時間は、最低四〇分以上行ない十分混合する。

調製後の最適な水分の目安は、オガコ、

図3　栽培工程とキノコの生育調節操作

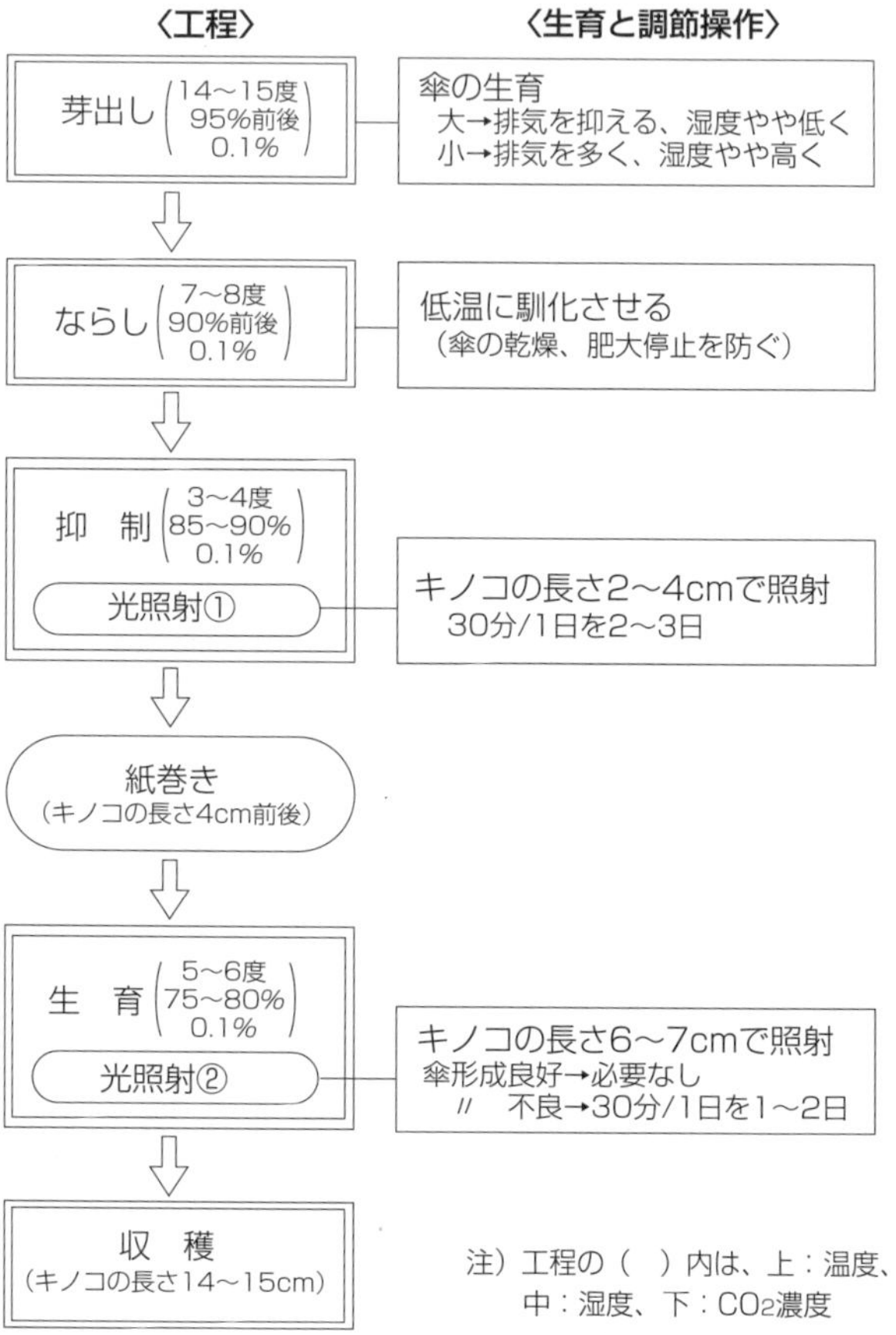

注）工程の（　）内は、上：温度、中：湿度、下：CO_2濃度

米ヌカ培地の場合、握って水が少しにじみ出る程度とする。一リットル当たり重量（正味）は四三〇～四五〇グラム前後、培地水分率を六三～六四％程度とする。

培地調製後に市販されている赤外線水分測定器を用いて水分率を測定することが望ましい。

なお、オガコの替わりにコーンコブ培地を使う場合は、培地を握ると水が少し滴り落ち、水分率も六五～六六％とやや高くするのが一般的である。

②栽培容器

現在使用されているビンは、容積八〇〇～一一〇〇ミリリットルで口径が五二～七五ミリとさまざまある。従来は害菌汚染の危険から小口径ビンが使用されてきたが、近年は接種室のクリーン化がすすんできたことや、生産性の高い培地が開発されたことなどから、口径六五～七五ミリの広口ビンの利用が多くなってきている。

比較的小規模生産の場合は人力による作業が多いことから、培地重量が小さい口径五八～六五ミリ、容積八五〇～九〇〇ミリリットルビン、機械化のすすんだ大規模生産の場合は培地重量が大きい口径六五～七五ミリ、容積一〇〇〇～一一〇〇ミリリットルビンの使用が多い。

③栓

栓には防塵とビン内のガス交換、培地水分保持の三つの役割がある。

エノキタケ栽培に適する栓は通気性がよく、培地内の水分蒸発が少ないことが望ましい。栓の種類には、ウレタン栓や紙栓、ＰＰ（ポリプロピレン）

繊維を不織布状にした栓などがある。

菌床が比較的乾燥しにくいオガコ、米ヌカ培地では紙栓、菌床が乾燥しやすいコーンコブ培地ではウレタン栓、PP不織栓などが使用されている。

④培地の詰め込み

十分かく拌した培地は、直ちに栽培ビンに詰め込む。高温時はとくにかく拌後二時間前後で詰め込みを完了し殺菌する。遅れた場合は培地内で乳酸発酵などが促進し、培地pHが低下し、菌糸伸長が不良となる。詰め込みにあたっては、栽培ビンの底部をやや軟らかくして気相を確保し、上部菌床面付近はやや硬めとして水分蒸発を防ぐようにするのがよい。

⑤接種孔

培地をビンに詰め込み後、接種孔あけ機で培地に穴をあけるが、これは種菌を培地底部まで落下させ、菌糸を培地内全体にスムーズに増殖させるとともに、培地内の空気の流動を良好にさせる役割がある。接種孔は一本穴と五本穴がある。菌糸伸長が速いオガコ培地では一本穴、菌糸伸長が遅いコーンコブ培地では五本穴を使用して、菌糸を培地全体に効率的に生長させる。

⑥培地の殺菌

ビン栽培では培地内を完全な無菌状態にしたうえで、キノコの菌糸のみを繁殖させることが重要である。殺菌釜には高圧殺菌釜と常圧殺菌釜がある。高圧殺菌釜は、価格が高いものの、耐熱性の細菌などの殺菌にも有効で燃料代も安い。一方、常圧殺菌釜は価格は安いものの、耐熱性細菌の殺菌や燃料代などで高圧殺菌釜よりやや劣る。殺菌後は培地内温度が高いうちに接種室に運び込む。接種室は数時間以上前に、清掃、薬剤で殺菌処理し、クリーンな状態で放冷をし、害菌汚染を防ぐ。なお、搬入直前の薬剤散布はかえってほこりを舞い上がらせて害菌汚染の原因となるので行なわない。

(2) 接種と培養

①接種室

接種室はできる限り無菌に近い状態にしておかなければならない。そのためには殺菌灯を設置して、清掃・殺菌処理を徹底する。殺菌灯の寿命は二〇〇〇時間が目安となるので適期に交換する。清掃はクリーンルーム用の掃除機などで培地クズやほこりを取り除いたうえでミクロトールHかミクロトールD（各二五〇〜五〇〇倍）いずれかの殺菌剤を散布する。

②種菌の接種

種菌は害菌汚染がなく、高収量、高品質なキノコが生産できるものを、種菌メーカーや種菌センターから購入する。

エノキタケの場合、古い種菌は菌糸が老化して収量、品質が低下するので種菌は購入後できるだけ早く使う。

一ビン当たりの接種量は、接種孔に種菌がはいり菌床面が覆われる程度がよく、八〇〇ミリリットルビンの種菌一本で八五〇ミリリットル栽培ビン四〇〜四八本程度への接種が可能である。

図4　培養室を横断面からみた空気の動き

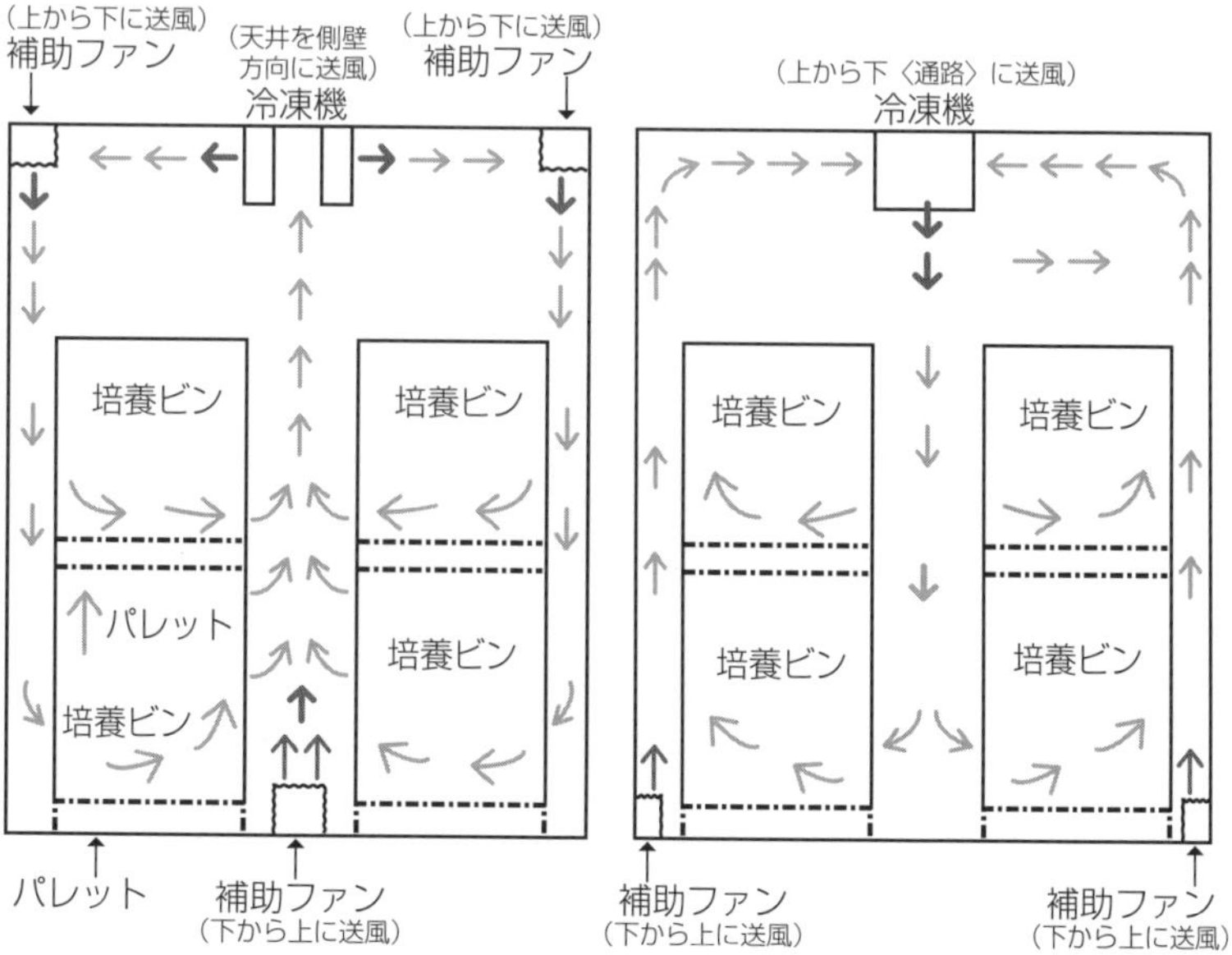

種菌は菌糸の状態をよく観察し、異常がないものを使用する。接種前にビン上部三センチ程度を、滅菌した薬さじなどでかき出して、それより下部の種菌を使う。

接種作業は一日の最初の作業として行ない、始めと終わりは接種機の受け皿や爪などの主要部分を、アルコール殺菌と火炎殺菌を行なう。接種終了後は、接種中に飛散した種菌が機械に付着したままにしておかない。さらに室内の掃除と薬剤による殺菌を行なう。

③培養環境と管理

周年栽培の場合、培養室は冷却、加温、換気のできることが必要である。なお、加温は必要ない地域が多い。

培養室は夏の高温期でも一四〜一五℃の温度にコントロールできる能力がある冷凍機を設置する。また、部屋は断熱材を厚くして外気からの熱の侵入をできるだけ少なくする。

エノキタケの培養は、培養ビン表面温度が二〇℃以下となるように室内温度を設定し、空気が停滞しないよう天井扇や換気扇、扇風機などを使用して室内の空気を定期的にかく拌する。

培養方法には棚培養と積み上げ培養があり、培養環境のよい棚培養が理想であるが、労力がかかり作業性が悪いので、積み上げ培養が多い。培養のポイントは培養ビンの放熱をいかに効率的に行なうかである。そのため、積み上げ段数が一〇段以上になる場合は、中間にパレットを置き、コンテナとコンテナの間隔も一〇センチ前後確保する。また、パレットとパレットの間隔も人がはいれるように最低三〇センチ以上離し、壁との間も五〇センチ以上離し空間を確保する。

室内の空気の動きは、大きく分けて二種類ある。冷凍機の吹き出し方向で補助ファンの使い方が異なってくる。

また、天井扇の羽は直径が大きく、風量が確保できるものがよい。

冷凍機を制御する温度センサーの位置は、培養環境を大きく左右するので、培養物の発熱やドアの開閉、冷凍機稼動の影響が受けにくい部屋中央部の冷凍機の吸い込み口付近に設置する。

培養室での湿度は七五％前後とする。これよりも高すぎると害菌発生の危険性が高くなり、逆に低いと菌床面が乾燥し芽出し不良となる。また、室内の温度や湿度ばかりに目を奪われ、必要以上に外気を遮断すると、室内のCO_2濃度を高める結果となり、菌糸伸長に悪影響を与える。

培養室の換気を行なう場合は、CO_2濃度を測定し、その値にもとづいて換気を行なうことが望ましく、〇・三％以下を目標とする。

このため熱交換器は最低二時間に一回は部屋の空気が入れ替わるよう設定し、さらにドア換気を行ない、換気扇も利用する。なお、ドア換気は外気温と室温の差が小さい時間帯の朝、晩に行なう。

図5　培養と天井扇

培養ビンをコンテナにいれたまま積み上げる。中間にパレットを置く。またコンテナの間隔を10cm前後あけて通気性をよくする

(3) 発生処理と管理

①菌かき処理

菌かきの方法には、大きく分けて二つの方法がある。一つは菌床面をあまり傷付けずに種菌だけを取り除く「平がき」と、もう一つは種菌とともに菌床を五～一〇ミリ取り除く「ぶっかき」がある。「平がき」は「ぶっかき」より芽出しが一～二日早く、発生するキノコの数が多い。これに対して「ぶっかき」は培養中の乾燥による発生不良が少ない。

したがって、培養期間中菌床が乾燥しやすいコーンコブ培地では、「ぶっかき」がよい。

菌かき期は菌まわり完了時が適期で、早すぎても遅すぎても収量、品質が低下する。なお、コーンコブ培地ではオガコ培地より早めの菌かきが可能で、

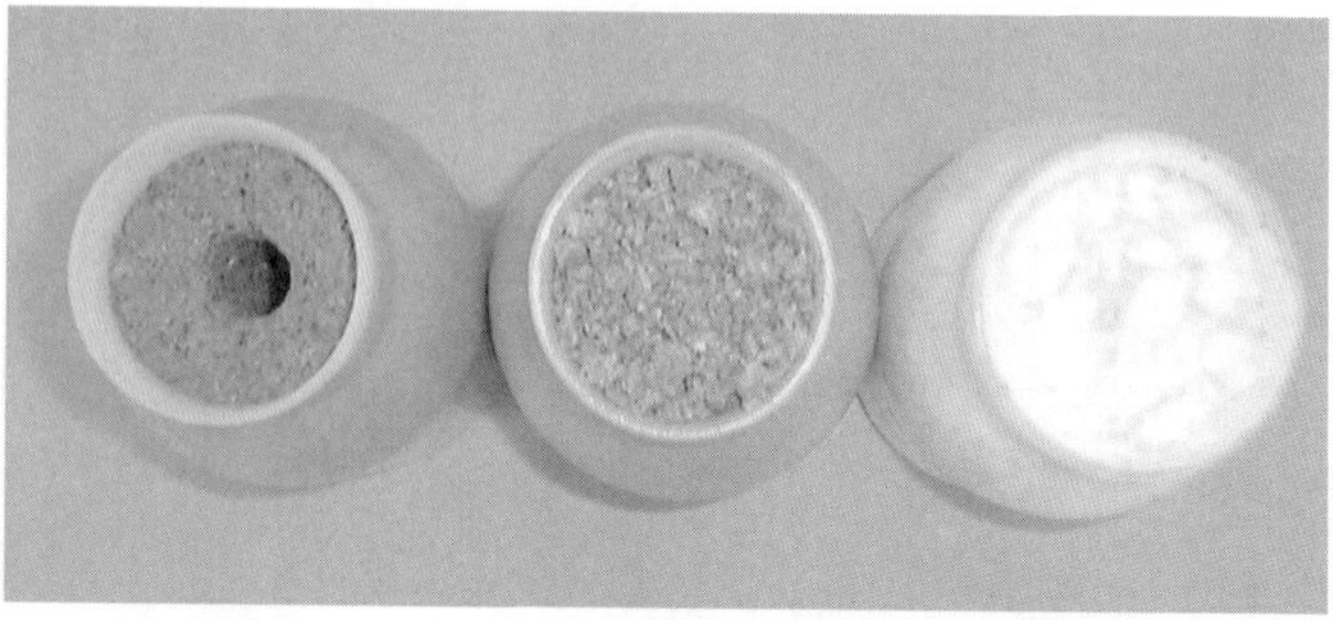

図6　接種前から培養終了時のビン口の様子

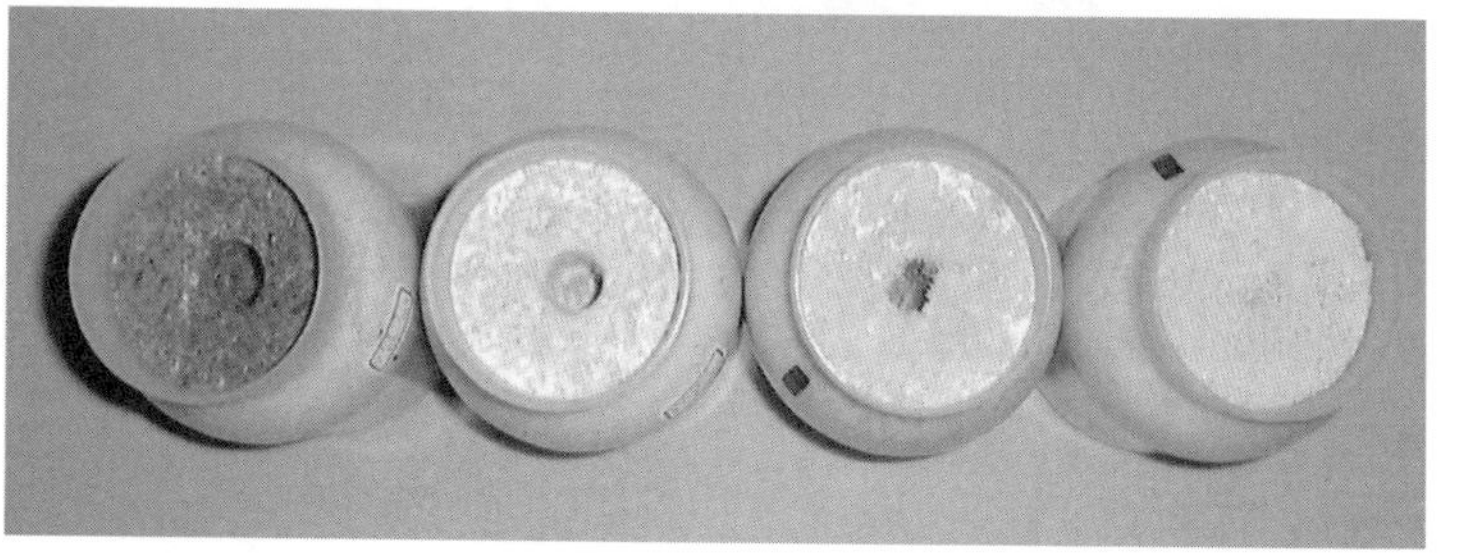

図7　菌かきからならし室に移動するまでのビン口の様子

菌回り完了の二～三日前から菌かきができる。菌かき後は菌床面がぬれる程度に散水して発生を促す。

②発生操作（芽出し管理）

芽出し室の環境条件は、温度一四～一五℃、湿度九五%前後、CO_2濃度〇・一%とし、光は管理作業時の照明程度でよい。湿度を維持するため加湿器が必要である。

菌かき後六～八日で原基形成するが、その後は柄が伸びないうちに傘が早く開くようならやや換気を抑え、逆の場合は傘の生育を促進させるために換気を行なう。

③生育前期（ならしと抑制）の管理

ならし　エノキタケ栽培では、三～五℃の低温と光で傘の肥大促進と柄の生長をやや抑制し、生育をそろえ、生産性を高める工程がある。しかし、芽出し後のキノコは傘が小さく柄も軟弱で、低温や乾燥に弱く、一四～一五℃の芽出し室から急に四～五℃の低温に合わせると、傘が乾燥して肥大しなくなる。このため低温に馴化させるため、温度七～八℃、湿度九〇%前後、CO_2濃度〇・一%のならし室で生育させる必要がある。

芽出し室からならし室に移動する時期は、キノコの長さが三～五ミリ、傘の直径が一ミリ程度に生長させ、接種孔がキノコでふさがったころとする。

ならし室で二~三日経過したなら抑制室に移動する。なお、ならし室がない場合は、抑制室に移動して二~三日コンテナを積み上げて、急激な環境変化を和らげる。

抑制　抑制室の管理は温度三~四℃、湿度八五~九〇%、CO_2濃度〇・一%とする。

ここでも傘が乾燥してしまうと、その後の生長が不良となるので乾燥しないようにする。室内が乾燥しやすい季節は、加湿器が必要な場合もある。

図8　紙巻き期

ビン口から2~3cmに伸びたころに行なう

光は傘の生育を促し、柄の生長を抑制する効果がある。光抑制はこの性質を利用した方法で、光の照射時期と程度(時間と照度)、光質などによって傘や柄の生育を調整する。

照射時期はキノコの長さが二~四センチのときと六~七センチのときで行なうのが収量の増加および品質の向上に有効である。キノコの長さが二~四センチのときの光は収量が増加し、六~七センチのときでは側枝が生長し品質が向上する。しかしキノコが二センチ以下での光は、使い方を誤ると傘が生育過多となり収量、品質が低下する。

青色系の光は抑制効果が最も高いが、一般的な白色蛍光灯でもよい。照度と照射時間は、部屋の環境条件によっても異なるが、図3が目安である。

図9　紙巻きしたエノキタケ（右）**としないエノキタケ**（左）

④紙巻き

紙巻きはエノキタケ栽培独特の工程で、その目的は、キノコの周囲を紙などで覆うことによりキノコ周辺のCO_2濃度を上昇させ、傘の生育を抑制することである。傘の生育が抑制されると柄の生長が促進され、野生のエノキタケより柄の長いキノコになる。柄を長くすることで収量性を高め、流通・販売面で扱いやすい荷姿になることが利点である。反面、キノコにとってはガス環境が悪くなり、奇形や水キノコなどの障害が発生しやすくなるので、個々の生育環境に適した巻紙きを使用する。

紙巻きの選択では、湿度、CO_2濃度が高

図10　原木栽培工程一覧

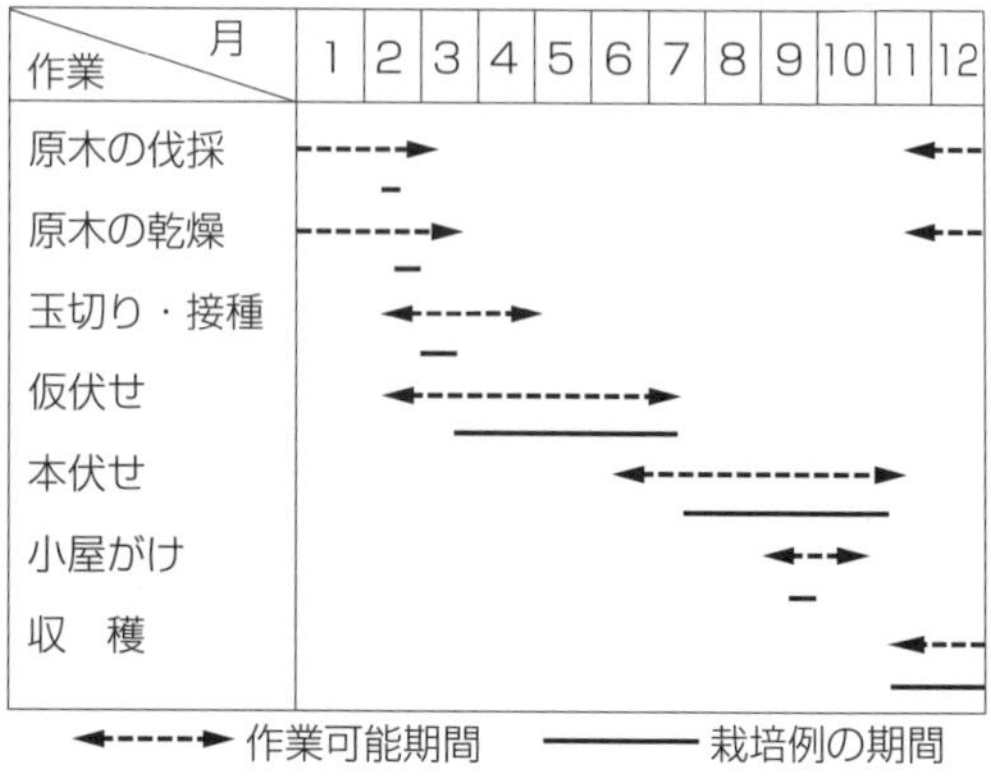

い部屋では、通気性の高いルクサー、タイベックなどを使用し、湿度、CO_2濃度が低い部屋では、通気性がやや劣るものがよい。

⑤生育後期の管理

紙巻き以降の管理は生育後期となる。ここでの管理は、温度五～六℃、湿度七五～八〇%、CO_2濃度〇・一%とし換気に注意する。

(4) 収穫と出荷・販売

①収穫・包装・出荷

一般的には、キノコの長さが一四センチ前後、傘径が一〇ミリ前後で収穫し、包装、出荷する。包装形態は一〇〇グラム、二〇〇グラム、株単位など市場が販売先の要望に応じて行なわれている。加工向けには、包装は省いて加工業者に持ち込む場合が多い。

②販売方法と工夫

販売は農業協同組合などへの出荷のほか、量販店などと販売契約したり、最近ではインターネットを利用した販売も見られる。

また、野生のエノキタケのように褐色になる品種の栽培が行なわれたり、紙巻きを行なわず野生のエノキタケに似た形状のエノキタケ栽培も始まっている。紙巻きをしないものは、作業の省力化とともに、キノコ周辺のガス環境の改善による品質向上にも有効である。

これらは今までのエノキタケのイメージを変えることにより、新たな消費拡大をはかろうとした取り組みであり、今後に期待したい。

原木栽培

(1) 培地の準備

原木の伐採は秋から冬にかけて行なう。伐採後二～四週間放置して原木内の水分を減らす。玉切りは接種当日行ない、原木の直径が細いものは一メートル程度の長さに切り（長木栽培）、太いものは一五センチ程度の長さ（短木栽培）に切る。

以下、短木栽培について説明するが、長木栽培については、シイタケなど他のキノコに準ずる。

(2) 接種と伏せ込み

①種菌の調整

ここではオガコ種菌について説明するが、種駒も種菌メーカで取り扱って

図11　原木栽培の接種、本伏せ、発生処理の方法

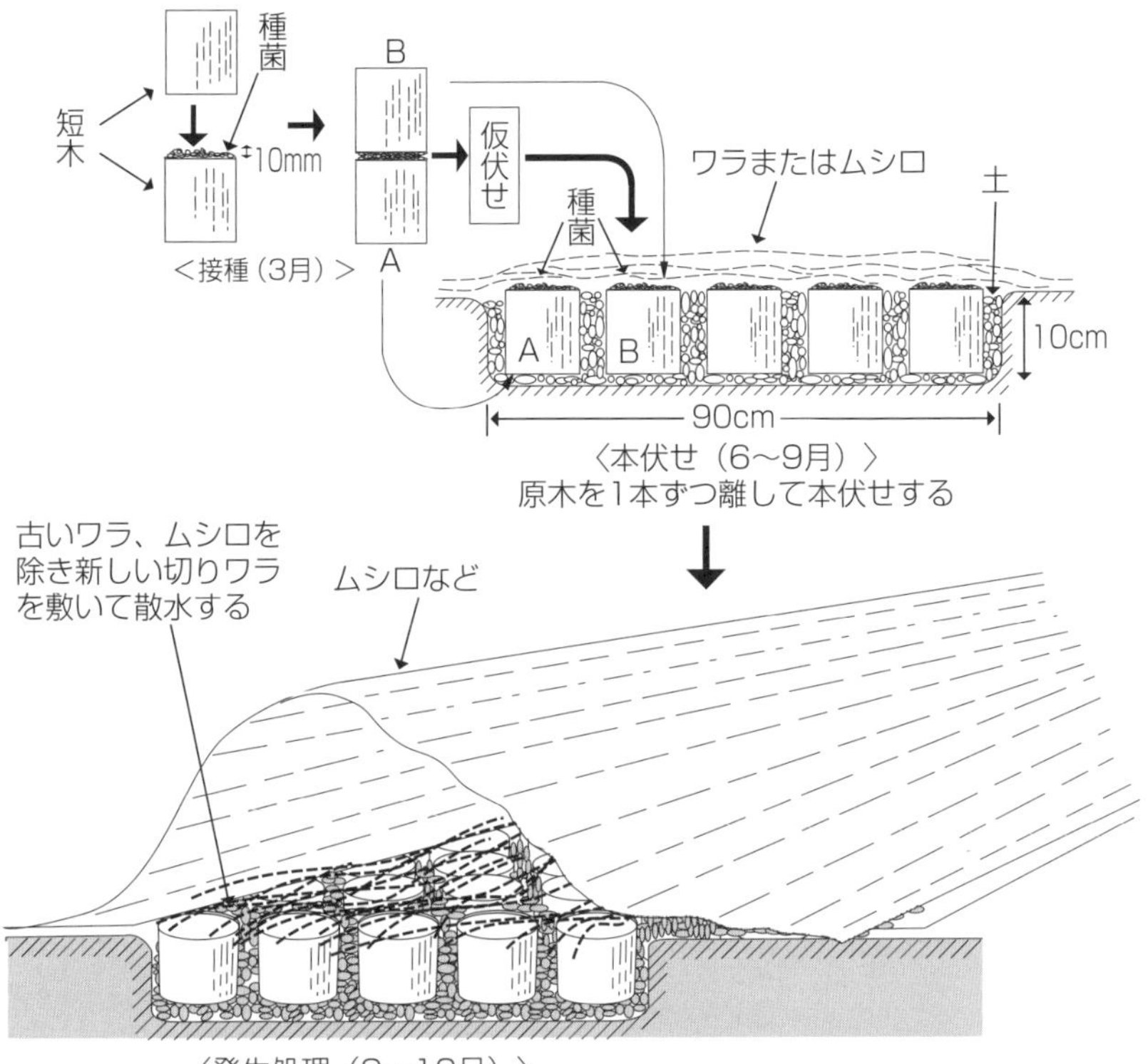

いるのでシイタケなど他のキノコと同様に行なう。

種菌は玉切りしたときに出たオガコと米ヌカで増量して使う。容積比でオガコ種菌一に対してオガコ三、米ヌカ一を十分混合し、水道水を加えて水分が均一となるように混合する。水分量は握って指の間から水がにじみ出る程

図12　短木栽培の接種状況（写真：松原）

図13　長木栽培での発生状況

野生エノキタケと変わらないキノコが採れる

度にする。

②接　種

三月にはいったならば、準備した種菌は原木の切り口に凹型となるように五〜一〇ミリ程度塗り、その上に同じ太さの原木を置き、軽く押さえつける。

そして、種菌の乾燥防止と二つの短木が離れないようにガムテープなどで接着する。

③仮伏せ

接種が終わったら、ただちに原木を木陰か林内に並べて、ムシロなどをかけて空気と雨水がはいるようにし、保温と保湿に努める。原木には四〜六カ月で菌糸がまん延する。

④本伏せ

菌糸が原木内にまん延したら、二本の原木を一本ずつに離して本伏せする。時期は六月から九月とする。場所は乾燥するところや滞水するところを避け、散水が可能なところがよい。

方法は幅九〇センチ、深さ一〇センチ程度の溝を掘り、種菌が付いているほうを上にして数センチ離して並べる。並べたら原木の周りに土を入れるか、原木が二〜三センチ土から出ている程度にする。この上にワラやムシロをかけて直射日光を防ぐ。

(3) 発生処理と管理

九〜十月になったら発生環境を整えるため簡単な小屋をつくる。三角型やトンネル状としワラやコモなどで直射日光や乾燥を防ぐ。小屋がけが終わったら原木を覆っていた古いワラやムシロを取り除き、新しい切りワラを敷いて散水する。

(4) 収穫と出荷・販売

十一月ころからキノコが発生し、傘が二〜三センチになったら収穫し、乾燥しないようにパックとラップなどで包装して直ちに市場や直売所などへ出荷、販売する。

（山本秀樹）

マイタケ

（タコウキン科サルノコシカケ属）

名　称		マイタケ（タコウキン科サルノコシカケ属）
別　名		方言：まいだけ、まいこ、くろふ、くろぶさ、めだけなど 。中国名：灰樹花、重茹など
機能性、薬効等		抗ガン、抗高脂血症、抗糖尿、抗アレルギー、抗肝炎など
生態	自然分布	地域：北半球温帯以北など 樹種：ミズナラ、ブナなど、発生部位：切り株付近、根際など
	自然発生時期	8月下旬～10月上旬ごろ
生理	菌糸伸長温度	伸長範囲 5～34℃、最適温度26～30℃
	菌糸伸長湿度	60～70%
	子実体発生温度	18～22℃（生育適温15～20℃）
	子実体発生湿度	90～95%
	CO_2濃度	培養時2,500ppm、発生時1,000ppmを超えないこと
	光線	子実体形成に必須、500ルクス以上
栽培	栽培方法	菌床栽培、原木（短木）栽培、露地伏せ込み栽培
	適応樹種	ブナ科、カバノキ科などの広葉樹
	培地材料	広葉樹オガコ、廃ホダオガコ、ビール粕、コーンブラン、乾燥オカラなど
	品種と種菌形状	袋栽培用、ビン栽培用、シロマイタケ　オガコ菌
	栽培所要期間	菌床栽培：55～70日、原木栽培：150～200日
	年間発生回数	原木栽培：春秋２回
	収穫物の規格	発生室移動後15～20日、管孔形成初期

1 マイタケの特徴

(1) キノコとしての特徴

①野生での分布、形態の特徴

マイタケは、その独特な味と香りから高級なキノコとして東日本を中心に古くから珍重されてきた。発生する場所が毎年決まっており、そこから数年間生え続ける。大きいものだと一株で三キロ以上になる。しかし、その場所

図1　野生のマイタケ

図2　栽培工程

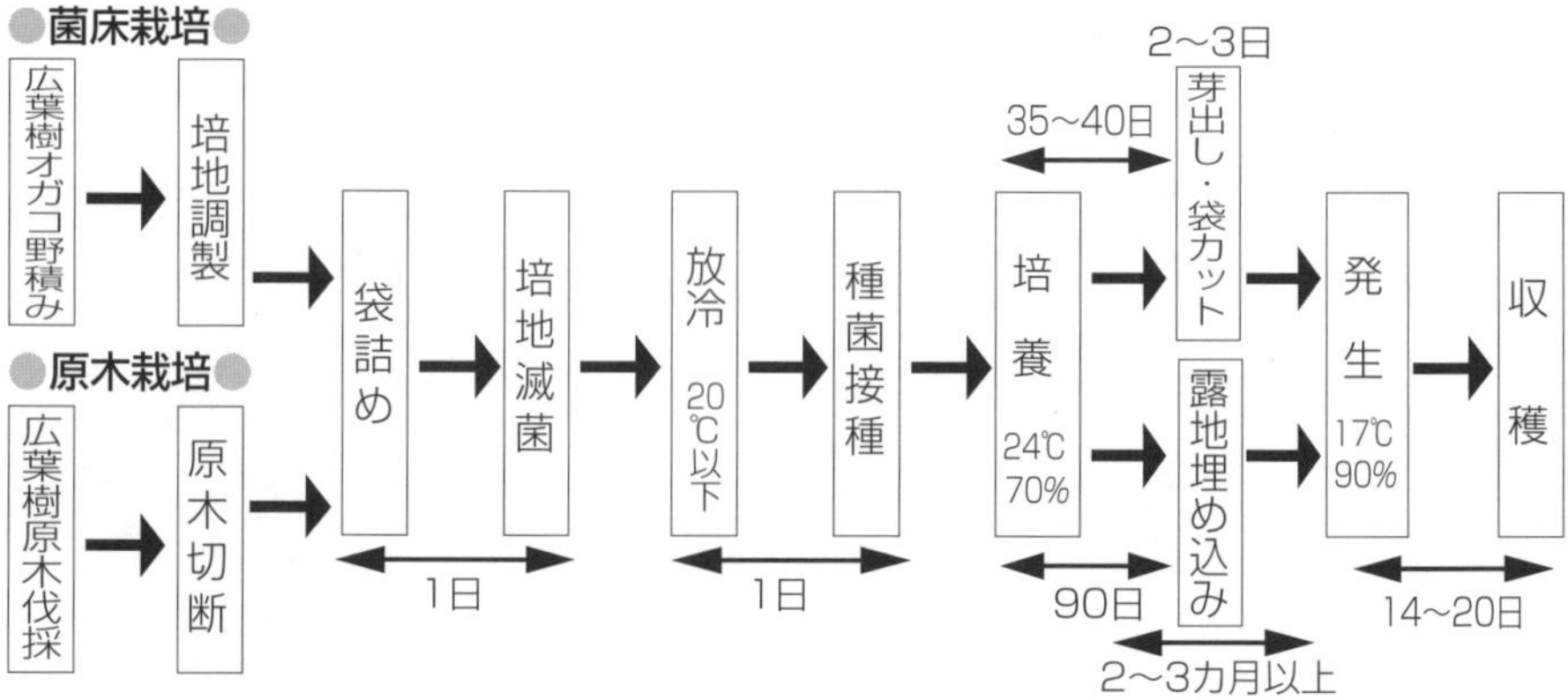

はなかなか見つけられず、幻のキノコとされてきた。日本、ヨーロッパ、北アメリカ、アジアの温帯以北に広く分布している。わが国では、北海道から九州にかけて、主に山岳地帯を中心に分布しているが、北関東以北において発生例が多い傾向にあるようだ。ミズナラをはじめとした広葉樹大径木の根際付近に八月下旬から十月中旬にかけて発生する。

シイタケなどの一般のキノコとは形状が異なり、いわゆる傘はつくらず扇状またはへら状のかさ（菌傘）が多数重なり合い集団状となる独特の形態である。

人工栽培は昭和五十年代前半から成功例がいくつか見られるようになり、昭和六十年代にはいると施設栽培に適合した種菌の開発などにより栽培技術が確立され、生産量は著しく増加し食卓に身近な存在となった。

②利用と成分、機能性

マイタケは主に生鮮野菜として生で利用されているが、一部は乾燥され乾マイタケとしても流通している。生の場合その九〇%以上は水分である。天ぷらや炊き込みご飯のほか油で炒めてもおいしい。機能性成分としてはβ-グルカンが注目されており、シイタケ、エノキタケなど他のキノコと比較して腫瘍増殖抑制率が高いことなどがわかってきた。

(2) 生育に適した環境と栽培法

①生育環境と条件

菌糸の生長する温度範囲は五～三四℃、最適温度は二六～三〇℃と栽培キノコの中では比較的高温である。湿度は六〇～七〇%、pHは四・四～四・九が適当であり、菌糸伸長には光は必須ではない。原基形成の適温は一八～二二℃、キノコの生育適温は一五～二〇℃、湿度は九〇～九五%が必要である。また、原基形成およびキノコ生育には光が必須である。

②どんな栽培法があるか

空調栽培　培養から発生にいたるまで、温度、湿度、照明などがコントロールできる空調施設を備えて栽培する方式で、多くの費用を必要とする。年間を通してほぼ安定した生産が可能であり、年間生産量五〇～一〇〇トン以上の大規模経営に向いている。この場合、袋栽培またはビン栽培が一般的である。

自然（簡易施設）栽培　自然環境下で培養から発生までを行なう方法。ビニールハウス（パイプハウス）や養蚕などの遊休施設などで行なわれている。通常、培養までをこれらの施設で行ない、菌糸まん延完了後に土中に埋設し、秋に自然発生するキノコを収穫する。

図3　空調袋栽培での発生の様子

図4　空調ビン栽培での発生の様子

原木栽培はこの方法が主流である。自然環境下で発生させるため、空調栽培のものと比較して、肉厚で傘の色が濃く、香りも強くなり天然に近いキノコになる。一度伏せ込むと三～四年間収穫できる。

空調栽培の廃菌床（収穫後の菌床）を埋め込んで、もう一度キノコを発生させることもある。原木栽培では土中に埋め込まずにそのまま発生させる場合もある。また、培養までは簡易施設で行なうが、発生管理は空調施設を使用している例もある。

(3) 経営のねらいと栽培法の選び方

①複合経営で地場消費

中山間地域ではコンニャク、リンゴなどの野菜や果樹、マイタケ以外のキノコなどとの複合的な経営が見られる。他の作物栽培の閑散期に、培養工程までは光熱費をかけずに山間地の涼しい気候を利用した自然環境下で行なうが、発生工程は空調施設で行なう。発生は需要期である秋に集中させる。観光地が付近にある場合は、宿泊施設などとの契約栽培も行なわれている。

②専業経営

空調施設を利用した大規模経営。多額の投資および維持管理費を必要とする。都市市場、大手スーパーなどが供給先であり、量、品質、価格の安定が強く要求される。

③観光キノコ園

観光地や温泉地などがひかえているような立地条件において、栽培施設見学と直売を併せて行なっている例がある。また、秋になると他の山菜や野菜などと一緒に街道沿いで販売されている。この場合自然栽培（原木栽培）のものが天然のキノコに香りなどが近いので人気があるようだ。

2 培地材料と種菌の準備

(1) 菌床栽培

培地基材は広葉樹オガコ（水分率一〇〜一五％以下）が標準であるが、廃ホダオガコ、ビールの搾り粕なども混合利用されている。栄養添加物はフスマ、コーンブラン、乾燥オカラなどが一般的である。

種菌は管理基準がみたされた製造工程を経た品種名、生産地、製造年月日などが記載され、雑菌の汚染がないものを使用する。なお、品種には袋栽培用とビン栽培用とがある。

(2) 原木（短木）栽培

原木栽培に使用されている樹種はミズナラ、コナラ（シイタケ原木）が主である。そのほかにはアカシデ、イヌブナ、イタヤカエデ、ヤマザクラなども利用できる。直径一〇センチ程度のものを一五〜二〇センチ程度に切断して使用する。原木の大きさは栽培袋の大きさに合わせる。

3 栽培の実際

●菌床栽培●

(1) 培地の準備

①培地の調製と袋詰め

培地基材と培地添加物を容積比一〇対二程度の割合で加水しながら混合し、水分率を六五％程度に調製する。（二・五キロ菌床一袋当たり、培地添加物二〇〇〜三〇〇グラム）これを通気用の除菌フィルターのついたポリプロピレンなどの耐熱性袋またはビンに充てんする。その際接種孔をあけるが、運搬時などにこれがくずれないように注意しなければならない。袋にピンホールなどの傷も付けてはならない。また、培地を充てんする圧力が高すぎると空隙が減少し、菌糸伸長などに悪影響をおよぼすこともある。袋詰めした後は口を折る。セロハンテープなどで仮止めしてもよい。

図5　袋のとじ方の例（輪ゴム止め）

②培地の殺菌

高圧で約一二〇℃まで温度を上昇させるのが望ましい。培地材料中などで生育する微生物は一二〇℃で三〇分経過すればそのほとんどが死滅することがわかっている。したがって培地の中心付近の温度がこれらの条件がみたされなければ殺菌不良の原因となる。通常、温度計は釜内温度しか表示しないため、培地内温度はそれより一時間以上遅れて上昇することもあるので十分注意する必要がある。また、釜の大きさ、殺菌する培地の量、季節などの違いによっても殺菌時間（釜の運転時間）は変わってくるので、この点にも気をつけること。約一〇〇〇袋収容できる高圧滅菌釜では、点火から消火までに四～五時間程度を要する。

殺菌後、培地を二〇℃前後まで冷却する。このとき、温度低下にともなって培地内に戻り空気が流入するため、冷却施設内の空気はフィルターを通した清浄なものがよい。また、強制冷却による急激な温度低下は培地の収縮・硬化の原因となり、培地内の通気性が悪化するため避ける必要がある。

(2) 種菌の接種と培養

①種菌の接種

接種室内、接種機、作業者などは十分清潔な状態でなければならない。室内の消毒、空気清浄機（除菌フィルター）の設置、エアシャワー、エアカーテンの設置、防塵服の着用などは菌床キノコ栽培を行なううえでの基本である。種菌は通常オガコ種菌であるため、なるべく細かくほぐして、接種孔にムラなくまいたほうが菌糸のまん延が順調になる。接種量は二・五キロ袋で二〇ミリリットル程度、一リットルビンで一〇ミリリットル程度が目安となる。

マイタケは原基（マット）の形成のさせ方がキノコの形成に影響をおよぼす。そのため、原基を形成させる空間を確保する必要があり、袋のとじ方が他のキノコと異なる。空間は通気孔を中心に上面の四分の一程度、高さ五センチ程度とする。袋の口を三～四回折り返し、その両端を合わせてホチキスや輪ゴムなどで止めるのが一般的である。

②培養室の条件と構造

温度二〇～三〇℃、湿度六〇～七〇%、暗黒、CO_2濃度の制御（一〇〇〇

ｐｐｍ以下）が保たれる構造が望ましい。

③培養と培養室の管理

培養温度は二五℃前後で他の菌床キノコに比べて高温域でも菌糸は伸長するが、培養後二～三週間には呼吸活動が活発となり培地温度が上昇するため、室温は二〇～二二℃に下げたほうがよい。湿度は培地内とほぼ同様とし、六五～七〇％を維持する。呼吸によるCO_2放出のため換気が必要である。とくに菌床をたくさん詰め込んだ場合、酸素不足によって菌糸まん延が遅れてしまう。しかし、換気による外気流入が雑菌の繁殖を誘発することもあり、フィルターで濾過された清浄な空気で換気したほうがよい。また、光は菌糸伸長には必要なく、発生操作を順調に行なうためにも培養中はなるべく暗くしておく。

菌糸まん延の状況はなるべく観察すること。菌床表面の赤褐変色や分解水の濁りなどはバクテリアなどの雑菌に汚染されている可能性があるので、その場合は直ちに廃棄する。

図6　高濃度CO_2の影響

(3) 発生操作と発生

①発生室の条件と構造

温度二〇℃以下、湿度九〇％以上が確保でき、五〇〇〇ルクス以上の照度、清浄な外気導入が可能な施設が望ましい。

②発生操作

発生温度は一二～二四℃と幅があるが、肉質のしっかりしたものをなるべく早く収穫するには、一六～一八℃がよい。湿度は九〇％以上が必要であるが、菌床上面および袋内に水がたまるとバクテリアなどの繁殖源となり腐敗の原因となる。また、過度の加湿はキノコの水分率を高め、キノコの品質を低下させるので湿度管理には十分注意しなければならない。そのため、加湿はなるべく細かい霧状にして、均一になるようにする。

キノコの生育にも酸素が必要である。CO_2濃度が二〇〇〇ｐｐｍを超えると生育は遅くなり、収量も減少する。また、傘の幅が狭くなりマイタケらしい形状を呈さなくなり、商品価値が著しく低下する。温度を一定に保つために外気導入は避けたいところではあるが、換気によりCO_2濃度は一〇〇〇ｐｐｍ以下に管理することが望ましい。その際にはフィルターを通して外気を導入すること。

図7　群馬県における出荷規格

成熟適度と収穫適期

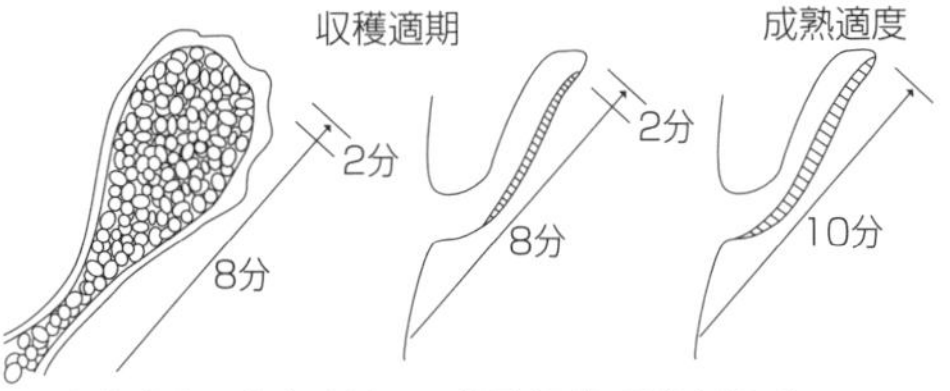

成熟適度は菌傘先端まで管孔組織が発達肥厚して厚ぼったくなる。
先端の2分程度がまだ薄いころが採取適期である。

きのこの形

〈長径と短径の比〉

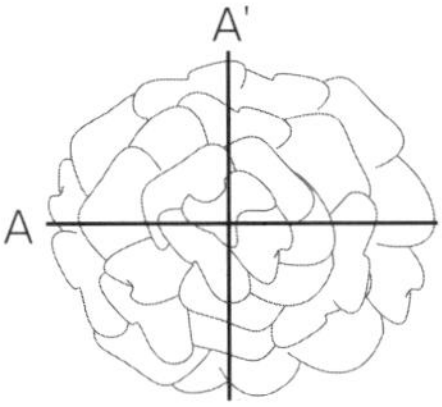

キノコの中心を通るA（長径）に直角に交わるA'（短径）の長さの比率が1：0.5未満はA品1：0.5以上はB品とする。

〈高さと径の比〉

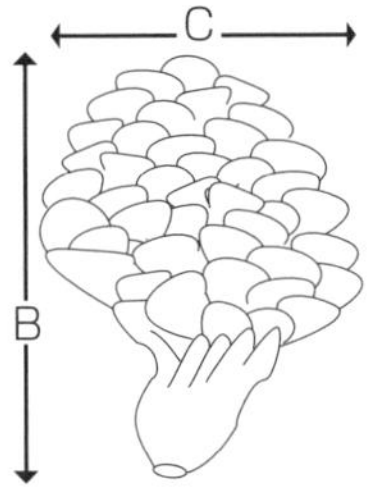

高さBと径（平均値）Cの比率において1：1.5（ズングリ形）および1：0.75（スリム形）以内はA品その他はB品とする。

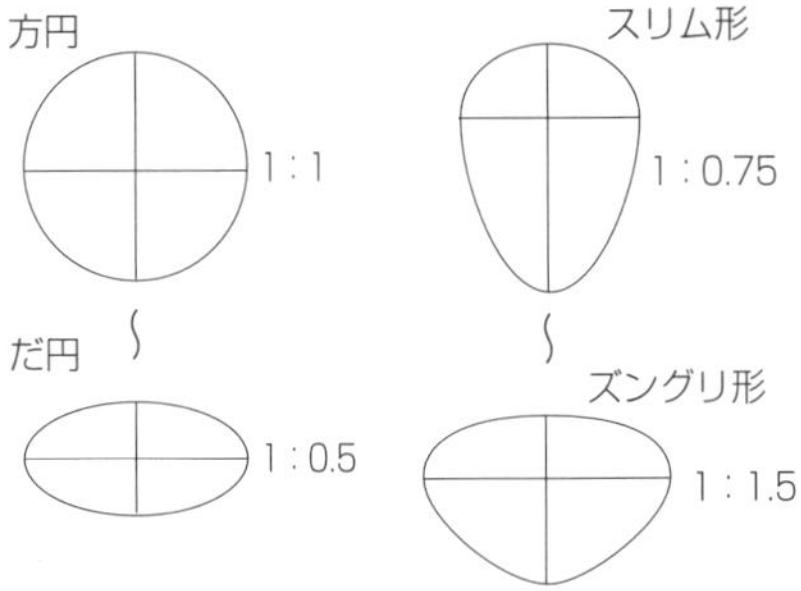

柄部と傘部の比

柄部と傘部の重量比は1：1±0.25の範囲。
正確には切り取って計量しなければわからない。

光が十分に当たらないと傘の色が淡色になる。発生棚の奥や下段では天井からの室内照明だけでは照度不足となるので棚の中段あたりなどに補助照明を付けたほうがよい。

③芽出しと発生管理

マイタケは菌糸の生育温度とキノコの形成温度が重なっているため「芽出し」までは培養室で行なわれる場合が多い。接種後三五～四〇日経過後点灯すると、一週間程度で原基が形成する。原基が十分に盛り上がり、濃灰色に変色し、その表面が波状に盛り上がるのを確認してから発生室へ移動する。その後、二～三日して原基が黒色となり水滴が目立たなくなってから、キノコが生育する部分のみ袋をカットする。カットの方法はカッターで五センチほどの十文字に切ったり、通気孔部分（フィルター）を取り外したりする。

(4) 収穫と出荷・販売

①収穫・包装・出荷

発生室に移動してから一五～二〇日程度で収穫となる。収穫の目安は管孔の開く直前がよい。管孔が開くと肉質が軟化するため出荷の際のキノコの形状に影響する。包装は一〇〇～一五〇グラムのトレイが主である。ビン栽培の場合は二株をイチゴ用パックに入れる場合もある。また、贈答用などに一キロ、五〇〇グラム、三〇〇グラム株を段ボール化粧箱に入れる。群馬県における出荷規格は図7に示したとおりである。

②販売方法と工夫

マイタケは従来、東北地方を中心とした東日本地域で好まれるキノコであったため、関西市場ではあまり普及しなかった。しかし、近年は消費拡大宣伝などが功を奏して需要地域がどんどん拡大している。また、アクが出ずサラダなどに適したシロマイタケもつくられている。乾燥しても風味などはあまり損なわれないため、乾マイタケの商品価値も高い。乾燥することにより、生の出荷調整が可能となる。薬理効果の解明もすすんでおり、粉末にして健康補助食品などとして販売されている。

(5) 廃菌床の利用

キノコを取り終えた菌床（以下、廃菌床）はキノコが発生する能力がまだ残っているため、土中に埋め込むと自然発生が期待できる。廃菌床（二・五キロ袋）からは、二〇〇～二五〇グラムの収量が期待できる。埋め込む場所は平地から緩傾斜地の水はけがよく、広葉樹林下などの直射日光が当たらない程度に明るい場所がよい。発生時期には雨滴による土かぶりを防ぐために小屋がけをしたほうがよい（図8）。

●原木（短木）栽培●

(1) 原木の準備

①原木の調製と袋詰め

原木の伐採は秋から冬にかけて行なう。直径一〇センチ程度のものを一五～二〇センチ程度の耐熱性袋にはいる長さに玉切りする。玉切りするのは袋詰めの直前がよい（図9）。太すぎて袋にはいらない場合は二つ割りにしてもよい。原木の伐採から接種までの工程はなるべく短期間に行なう。樹皮と材の間にすき間ができたり、亀裂がはいるなどして乾燥している場合は、二昼夜程度流水につけて水分を補充する。原木を袋に詰めるときはピンホールなどがないよう十分注意する。袋はマイタケやナメコなどの菌床栽培用のものでよい。袋詰めした後はセロハンテープなどで仮止めする（図10）。なお、種菌の活着をよくするために、菌床の培地を木口面に塗布することもある。

②原木の殺菌

殺菌時間は高圧釜（釜内一二〇℃）であれば四〇分間以上、常圧釜（九八℃）なら四時間以上は必要である。殺菌時間は釜の容量、原木の大きさ、本数によって異なるが、オガコ培地に比べて熱が伝わりにくいため長めにし

図8　菌床（廃菌床）の伏せ込み栽培

時期	施　業	摘　　要
2月下 ～ 4月下 3月上 ～ 4月下	採取後の廃菌床購入  採取後（運搬後）保管は衛生的に屋内か屋根のみの簡易施設で行なう 	1. 空調施設栽培の2～4月に収穫した菌床を購入する。菌床は収穫後屋内で衛生的に保管したもので、雑菌等に侵されていないものとする チェックポイント ・ピンホールの有無・キノコ採取跡にトリコデルマ等雑菌付着の有無 2. 採取後1カ月間程度菌床を自然に乾燥させながら、外周部菌糸膜の発達を促し硬化をはかる 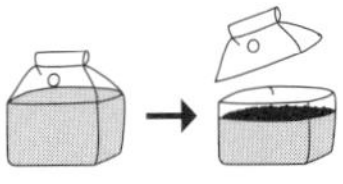 3. 菌床上部のキノコ残部や育ち遅れの幼茸など皮膜を破らないように注意しながら鋭利なカッターナイフなどで袋の上部を切り取る 4. 運搬はコンテナを用い菌床をつぶさないようにする 5. 菌床内に水のたまったものは排出して運搬・保管する
4月上 ～ 5月下	伏せ込み場所選定と伏せ込み 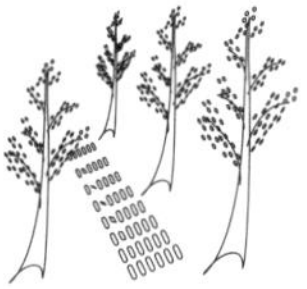 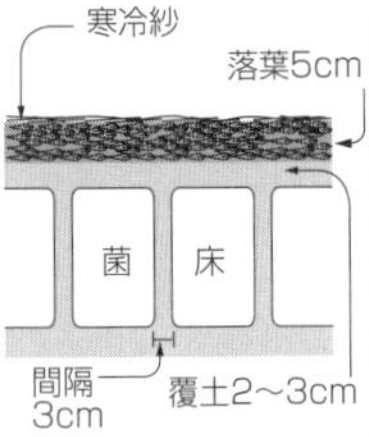 	1. 伏せ込み場は、比較的明るい広葉樹林内の東～南向き緩傾斜地。針葉樹林の場合は20年生以下。土質は、水はけのよい砂質土で腐植質の少ないところ、乾き気味のところがよい 2. 伏せ込み深さは、土壌湿度条件により適宜加減する 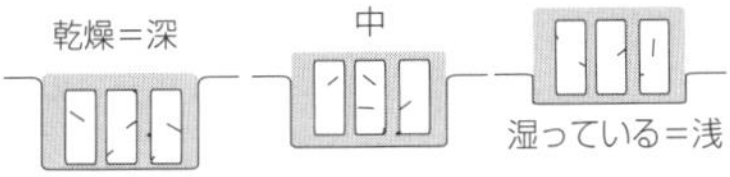 3. 伏せ込み密度は24個/m^2を標準とする 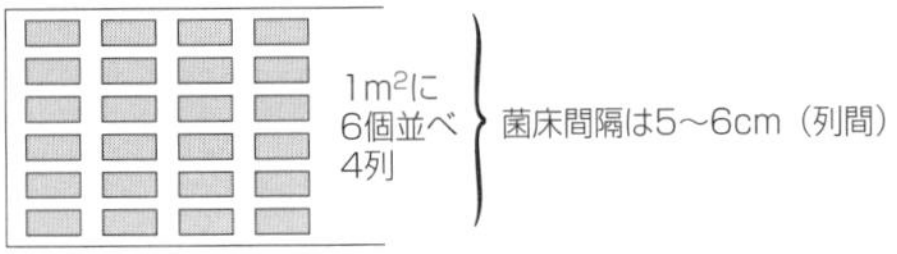 4. 伏せ込みの前に菌床袋の側面と底面に水切り用の切り目を入れる
8月下 9月 ～ 10月	小屋がけと発生準備 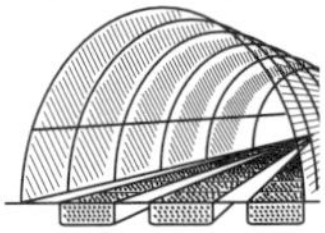 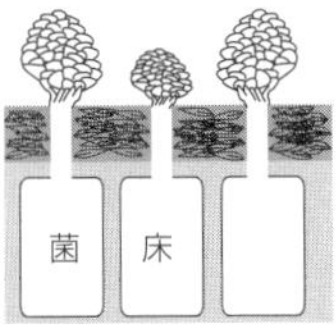 	1. 伏せ込み床に直接かけた寒冷紗を図のようにパイプ支柱（トンネル程度の簡易なものでよい）の上に張り替える（支柱地際までスッポリかぶせる） 2. 落ち葉を補充しムラのないよう均一にならす （菌床上部は汚れていない広葉樹落葉とする。伏せ床周囲は針葉樹でも可） 3. キノコの発生前後はとくにトンネル内部の湿度保持に十分配慮すること 4. 収穫間際のキノコには雨を当てないようにビニールシートを寒冷紗の上から被覆するとよい 5. 収穫は適期に行う

図9　原木の玉切り

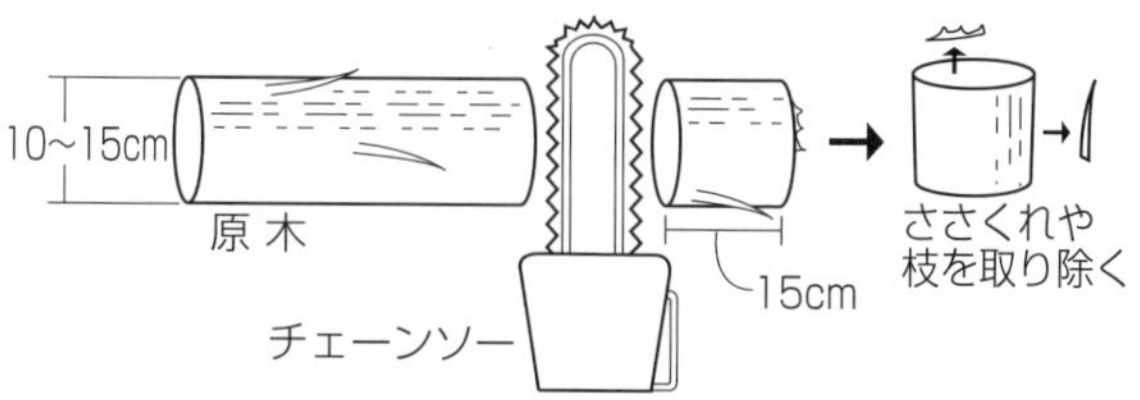
10〜15cm
原 木
チェーンソー
15cm
ささくれや
枝を取り除く

たほうが安全である。冷却に関しては菌床栽培に準ずる。

(2) 種菌の接種と培養

①種菌の接種

図10　原木の袋詰め

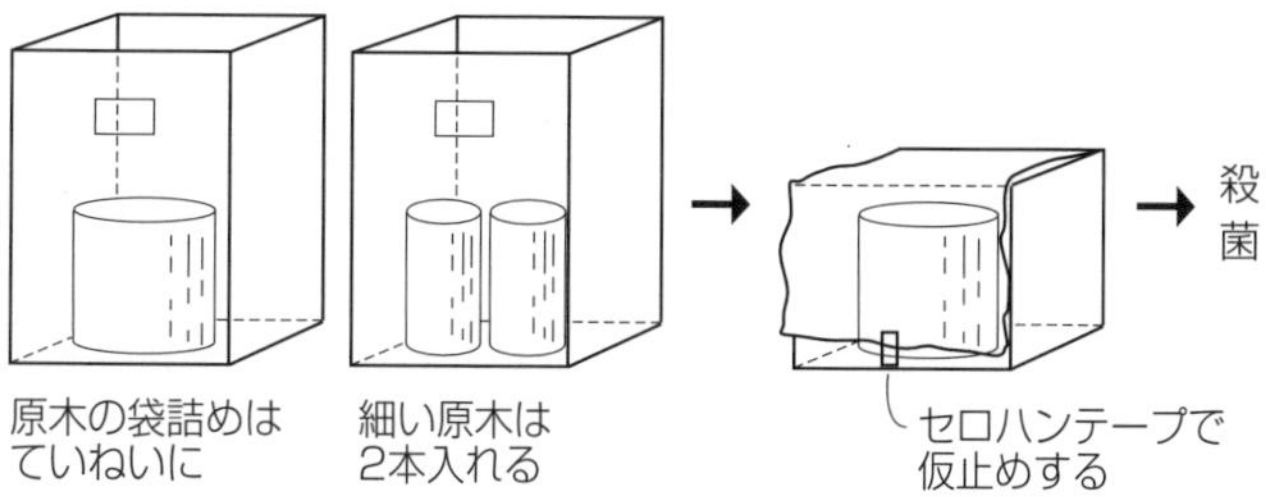
原木の袋詰めは
ていねいに
細い原木は
2本入れる
セロハンテープで
仮止めする
殺
菌

接種についても菌床栽培に準じて行なう。種菌は木口にムラなくまく。なお、菌糸の初期伸長を速めるために、殺菌前に木口面にブナオガコと米ヌカを加水混合して少量を塗布しておく方法もある。雑菌の混入の可能性が最も高い工程であるため注意を払いすぎる程度でちょうどよい。なお、簡易な接種施設で行なう場合は空中浮遊菌が少ない冬季にする。接種量は五〇ミリリットル程度を目安とする。

②培養室の条件と構造

培養する場所はキノコ栽培用の培養施設が最適であるが、倉庫、納屋などを利用してもよい。その場合は直射日光が当たらず外気が直接吹き込んだりしない温度変化の少ない場所を選び、培養棚などに並べる。また、五℃以下または三〇℃以上にならないようにすること。冬季に接種した場合は断熱材の利用や加温が必要である。

③培養と培養室の管理

培養がすすむと原木の周囲が白色の菌糸膜で覆われ、それがやがて黄褐色に変わっていく。培養期間は二二℃の恒温の場合で三カ月以上、冬季に接種した場合は四〜五カ月を必要とする(図11)。

(3) 発生操作と発生

①伏せ込み場所の条件

明るい林内がよい。スギ・ヒノキ林ではとくに暗くなりやすいので注意すること。畑地などの裸地の場合には寒冷紗などの遮光資材などで覆ったパイプハウスなどがよい。いずれも水はけのよい緩い傾斜地が適している。伏せ込む時期は厳冬または積雪期から夏季を避けること（写真13、14）。

②発生操作

伏せ込み場所に深さ五〜一五センチ幅一メートル程度の床を掘る。原木を袋から取り出し、害菌の汚染がないことを確認してから木口面が上下になるようにして並べる。その上に土を厚さ五センチ程度かける。さらに、広葉樹の落葉などで覆ってもよい。伏せ込み後上層が林木などで庇陰されていない場合は、直ちに寒冷紗などでトンネル状に覆う（図14、15）。蒸れを防ぐために覆った寒冷紗の裾は地面から一〇センチ程度上げておく。床の深さ、高さなどは伏せ込む場所の水はけの具合によって調整する。

③芽出しと発生管理

八月下旬から九月上旬になると原基が地表面に現われるので、そのころを見はからってトンネルの覆いの寒冷紗などの上から透明のビニールシートを張る。これは雨滴などが直接キノコや地面に当たるのを防ぐためである。雨が当たるとキノコの品質は低下する。また、傘の間に土ぼこりがはいり込むと取り除くことがきわめて困難となる。雨滴のはね返りの少ない林内ではその必要はない。この時期もトンネル内の蒸れに注意する。トンネルの裾の部分

図11　原木栽培の栽培状況（90日経過）

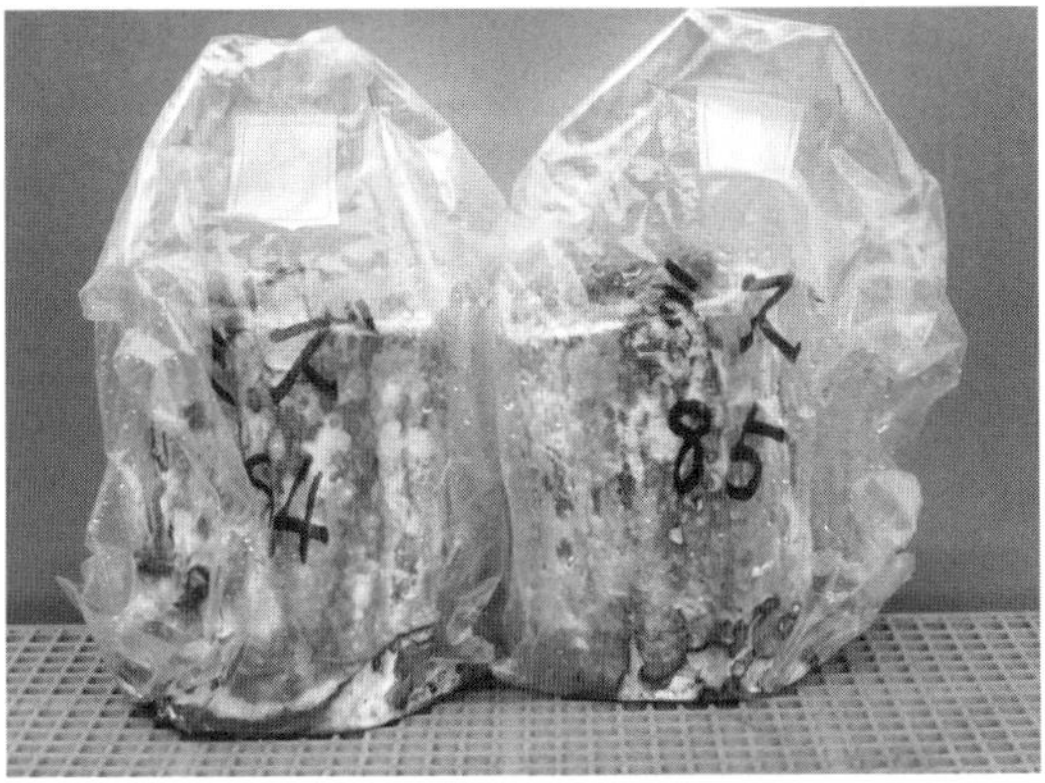

図12　原木栽培の伏せ込み

が巻き上げられるようにしておくと蒸れが防げる。

(4) 収穫と出荷・販売

①収穫・包装・出荷

収穫は、原基ができ始めてから約二週間後の管孔の形成が始まる直前を目安に行なう。管孔が形成するとそれ以上キノコは生長しない。ナイフなどでキノコを地際から切り取るようにする。地際より下の部分はキノコを汚す原因となるため切り捨てること。切り取ったキノコはその場で落葉や土をきれいに払い落とす。キノコを重ねたり、裏

図13　原木栽培の伏せ込み場所

明るい林内が適地

図14　畑地などへの原木栽培の伏せ込み

寒冷紗や遮光資材で覆う

図15　原木の伏せ込み深さ

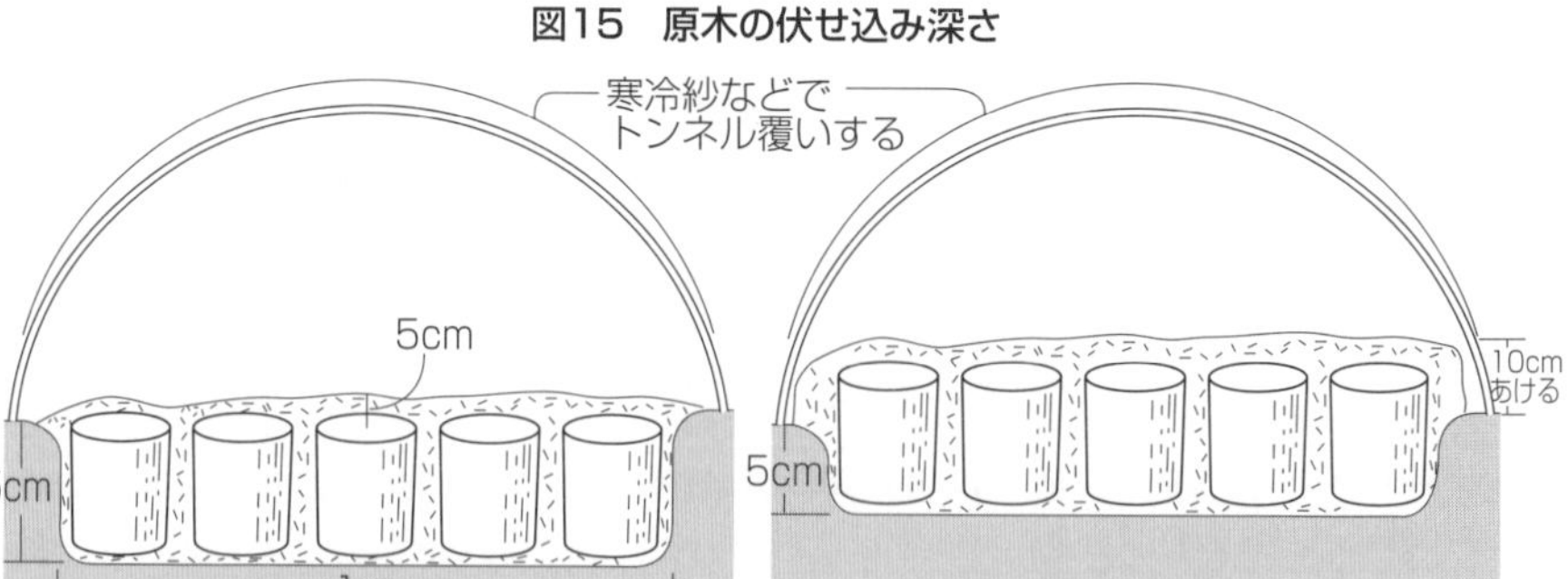

返したりすると汚れが広がってしまうため注意すること。

②販売方法と工夫

伏せ込むときに原木を五センチ程度離すと形のよいキノコが収穫できる。また、原木を密着させると一株数キロの立派なキノコも収穫できる。原木栽培で露地発生させたマイタケは色、香り、歯ごたえなどが天然のものに近いため、露地ものとして直売所などで高値での販売が可能である。

（川島祐介）

図16　広葉樹林内のマイタケ栽培

図17　原木の並べ方とキノコの品質

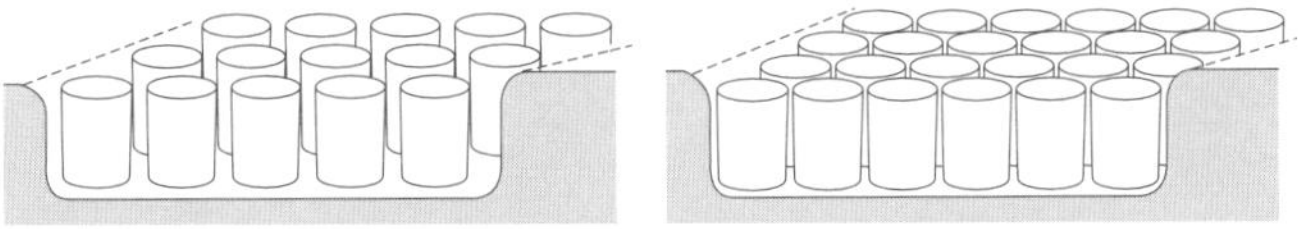

①原木と原木の間隔をあけた伏せ込み。形のよいキノコが収穫できる

②原木と原木を密着させた伏せ込み。大きなキノコも収穫できる

マツタケ
（キシメジ科キシメジ属）

名称		マツタケ（キシメジ科キシメジ属）
別名		ー
生態	自然分布	世界的に分布。マツ類、主としてアカマツ林内地上に発生。クロマツ、エゾマツ、トドマツでも発生例あり。土壌の赤土の部分に生息し、直径1mm内外の根と菌根を形成する
	自然発生時期	主に秋。梅雨期にも少数発生する（サマツ）
生理	菌糸伸長温度	5～28℃（20～23℃が最適）
	水分条件	乾燥を好む
	子実体発生温度	地温が19℃以下になると子実体形成を開始し、15℃で終了する。発生時期に 300mm 前後の降雨があると豊作になることが多い
	その他の条件	栄養の少ない環境を好む
栽培	栽培方法	林地栽培（環境整備施業による発生促進。人工接種は確実な方法がまだない）
	適応宿主	アカマツ、クロマツ、エゾマツ、ハイマツ、コメツガ、ツガ等
	接種源	胞子、感染苗
	品種等	産地によるブランド（丹波マツタケ等）がある
	栽培所要時間	未発生林では施業開始後5～8年で発生開始。発生林に施業した場合は翌年から増産効果が見込める
	年間発生回数	秋1回（まれに梅雨期と秋の2回）
	収穫物の規格	生長段階（丸、中、平の3種類を基準に、出荷場所により中間規格あり）で区分、虫食いなど品質の悪いものは別扱い

1 マツタケの特徴

(1) キノコとしての特徴

①野生での分布、形態の特徴

秋にマツ林、主としてアカマツ林の地上に発生する。日本のほか、カナダやユーラシア大陸の一部など、各国で見つかっており、世界的に分布すると考えられる。通常、傘は直径八～二〇センチ、初め球形、後まんじゅう型から平らになり、最後は縁が反り返る。柄は長さ一〇～二〇センチ。膜質のつばを持つ。傘も柄も褐色の繊維状鱗片に覆われており、肉は白色でち密、芳香を有す。

円形のはっきりしたシロを形成し、毎年、秋に連なって発生する。時折梅雨期にも発生し、サマツとして取り引きされる。

②利用と成分、機能性

食用でとくに香りと歯切れを楽しむ食べ方をする。芳香の主成分は桂皮酸メチルとマツタケオールで人工合成できる。栄養的には特筆すべきものはないが、機能性としては制ガン作用などが研究されている。ただし、今のところ法的な認定を受けるにはいたっていない。

なお、マツタケは食中毒菌に汚染されていなくても腐敗により強い食中毒を起こすので、品質保持には十分な注意が必要である。

図1　マツタケの発生状況

(2) 生育に適した環境と栽培法

①生育環境と条件

マツタケは尾根すじなどの日当たりと風通しがよく、乾燥気味で、土の養分が少ないマツ林を好む。赤土の層に生息し、腐植や落葉の部分には住めないので、腐植が厚くたまっているところでは増えにくい。赤土の層の上二〇～三〇センチくらいがマツタケの住む場所なので、この部分にマツタケの餌となる太さ一ミリ前後のマツの根が大量にあることが発生の絶対条件である。また、弱酸性の土壌を好み、石灰岩質の土壌や火山灰土壌には生えにくい。

②栽培法

現時点で実用化されているのは林地栽培、それもマツ林を手入れしてマツタケが生えやすくする発生促進施業だけである。

発生促進施業はいわば「荒れ地を開墾して畑をつくる作業」だが、つくった畑にマツタケの種をまく技術がまだ完成していないため、確実にマツタケを増やせるというものではない。しかし、マツ林を自然のままにしておくと、すぐにマツタケが生息しにくい環境に変わり、マツタケは減少する。長くマツタケの収穫を続けたければ、人間が手入れをする必要がある。

(3) 副収入としてのマツタケ収穫

発生促進施業は初回の作業以降は、毎年一回のマツクイムシの防除と二～三年に一回の雑木の整理だけでよいので、アカマツ林を所有するなら副業としては好適である。反面、収穫量が当年の気象に左右され豊凶の差が激しいので、専業経営には向かない。

2 適地判定

マツタケは環境のえり好みが激しく、

図2　発生環境整備施業の手順

1. 事前の確認

手入れを始める前にまず適地判定をして、手入れの効果が期待できるか確認を行なう。

2. 施業の準備

手入れする林や手入れ内容が決まったら作業班を編成する。切る人2人、運ぶ人3人の5人一組が効率的。

林の一番下くらいに、切った雑木や腐植の集積場所をつくる。

3. 小さい雑木の刈り取り

風通しを悪くする低い雑木（約80cm以下。腰より低い程度）は全部刈り取る。

ここから先の作業はマツタケが生えている場合と生えていない場合で異なる。

適地でなければ発生促進施業の効果が出にくい。また、マツタケ山には寿命があり、通常アカマツの樹齢が六〇年を超すと発生量は減少の途をたどる。このため、たとえ発生促進に成功しても、元が取れるほどマツタケが増える前にマツタケ山の寿命がつきることもある。こうしたことから、手入れにかかる前に適地判定を行ない、効果が期待できるか確認しておく必要がある。

適地判定の基準は府県によって異なり、また、専門的な知識が必要なので、地元の林業改良指導員など専門の人にやってもらったほうがよい。

3 林地栽培の実際

(1) 作業内容の決定と準備

①作業内容の決定

　適地判定の結果をもとに手入れする場所や作業内容を決める。とくに、大事なのはマツタケがすでに生えているかどうかである。マツタケがすでに生えている場合、環境を急変させるとマツタケが減ることがあるので、マツタケが発生していない場合より軽めの手入れを行なう。また、マツタケのシロの近くは注意して手入れしなければならないので、印を付けておく。

図3　発生環境整備施業の手順（マツタケが生えていない林）

4-1. 中くらいの雑木の整理

マツより小さい中くらいの雑木は、枝と枝がぶつかる程度の本数を残して根元から切り取る。

残した雑木は2mくらいから上を切り落とす（摘芯）風通しを悪くする低い枝は切り取る
株立ちは真っすぐのものを1本残して切る

5-1. 大きな雑木の整理

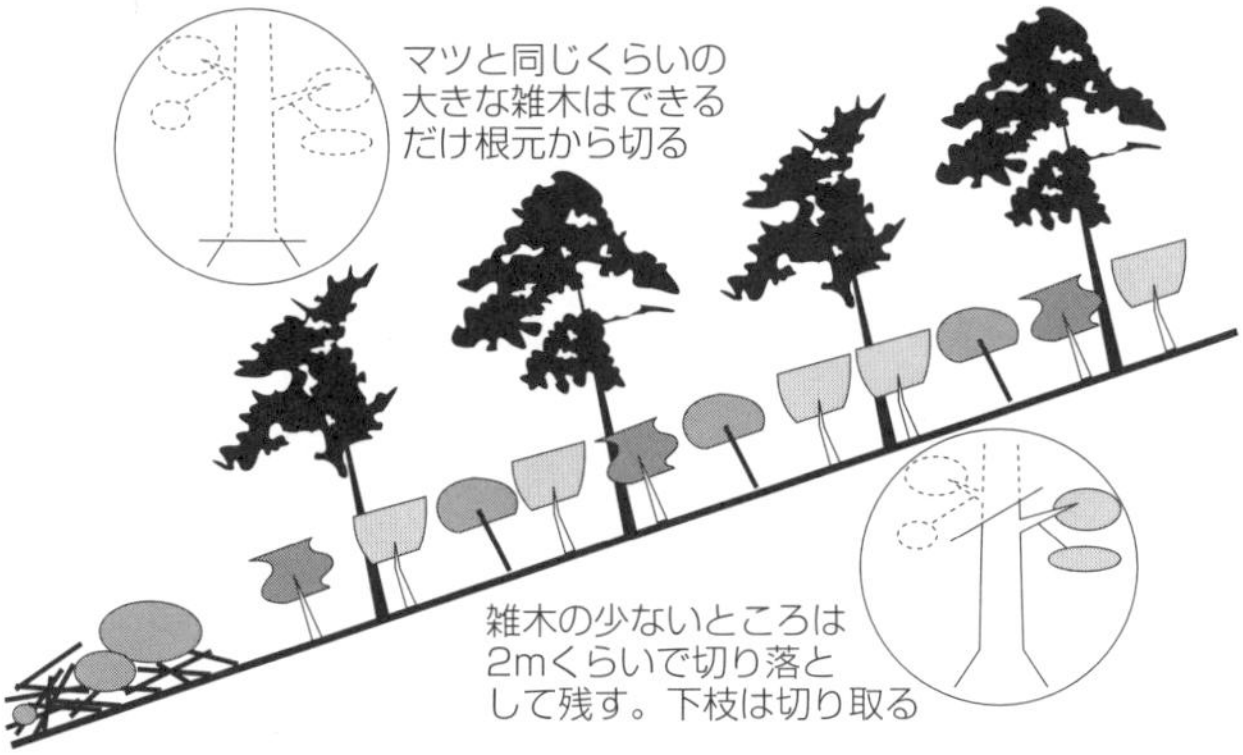
マツと同じくらいの大きな雑木はできるだけ根元から切る
雑木の少ないところは2mくらいで切り落として残す。下枝は切り取る

6-1. 腐植のかき取り

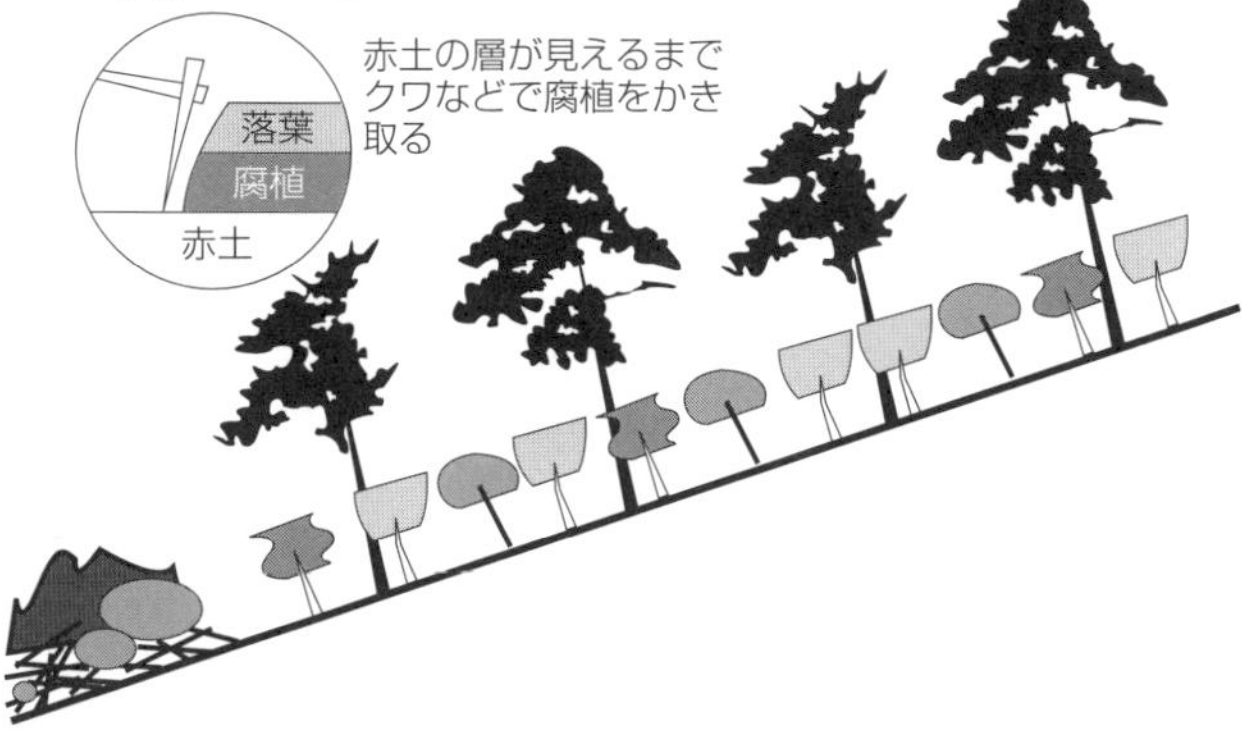
赤土の層が見えるまでクワなどで腐植をかき取る
落葉
腐植
赤土

②集積場所の決定
最初に切った木などを捨てる場所を決める。一番よいのは作業する部分の下に集めることだが、広い面積を作業する場合は林の所々につくってもよい。廃棄場所にはマツタケは生えなくなるので、シロの近くは避ける。

(2) 樹木の整理

①作業の目的・適期・道具

作業の目的　雑木を切りすかしてマツを元気にし、林の日当たりと風通しをよくしてマツタケが生えやすくする。マツより大きな木は全部切り、残りも、地面に木漏れ日が当たるくらいまで切りすかす。

作業の適期　作業時期は日当たりの状況がわかりやすい夏が一番よいが、

図4　発生環境整備施業の手順（マツタケが生えている林）

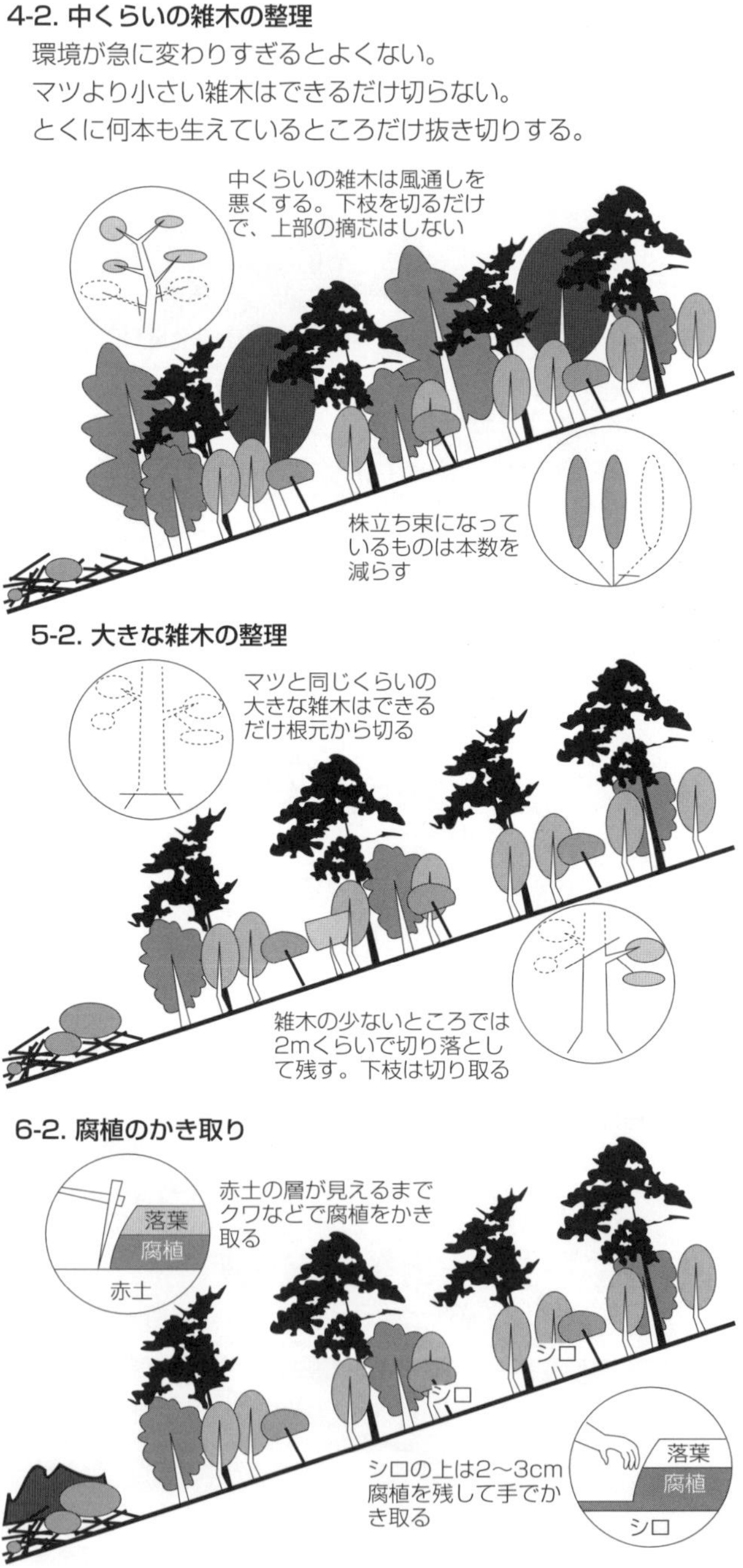
4-2. 中くらいの雑木の整理
環境が急に変わりすぎるとよくない。
マツより小さい雑木はできるだけ切らない。
とくに何本も生えているところだけ抜き切りする。
中くらいの雑木は風通しを悪くする。下枝を切るだけで、上部の摘芯はしない
株立ち束になっているものは本数を減らす
5-2. 大きな雑木の整理
マツと同じくらいの大きな雑木はできるだけ根元から切る
雑木の少ないところでは2mくらいで切り落として残す。下枝は切り取る
6-2. 腐植のかき取り
赤土の層が見えるまでクワなどで腐植をかき取る
落葉
腐植
赤土
シロ
シロ
シロの上は2～3cm腐植を残して手でかき取る
落葉
腐植
シロ

腐植のかき取りを冬に行なう必要があるため、一緒に冬にしてしまうことも多い。

必要な道具　チェーンソー、ノコギリ、ナタやカマ、ヒモ（切った雑木を束にして運ぶのに使う）。

作業内容　①小さな雑木の伐採、②中くらいの雑木の摘芯と枝落とし、③大きな雑木の処理、④マツの保育の四つの作業を行なう。内容と手順は図のとおりである。雑木を刈りすかす作業は、切り過ぎになりやすいので、少し多めに感じるくらいの本数を残す。マツタケが発生しているかどうかで作業内容が一部変わる。

マツタケが発生している場合は、中くらいの雑木はとくに本数の多いところを切るだけにとどめ、日当たりが急によくなりすぎないようにする。

(3) 腐植の除去

①作業の目的

マツタケは落ち葉や落ち葉の腐ったもの（腐植）には住めず、その下の赤土の層に住んでいる。腐植が分厚くたまった場所は大きなマツタケが採れるが、マツの根が腐植に集まってマツタケの住む土壌の層に根が少なくなったり、腐植に住む別の菌（ケロウジなど）がやってきてマツタケを追い出してしまうので、そのうちマツタケが生えなくなってしまう。また、腐植には新しいマツタケのシロも増えにくいので、できるだけ取り除く必要がある。

なお、腐植の除去は一回行なえば後は数十年必要ない。

②作業の適期と道具

作業の適期　作業の適期は冬、遅くとも三月までである。この時期までに行なうと、腐植を取るとき切った根から新しい根が生えるので、早く根が増えマツタケが増えやすい。

必要な道具　クワ、レーキ、いしみ（み、箕）、土嚢袋など、かき取った腐植を運びやすい道具。

③作業内容

マツタケが生えていない場合と生えている場合で違う。

マツタケが生えていない場合　クワなどを使って土壌が見え隠れする程度に腐植をかき取る。腐植は黒いので、土壌とはっきりと区別できる。切り株などもできるだけ取ってしまう。

マツタケが生えている場合　シロの周りはマツタケが生えていない場合と同じように手入れする。シロは同じような手入れをすると傷んでマツタケが減るので、腐植が薄い（二〜三センチくらい）ならいじらないようにする。腐植が分厚い場合は、シロを傷めないように腐植を二〜三センチ残して手でかき取る。

(4) 補正手入れ

①作業の目的・適期・道具

作業の目的　作業を行なった翌年の春には、切り株や残した雑木の幹などからたくさんの新芽が出てくる。これを放っておくと以前より風通しの悪い林になってしまうので、全部切ってしまう。

作業の適期　施業の翌年に一回行ない、以後、二～三年に一回行なう。季節は五月くらいなら、その年出た新芽が硬くなっておらず、手でかき取れるので作業が楽である。

必要な道具　ナタ、カマ、ヒモ。

②作業内容

地面や切り株から出てきた新芽は全部取る。

残しておいた雑木は、上に伸びる新芽を取って横に枝を張らせる。枝が広がってきたら残しておいた雑木も間引き、最終的には一メートル四方に一本

図5　補正手入れ

7. 手入れの翌年の林

手入れの翌年には切り株や地面、残した雑木の幹などからたくさんの新芽が出てくる。それを放っておくと以前より風通しの悪い林になるので、2～3年おきに新芽を整理してやる（補正手入れ）。

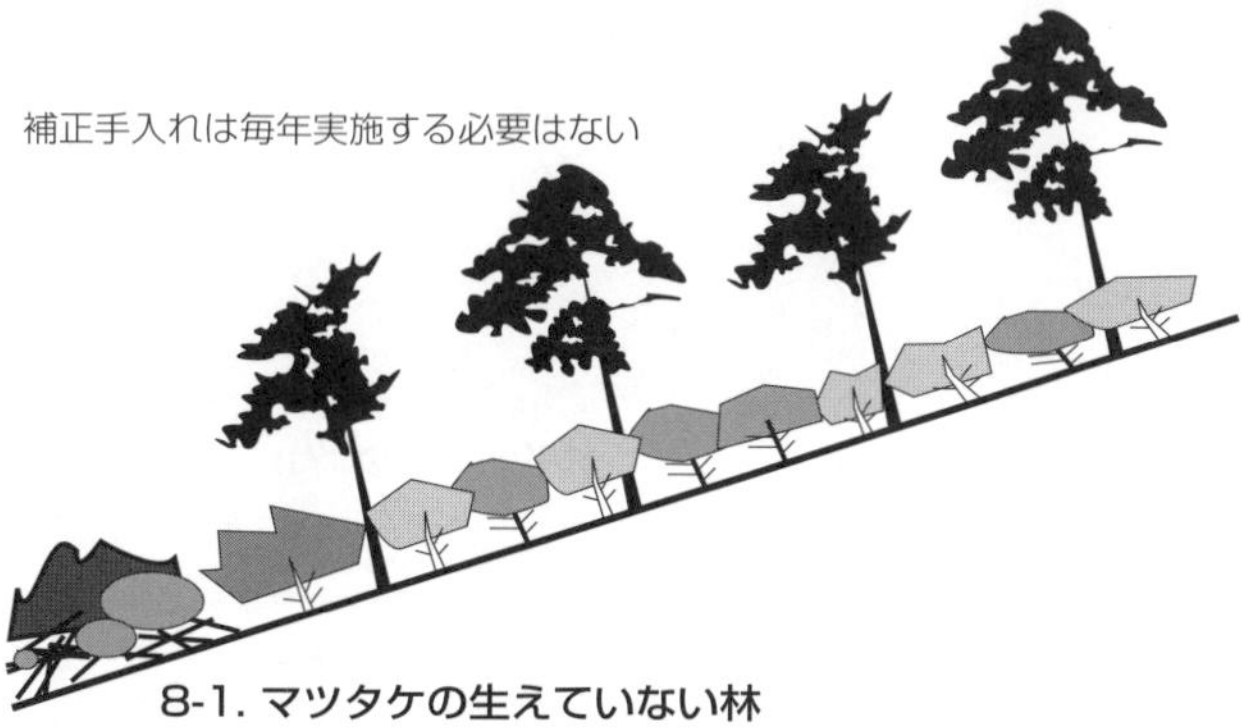
補正手入れは毎年実施する必要はない

8-1. マツタケの生えていない林

枝が伸びてきたら抜き切りし、本数を減らす。最終的に1m²に1本くらいにする。

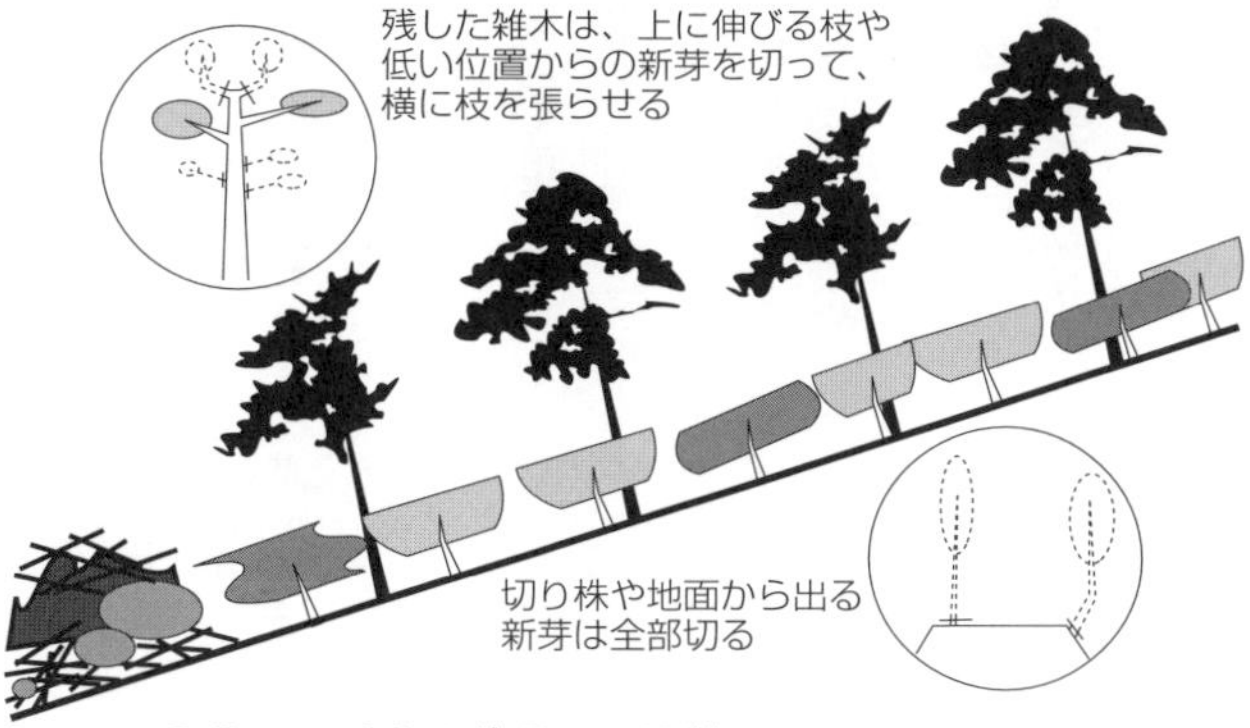
残した雑木は、上に伸びる枝や
低い位置からの新芽を切って、
横に枝を張らせる
切り株や地面から出る
新芽は全部切る

8-2. マツタケの生えている林

枝の張り具合を見ながら、雑木を抜き切りし、少しずつ林を明るくする。

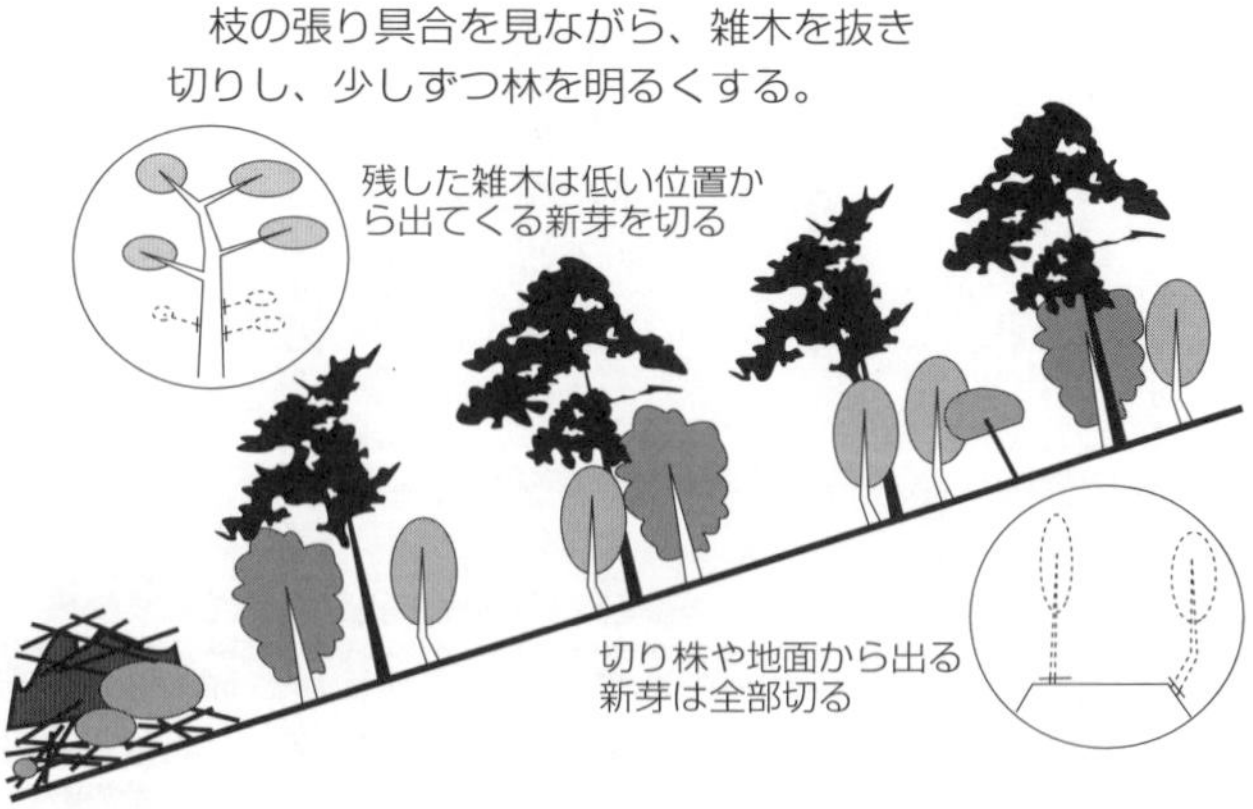
残した雑木は低い位置か
ら出てくる新芽を切る
切り株や地面から出る
新芽は全部切る

図6　胞子のまき方

①胞子播種
膜が切れた直後のマツタケを選ぶ
傘の下に紙（和紙）を取り付け、アルミホイルで固定する
この状態で一晩置くと、紙に胞子が積もっている
谷川の水をバケツに取り、胞子を溶く。バケツ1杯に2～3本分の胞子を溶く
胞子をまく場所を選び、腐植を丁寧にかき取る。フォーク等で地面に孔を開け、胞子がしみ込みやすくする
1m²にジョウロ1杯分くらいの胞子をまき、上から新鮮な落ち葉をかけておく
②預けマツタケ
膜が切れた直後のマツタケを選ぶ
尾根の上の方を選び一晩マツタケを置く
置いたマツタケから周りに胞子が飛散する

くらいにする。

マツタケの生えている林の場合も、枝の張り具合をみながら雑木の本数を減らし、少しずつ林を明るくしていく。

(5) 菌の接種

マツタケを確実に増やす方法はまだない。胞子播種も成功率は低い（たまに胞子をまいた場所からマツタケが生える、という程度で成功率を数字で出せるほど成功していない）が、胞子が入手できるなら手軽に実施でき、とくに弊害もないので、できるだけやったほうがいい。

胞子は図6のような方法で生えているマツタケから採り、水に溶いてジョウロでまくか、収穫したマツタケを一晩山において胞子を飛散させる（預けマツタケ）。

胞子をまく場所はマツタケができるだけ生えやすい場所を選ぶ。次のような条件の場所は生えやすい。

・尾根の上の方（日当たりや風通しが

図7　施業したマツタケ山

よい）。

・大きな露岩の周り（土が浅く、根が地表近くに集まっている）。

・マツの木の高さがとくに低い場所（土がやせていて根がたくさんある）。

ほかには苗木をつけたシロの一部を切り取って移植する感染苗木という方法で一度だけ成功しているが、コストが高い割に成功率が低く、まだ実用的な技術ではない。

(6) マツタケ発生後の手入れ

マツタケは菌根ができてからキノコを生やすまで五～八年かかるとされている。しかし、林を手入れするとそれまで気がつかなかったシロが見つかったりするので、実際には手入れした翌年からマツタケが発生することもある。

マツタケが発生したら、最初のうちは全部のマツタケを傘が開ききるまで収穫を待ち、胞子を飛散させる。こうすることによって新しいシロが増えやすくなる。シロが増えた後も一つのシロに二～三本は傘が開くまでマツタケを残したほうがよい。また、腐植の除去がまだ終わっていない場合は、シロの周囲を除去すると新しいシロが増えやすい。

(7) マツクイムシの防除

せっかくマツタケが増えてもマツが枯れてしまってはどうしようもないので、マツクイムシの防除は丹念に行なう。マツクイムシで枯れた木は毎年こまめに伐倒駆除を行ない、また、シロの周りのマツは樹幹注入剤を打って被害を予防する。

①伐倒駆除

マツクイムシで枯れた木は中にマツクイムシがはいっていて、放っておくと翌年周りのマツに広がって枯らしてしまう。その前に切り倒して焼却するなり消毒するなりして中のマツクイムシを殺してしまう必要がある。ただし、この作業はシロの近くで行なうとシロが傷むので、できるだけシロから離れた場所で行なう。

②樹幹注入剤

樹幹注入剤はマツクイムシの予防接種で、被害を受ける前の木に打っておくと高い確率で被害を防ぐことができる。高価なので林全部に実施することは難しいが、シロの周りのマツに打っておけばマツタケが減るのは防げる。

(8) 品質保持と増産

マツタケは虫害を受けると商品価値が著しく低下する。腐植のかき取りをすることにより、害虫の住みかがなくなり虫害は軽減される。また、芽を切ったマツタケの上に寒冷紗をかけたり野菜苗用のポリキャップをかぶせることも効果がある。

増産法としては、シロへの客土やかん水があるが、失敗してシロを潰すこともあるので、実施するかどうかも含めて専門家と相談したほうがよい。

4 収穫と出荷・販売

①収穫・包装・出荷

マツタケの規格は生長段階によって分けられ、若い段階のものほど単価が高いが、規格の区分は出荷先によってまちまちである。虫食いマツタケなど品質の悪いものは別に扱われることが多い。

収穫の際は、素手でさわると変色し品質が落ちることがあるので、必ず軍手などをはめて行なう。できるだけ根元のほうを持ち、キノコが傷まないようゆっくりと引き抜く。胞子がついているものはたいて落としておく。

集出荷は通常農協が行なっているが、とくに良品を求めて業者が直接買い付けに走る場合もある。

出荷する際は、できるだけ早く出荷してしまう。マツタケは日持ちするキノコだが、収穫後、乾燥して重量が軽くなり、一日に一割近く減ることもある。マツタケは重量で取り引きされるので一日置けば収入が一割減ることになる。

マツタケはあちこちから輸入されている。マツタケの近縁種以外に、本物のマツタケも多いが、品質的には国産品と大きな差があるものが多いので、これらとしっかり差別化する必要がある。

②虫食いマツタケの安全性

最近、虫食いマツタケが安全かどうか、という問い合わせが増えている。マツタケの害虫はショウジョウバエやキノコバエが大半だが、これらの害虫が原因で食中毒が起こった例はない。

しかし、虫食いマツタケは腐りやすく、腐敗初期のマツタケは食中毒の原因となるので、その点は注意が必要である。表面がぬれたようになったり、ヌルヌルしたりするマツタケは要注意である。

（藤田　徹）

ブナシメジ

（キシメジ科シロタモギタケ属）

名　称		ブナシメジ（キシメジ科シロタモギタケ属）
別　名		ブナモダイ、ブナワカイ
機能性、薬効等		－
生態	自然分布	ブナ、トチ、ニレなどの広葉樹の枯れ木、切り株、倒木に発生する
	自然発生時期	9～10月
生理	菌糸伸長温度	伸長範囲5～30℃、最適温度20～25℃
	菌糸伸長湿度	－
	子実体発生温度	発生範囲12～20℃、最適温度15℃前後
	子実体発生湿度	95%以上
	CO_2濃度・光線	CO_2濃度　0.3%以下 光線　芽出し時　50～100ルクス 生育時　500～1,000ルクス
栽培	栽培方法	菌床栽培（空調栽培）
	適応樹種	ブナ、スギ、米マツ、エゾマツ、アカマツ等
	培地材料	米ヌカ、フスマ、大豆皮、オカラ、グレインソルガム、コーンコブミール等
	品種と種菌形状	オガコ種菌
	栽培所要期間	100～120日
	年間発生回数	通年
	収穫物の規格	傘開き7～8分（傘径20～25mm）

1　ブナシメジの特徴

(1) キノコとしての特徴

①野生での分布、形態の特徴

ブナ、トチ、ニレなどの広葉樹の枯れ木、切り株、倒木などに発生。発生時期は、九月から十月に見られる。傘は五～一五センチくらいで、表面はなめらかで褐色をおびたクリーム色で、縁は淡色。中央には大理石状の斑紋が不明瞭に見られる。柄は、薄いグレーから白色、根元が太い。肉は白色。

②利用と成分、機能性

市場においては、ヤマビコシメジ、ブナシメジなどの名前で販売されている。エノキタケに並ぶ需要の多いキノコとしてよく売れている。

くせがない風味と食感で、味がよくつくので煮物、炒め物、汁物などたいへんおいしい。

図1　栽培工程

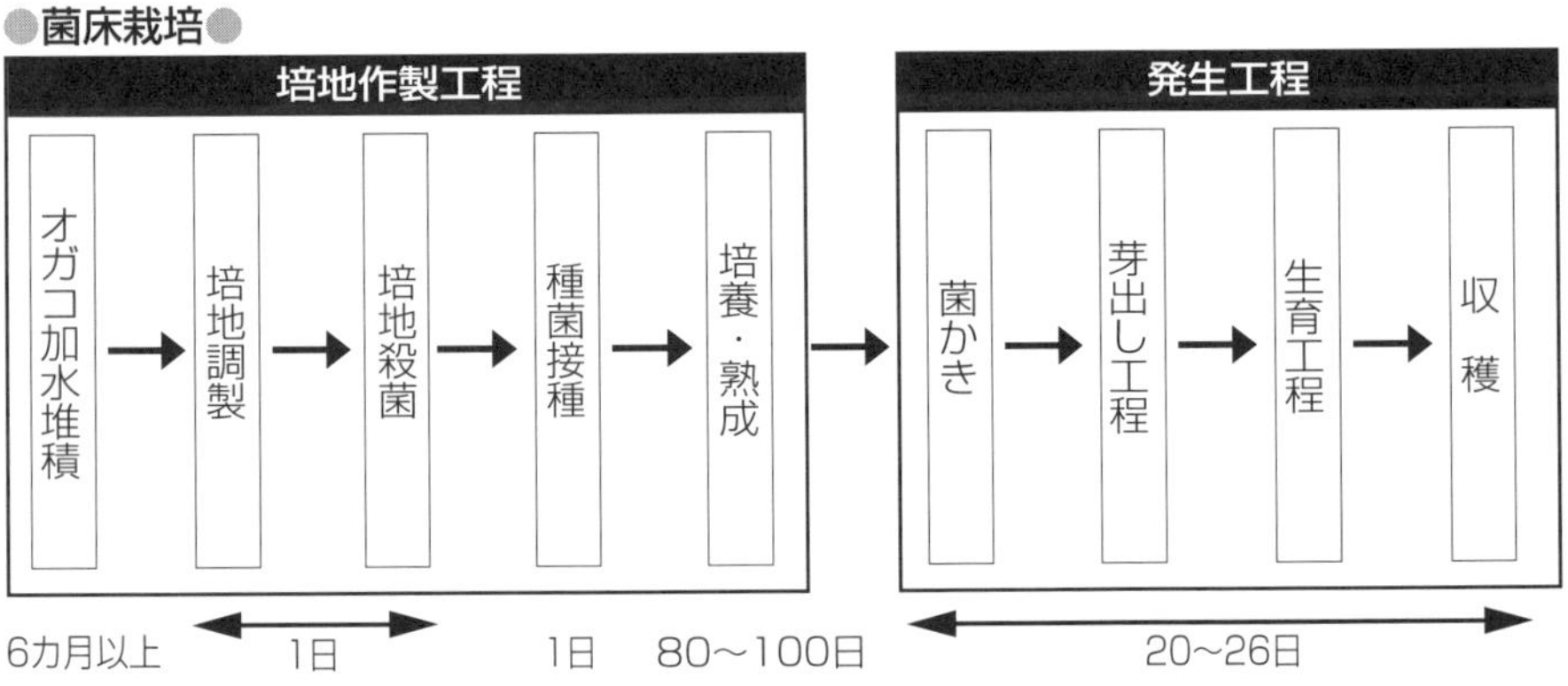

(2) 生育に適した環境と栽培法

ブナシメジ栽培は、空調設備を備え、温度・湿度などの環境コントロールを行なわないと、人工栽培はきわめて困難である。ビニールハウス、納屋などでは栽培はできない。菌床伏せ込みの栽培方法も考えられるが、安定したキノコの発生は期待できず、一般的には難しい。

(3) 経営のねらいと栽培方法の選び方

ブナシメジは、現在年間七万九〇〇〇トンの生産量があり、エノキタケに次ぐ品目に成長した。

ブナシメジ経営は、空調施設による栽培のため設備投資が大きく、専業経営でなくては成り立たない。たとえば、保有ビン一万本当たりの設備投資はおよそ六五〇万円で、粗生産額は年間一万本×三回転で二〇〇万円である。このことから副業的に行なう品目として考えることがいかに難しいかが理解できるであろう。

2 培地材料と種菌の準備

ブナシメジは、原木栽培や短木断面栽培は行なわれておらず、菌床栽培が主流である。

(1) 菌床栽培

①培地材料

培地材料には、オガコ、米ヌカ、大豆皮、フスマ、コーンコブミール、乾燥オカラなどが使われている。

オガコは、針葉樹単独、広葉樹単独、針葉樹と広葉樹の混合などが使われるが、加水堆積してあるものであればスギやマツなど針葉樹単独でも問題ない樹種もある。オガコの粒子が細かい場合は、チップダストを混合すると培地内の気相が確保されビン内の物理性が向上する。

栄養材は、栄養材総量のおよそ五

図2　栽培工程と栽培のポイント

○%が米ヌカで、ほかに大豆皮、フスマ、コーンコブミール、乾燥オカラなどが使用されている。栄養材の混合割合によってキノコの生産は大きく左右され、品種によっても異なるので注意する。

3 栽培の実際

(1) 培地の準備

①培地の調製

培地の混合割合は品種によって違うが、ビン容量八五〇ミリリットル五八ミリ口径PPビンの例で述べる。栄養材の水分率はどの材料もおおよそ一一%前後であまり変動はないが、オガコは積み方や気象条件によって大きく違うので、培地水分率の調整に十分注意しなければならない。仮に栄養材の総量を一ビン当たり一〇〇グラム入れ、オガコの水分率が七二%とするとビン一本当たりオガコの量は約三二〇グラム、水を加える量は一ビン当たり約九〇ミリリットルとなる。なお、詰める量、水分率により収量、品質に与える影響は大きいので、均一になるように心がける。

菌床面の高さは、ビン口の中間から上部三分の二あたりにくるようにする（図3）。深すぎると種菌を接種する量が多くなり、浅すぎると菌かきを行なった際、菌床面が割れたりするので注意する。

菌床の中央に穴（接種孔）をあけ、種菌がその穴の中にはいることにより、菌糸が早くまん延し、菌糸が生長していく過程でCO_2の排出を効率よく行なうようにしておく。（図4）

図3　菌床面の高さ

低すぎても高すぎてもよくない

②培地の殺菌

培地の殺菌は、常圧殺菌、高圧殺菌の方法がある。常圧殺菌では耐熱性のバクテリアを完全に死滅させることは難しいとされている。現状では常圧殺菌と高圧殺菌の両方が取り入れられているが、その特性を理解し、殺菌時間に注意することが重要である。

常圧殺菌の場合は、釜内の温度が沸点になってもビン内の温度が同温度になるには時間的な差が三〇～六〇分程度ある。殺菌時間はビン内温度が沸点に達してから、およそ四時間程度が必要である。このためバーナー点火から殺菌完了まで六～八時間程度はかかる。

図4　培地詰め込み後の菌床面

培地をビンに詰め込みした後接種孔をあけ、菌糸が早く回るようにする

高圧殺菌は、ビン内温度の上昇については常圧殺菌と同様であり、ビン内温度が十分上昇しないうちに排気バルブを閉めると、十分な温度に達しないため殺菌不足になるので注意が必要である。釜内温度が沸点に達した後三〇～六〇分は、排気バルブを閉めないで蒸気を釜外に出しながら炊くことにより、ビン内温度が沸点になる。排気バルブを閉めた後一一五～一一八℃になってから四〇～六〇分程度は温度を維持し、さらに蒸らしを一時間程度行ない、排気バルブを開けて六〇分ほど時間をかけて脱気を行なう。バーナー点火から殺菌完了まで五～六時間程度はかかる。

図5　種菌硬化症

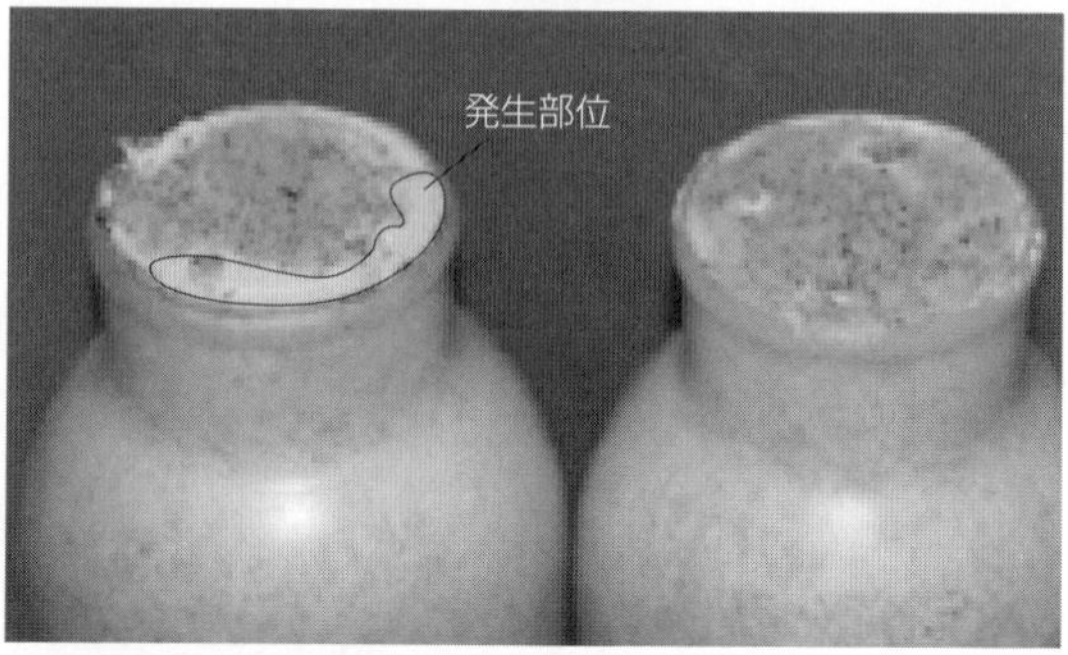

左：軽度の種菌硬化症、右：正常
種菌硬化症は菌糸が菌床面を覆い、菌床面が硬くなったり、ひどくなると腐敗臭がする

(2) 種菌の接種と培養

①種菌の接種

種菌の接種は、コンタミ（害菌汚染）に注意することが大切である。せっかく殺菌した培地も接種の段階で、不注意により害菌が混入してしまえば、まったく意味がなくなってしまう。接種室は事前に清掃・消毒を行ない、できる限り害菌のない部屋にしておく。消毒は、接種作業直前に行なうのはかえって落下菌を多くすることになるので、五時間以上前には完了しておく。また、接種に使用するすべての器具はアルコール消毒などを行ない、滅菌して接種に備える。

種菌の接種は、ビン全体をアルコールで噴霧し消毒した後、乾いてから行なうが、ビン上部の種菌は取り除き使用しない。培地のはいったビンは、口をアルコールでふき取り、火炎消毒して接種の準備を行なう。種菌の接種量は、キャップと種菌の間をあけないように十分な量を入れる。ブナシメジは、培養・熟成後接種した種菌上からキノコを発生させるのが一般的なので、接種した種菌の状態が発生に大きく影響する。キャップと種菌の間に空間があると気中菌糸が繁殖し、芽出し不良の原因になるので注意する。

②培養・熟成

培養工程である菌回りは三〇～四〇日間くらいで完了し、その後の熟成に五〇～六〇日間くらい必要で、培養・熟成期間は八〇～一〇〇日くらいが一般的である。品種によってその差は大きいので、品種に適した培養・熟成を行なうことが大切である。安定した高品質・高収量の生産は、適正な培養・熟成の管理で決まるといっても過言でない。

培養環境は、室温二〇～二三℃、湿度は七〇％くらいが標準となる。しかしこれはあくまで目安でビン内温度の推移を観察して培養室温度のコントロールをすることが重要である。品種によってピーク温度の管理に若干の幅があるが、温度が高すぎると、芽出し不良の原因となる。また、温度が低すぎると熟成不足となり芽出しの不ぞろい、収量不足、品質低下の原因となる。

培養・熟成中の障害として、種菌硬化症（仮称）があるが、原因は、①培養温度が高すぎること、②種菌量が少ないことによりキャップとの間に空間ができたこと、③培養室の湿度が低すぎること、とされている。いずれも種菌が乾燥するということが共通としてあるので、そのような管理にならないように注意しなければならない。また、種菌硬化症は害菌によるものもあると懸念されており、確認はされていないが培養室でのコンタミにも注意する。空中浮遊菌の少ない培養室になるよう

図6　芽出しの状況

キノコの芽から5〜10mm、丸みをおびた傘が淡黒色になった時期が光照射の適期。適期に行なうことが重要になる

常に清掃を怠らないようにしたい。

ほかの障害としてダニによる被害も多い。ダニの被害は、接種後七〜一〇日たった培養ビンが、多数害菌に侵された症状（トリコデルマ菌が多い）になるが、このときビンのキャップをあけてみてもダニを確認することはできない。培養後四〇〜五〇日くらいたったものでは菌床面やキャップの菌床面と接触していた部分で倍率の高いルーペでダニを確認できる場合がある。対策としては、害菌に侵されているものはダニの存在の有無に関係なく、被害ビンの抜き取りを行なうことが拡大防止のため重要である。

(3) 芽出し、生育期の管理

ブナシメジの生育は、原基形成を行なう芽出し期とその後の生育期とに大きく二期に分けることができる。栽培スタイルとして二期を一部屋で行なうスタイルと、芽出し期と生育期を別々に二部屋で管理するスタイルに分けることができる。前者の一部屋のスタイルが一般的である。どちらのスタイルがよいかは一長一短あるが、管理の方法は大きく変わらない。

①菌かき

培養・熟成が終了したものは、菌床面中央部二〇〜三〇ミリの円形部分を残し、その周縁部をかき取る「まんじゅう型」の菌かきを行ない、水道水をビン口いっぱいに入れ（菌かき水）、一〜二時間くらい後に残った水を捨てる。菌かき、菌かき水は、いずれも原基形成を促すことと、そろった原基形成を促すことを目的としている。その後ビン口全体に有孔ポリフィルムかウレタンマットなどを被覆し、菌床面の乾燥を防ぐようにする。被覆材にウレタンマットを使用する場合は、ウレタンマットを水道水で湿らせて使用しないとかえって乾燥を促したりするので注意する。

②芽出し期

原基形成が行なわれる芽出し期は、

図7　光照射の時期の違いによる芽出しの状況

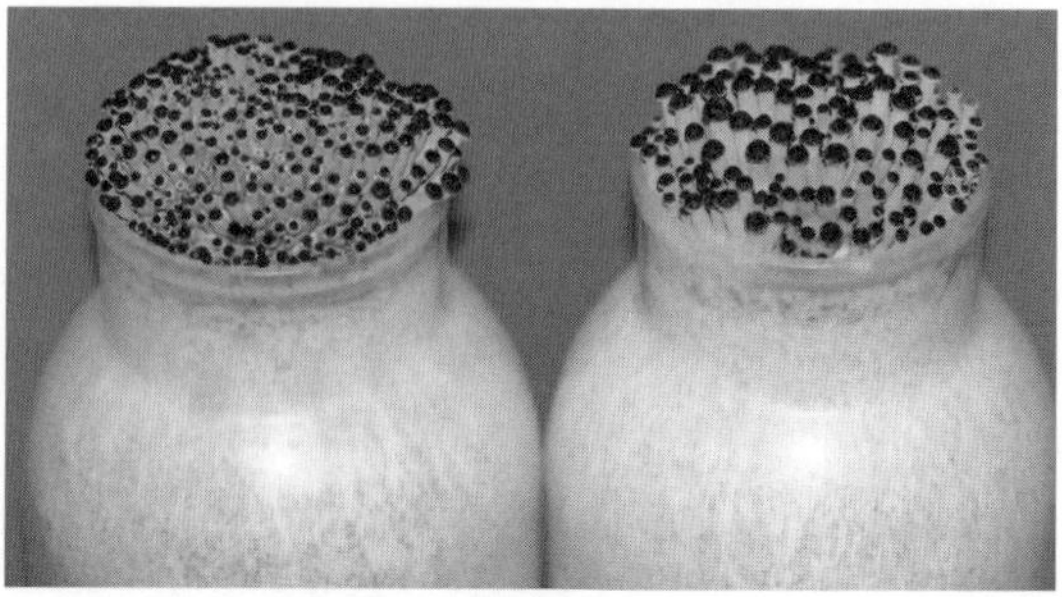

左：早すぎる光照射で芽数が多くなった状況
右：適正な時期の光照射
光照射の時期により、芽数が大きく変わってしまうので注意しなければならない

温度一五℃前後、湿度九五〜一〇〇%、光五〇〜一〇〇ルクス程度、CO_2濃度三〇〇〇ppm以下になるよう管理する。

温度は、高すぎても低すぎても芽出し状態はよくなく、生育速度も遅くなるので注意する。湿度は、センサーでは十分把握できる環境域ではないので、常に部屋の状態を観察し、乾きすぎたり、過加湿にならないように注意する。

芽出し期は、まったく光がない状態だと針状の芽になり、傘の形成が悪くなるので、薄暗い程度の光を必要とする。芽出し・生育兼用の部屋であれば生育中の光があるので意識して光を当てることはないが、芽出し専用の部屋では五〇〜一〇〇ルクスの光を確保する。なお、明るすぎると柄数が多くなりすぎるので注意する。

CO_2濃度は常にはかることは困難で、タイマーを使って換気をすることが一般的である。CO_2濃度が高いと気中菌糸が菌床面に発生し、原基形成を阻害し芽出し不良となり、そろいが悪くなるので、換気不足の目安となる。逆に、換気しすぎると乾きにもつながるほか、傘の形成が促進しすぎて、早く開いてしまう原因となるので注意する。

原基形成され、柄が五ミリ程度伸びてきたら被覆材を取り除く。被覆材の除去が遅れ形成した傘が被覆材と接触すると傘に水焼けができ商品性を低下させる。反対に早すぎると原基が乾燥してしまい生育不良になることがある。

キノコの柄の長さが五〜一〇ミリ、丸みのおびた傘が形成され淡黒色になった時期が、芽出しの終了である。菌かきから芽出しの期間は、一四日程度であるが、あくまで目安で、キノコの状態を観察することが必要である。芽出しを早めに終了し生育期の光照射を始めると、柄数が多くなり、柄が細く傘が小さくて開きやすいキノコになってしまう。また反対に光照射が遅い場合は、傘の生育が悪く柄が長めとなり、貧弱で収量が上がらない。適期を失しないよう芽出し期を終了し、生育期に移す栽培管理をすることがポイントである。

③生育期

生育期は、温度一五℃前後、湿度九五%前後、光照射五〇〇〜一〇〇〇ルクス（一二時間／日、一五〜三〇分間断）、CO_2濃度三〇〇〇ppm以下になるように管理する。

温度は、高すぎても低すぎてもキノ

コの生育は遅れる。

湿度は、高すぎると傘の色が濃くなり、包装後キノコから気中菌糸が発生しやすくなる。低すぎて乾燥してしまうと生育中の傘が粉を振ったように白くなり、その後加湿しても正常に戻らず品質が悪くなったり、生育が停滞する。

図7　収穫時の生育状態

菌かきから20〜26日くらいで収穫となる

照度は、暗すぎるとキノコの柄の長さが長くなり、傘の形成が悪くなる。明るすぎるとキノコの長さは抑制され短く、傘の形成は強く大きくなる傾向がある。

CO_2濃度は、高すぎると傘の形成が悪くなり、キノコの柄の長さが長くなり低すぎると傘の形成が強く早く開く傾向がある。これらのことを観察しながら調整し管理していくことが重要である。

(4) 収穫と包装

①収　穫

菌かきから二〇〜二六日で収穫期を迎える。キノコの傘が七〜八分開きになった時期を通常の収穫期としている。これよりも遅くなると傘は開き、傘の色が白くなり商品性を落としてしまう。早いと収量も少なく見栄えのしない貧弱なキノコとなる。品種によって生育期間は大きく異なるので注意する。

②包　装

包装は、トレー包装とフィルム包装が行なわれている。近年、環境問題への配慮から包装資材の減量化がすすめられ、トレー包装は少なくなる傾向にあり、フィルム包装が主流となりつつある。また、株の調製の際にバラになったキノコは、計量しビニール袋に入れて販売している。

出荷後の問題として、気中菌糸の発生がある。店頭に並んでからキノコから菌糸が発生し、消費者はカビが生えているものと思い手を出さなくなってしまう。包装に「白い綿状のものはキノコの菌糸で食べられます」といったことが書かれてあっても消費は減退するので、気中菌糸を出さないようにすることが必要である。気中菌糸は、生育期間中高湿度管理によりキノコの水分率が高い場合や、包装の密封状態が悪く酸素がはいった場合に多く発生するので、生育工程から注意した栽培管理が要求される。

（角田茂幸）

マッシュルーム（ツクリタケ）
（ハラタケ科）

名称		ツクリタケ（ハラタケ科）
別名		マッシュルーム（和）、Cultivated mushroom（英）、蘑菇（中）
機能性、薬効等		発ガン予防、体調調節、消臭効果
生態	自然分布	冷温帯～暖温帯
	自然発生時期	春～晩秋
生理	菌糸伸長温度	3～30℃（最適温度24.5℃）
	菌糸伸長湿度	65～70%（培地水分）、95%以上
	子実体発生温度	13～20℃（最適温度16～18℃）
	子実体発生湿度	80～85%
	CO_2濃度・光線	菌糸伸長期0.1%以上、子実体発生期0.08%以下 光線不要
栽培	栽培方法	菌床栽培（ベッド、箱、袋）
	適応植物	禾本科植物茎葉部を主体とするコンポスト
	培地材料	穀類ワラ、厩舎敷きワラ、硫安、尿素、鶏糞、マッシュゲン、石膏、炭カル
	品種と種菌形状	ホワイト、オフホワイト、ブラウン、ハイブリッド 種菌は穀粒培養菌
	栽培所要期間	12週間～
	年間発生回数	発生期間中は1週間～10日ごとに6回以上
	収穫物の規格	膜切れ前で肉質が充実し変色のない　S、M、L

1 マッシュルームの特徴

(1) キノコとしての特徴

①野生での分布、形態の特徴

マッシュルームは、本来「キノコ」を意味する言葉であるが、欧米から外来種として導入された経緯もあって、英名の栽培キノコ（The Cultivated Mushroom）を和名に翻訳してツクリタケと命名された。分類学上はツクリタケと呼んだほうが正しいが、名称がよくないのかあまり普及していない。本書でも慣習によりマッシュルームを使うことにする。

マッシュルームの本格的な栽培は、フランスで一六五〇年ごろに偶然発生したのに着目して生産が始まった。現在、二〇〇種近くの系統種が認められている。傘の色の違いによってホワイト種、ブラウン種、オフホワイト種などに区別されるが、近年はハイブリッド種が導入されている。

図1　栽培工程

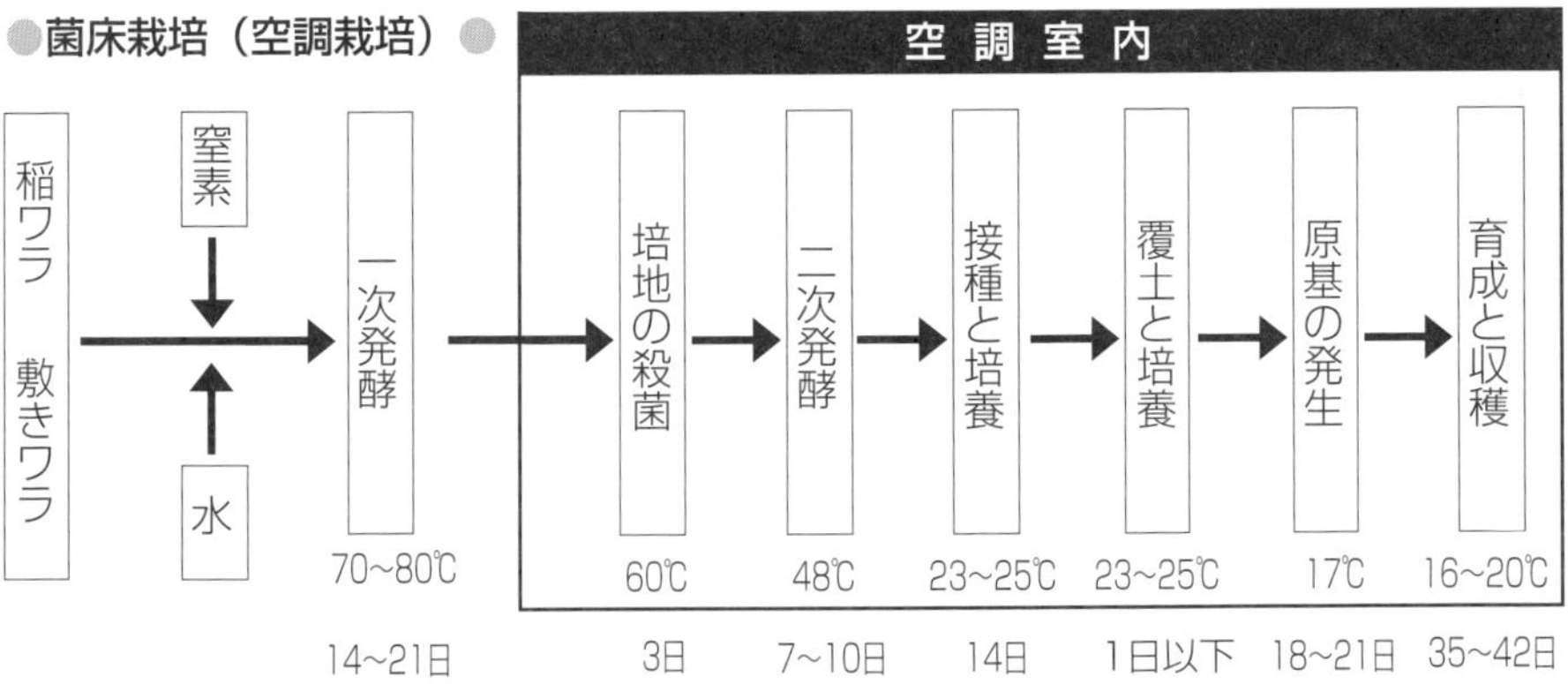

図2　ホワイト種の発生状況

さらに、野生種のビトルキスも加わった。高温を好むキノコで、ウイルス病に対する抵抗性があるため、一部のヨーロッパの栽培者によって栽培されている。

マッシュルームは、最初は球形から半球形となり、厚い肉質で表面は帯灰褐色または白色、平滑、多少鱗片を生ずることもある。傷が付き空気に触れると淡紅色に変色し、赤褐色の染みができる。成熟すると傘は開いて平らとなり、傘の直径は六〜一二センチになる。ひだは離生し、幼茸時は薄膜で堅く覆われているが、成熟すると膜が破れ淡紅色から紫褐色となる。柄は硬く密な肉質で、始め基部は膨らむが生長につれて上下同径となり、高さは八〜一〇センチに伸びる。収穫適期は、肉質が堅固で、傘裏の膜がち密に密着し、柄が太く短く重量感のある適熟のものに商品価値がある。成熟すると膜は破れ、ひだには無数の胞子を着生する。胞子の形態は褐色で広楕円形（七〜八×五〜六ミクロン）である。一時間当たり約四〇〇万個の割合で胞子を放出するから二日間で一・八×一〇の一〇乗個の散布量となる。

②利用と成分、機能性

マッシュルームは味も香りも淡白であるが、まろやかな特有の舌触りが魅力的なキノコである。フランス料理のベースとしてスープ系の料理に賞揚される。日常の主菜とはならないが脇役として、サラダ、シチュー、スパゲッティやピザなどには不可欠な食材である。和洋中各種の料理材料として利用範囲はきわめて広い。その優れた素材性と歯ざわりが好まれて市場に定着している。しかし、国民一人当たりの年間消費量は二〇〇グラム程度で、ドイツやフランスに比べて一〇分の一である。将来は食の洋風化、高級化、多様化のすすむ中で需要は年々高まると思われる。

栄養的には、他の野菜と同様に水分が九〇％以上あり、蛋白質を三・七％含むが、その量と質は肉類と野菜類の中間に相当する。ビタミンはB_1、B_2、C、Kなどを含んでおり、ミネラルはK、P、Cu、Feに富み、カロリーが低く美容食や補助食品として優れるとされる。最近は機能性に関心が向けられ、β-グルカンを含み抗腫瘍活性が期待されている。チロシナーゼによる血圧降下、活性酸素の消去作用、脱臭作用、エリタデニンによる血清コレステロール低下の効果、糖尿病の予防効果、アガリチンの抗菌性などが注目されている。また無機質の中のNa、P、Feの含量から貧血症の予防にも有効であると考えられる。

(2) 生育に適した環境と栽培法

①生育環境と条件

マッシュルームの自然界での分布は北半球温帯の山岳牧草地から砂丘の草地にいたる広範囲であり、野生種は草地の腐植が主要な栄養源となっていると考えられる。夏の高温時期に菌糸は地中に埋まった腐植の中で繁殖する。秋になり温度が下がると、菌糸は生理的な刺激を受けてキノコの形成を開始し、雨が降った後などに一斉に発生する。

実際の栽培は、馬厩舎の敷きワラを肥料として栽培したメロン畑で偶然に発生したのに着目して始まった。その後、穀類の茎葉、稲ワラ、麦ワラ、トウモロコシ茎葉、サトウキビ搾り粕などを発酵させたコンポストが、栽培に適することがわかり改良がすすんだ。光合成を必要としないので、温度を一定に保つために室内での栽培が適しており、樹木上ではなく地上に発生する種類のため、覆土をしてやらないとキノコをつくらないことなどが知られた。

マッシュルーム菌糸育成の最適温度は二四℃であるが、キノコ発生の適温はやや低く一七℃である。CO_2は菌糸の生育を促進するが、キノコ発生や育成を阻害する。菌糸の育成には炭素源が重要であるが、キノコ発生には窒素の要求量が増大する。

②どんな栽培法があるか

季節栽培と周年栽培に分けられる。季節栽培は秋から翌年春にかけて、マッシュルーム生育の適温に合わせて栽培する方法で、比較的に少ない投資と電力や燃料費で賄えるのが有利であって、小規模の栽培者に適している。欠点は、収穫期が限定され商品として販売先が限られ、生鮮食品として保存性を欠くため、季節栽培は缶詰工場などの契約栽培者に多い。

周年栽培を行なうには、資本と空調施設や大型機器による工場的な専業経営が必要であり、コンポストの原料や覆土用資材が得やすい地方が有利である。

室内における栽培管理は、コンポストの殺菌、菌糸の育成、キノコの形成と続くが、それぞれに適した環境条件が異なるので、各過程に応じた気象条件の栽培室に順次コンポストを移動する多室方式での栽培もある。しかし、わが国では、多室方式は設備費を要するためあまり普及していない。三工程を同じ室内で行なう単室方式が普通である。

栽培容器は、深さ二〇センチ程度の箱またはベッドが用いられるが、最近では、ビニール袋を用いた栽培も行なわれている。

(3) 経営のねらいと栽培法の選び方

①専業経営

専業経営では、周年栽培による年間供給体制の確立と、生産性の向上が目標になる。

マッシュルーム経営を成功させる第一の条件は、安価で大量に入手が可能な原料を確保することである。この意味で農業や畜産の廃棄物が最も適している。

たとえば、畜産農家と米作農家の結合にマッシュルームを組み入れ、厩舎の敷きワラ→マッシュルーム栽培→米作という循環ができ上がる。マッシュルームの廃堆肥はよく腐熟しており、肥効はもちろん、清潔さ、使いやすさに優れている。

また、地の利を生かして競走馬の厩肥と敷きワラを利用している栽培者が多く、おおむね安く原料を得られる有利さから成功している。

さらに経営に影響を与える大切な条件には、労働力、資本力、立地条件があるが、マッシュルーム栽培は自然気象の与える影響が非常に大きい。とくに気温は最も重要である。技術の進歩はマッシュルームの生産を気象条件の制約から自由にする方向にすすめられてきた。温湿度のコントロールは技術的にかなりすすんだが、技術面での経済性を考えると、まだ真夏の栽培には厳しい制約がある。

②複合経営で地場消費

小規模の栽培は季節栽培が適している。稲作農家が米を収穫後に稲ワラを原料としてコンポストを調製し、室内で殺菌、菌糸の育成、覆土と一連の作業をこなし、十二月から五月ごろまで収穫する。こうしてみると、農閑期の仕事としては都合がよい。ただし、コンポスト調製や菌舎への充てんには労働力が必要なので、数人のグループで行なうのがよい。収穫期はキノコ発生時期が偏るので、生鮮市場への出荷は制約される。そのため、地元商店また

図3　栽培の手順

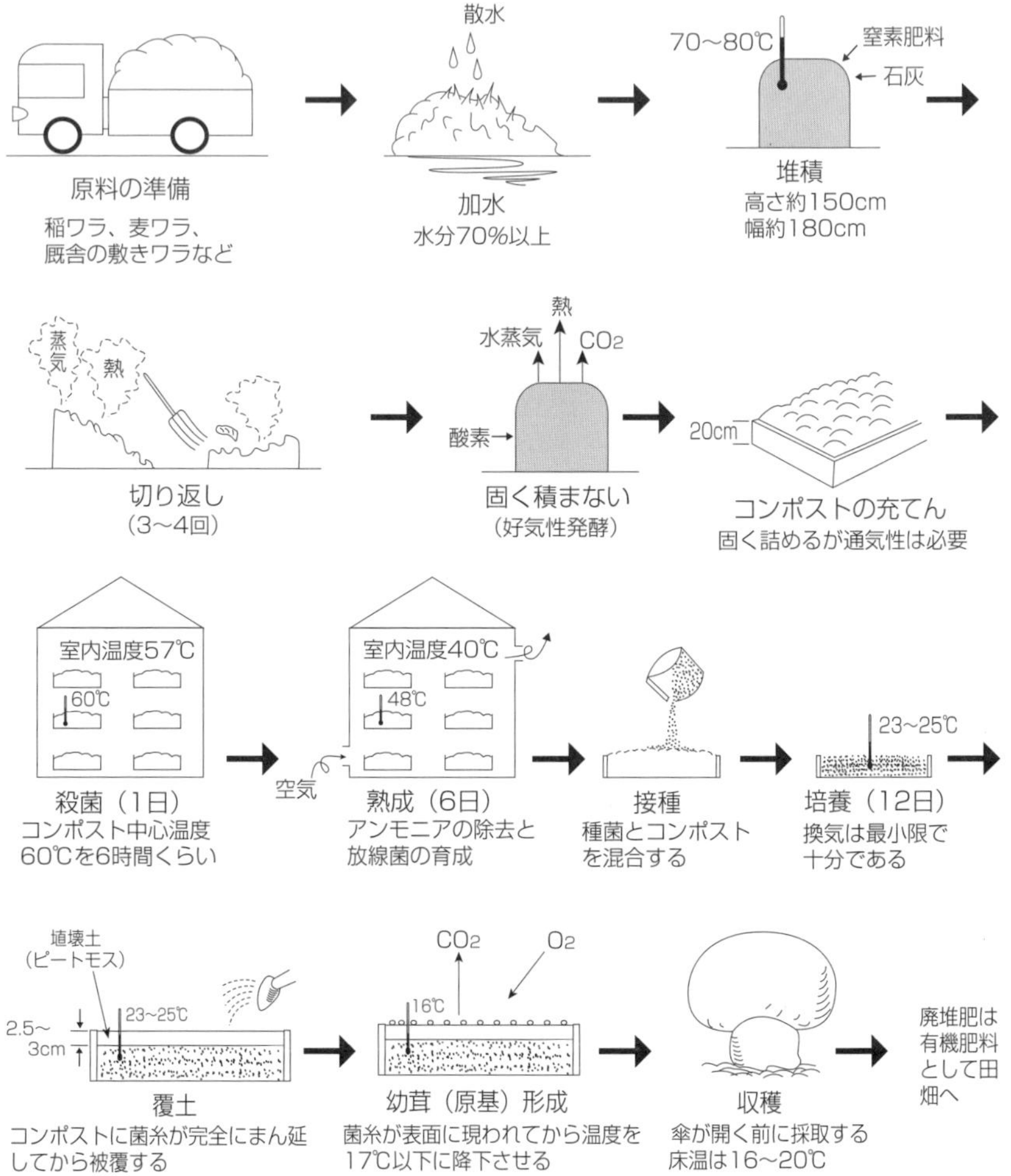

はレストランへ直接販売するのが中心となる。

比較的大量に生産する場合には、缶詰工場と契約して水煮缶詰などを製造するが、少ない場合は、地域特産品として佃煮、クリームスープ、ポタージュ、酢漬けなどに調理し、加工したい。

③趣味または子供の教材としての販売

菌糸を育成したコンポスト約一キロを清潔な容器に入れて、覆土とともに販売する。購入者はコンポストを適当な容器(植木鉢など)に入れ、覆土を被せ、直射日光の当たらない涼しい部屋(一七〜二〇℃)でキノコを育て収穫する。散水など管理に失敗するとキノコが発生しなくなるので、覆土して芽を出してから販売するのも一方法である。収穫を楽しんだ後のコンポスト(廃堆肥)は、家庭菜園や花壇などの園芸用有機肥料として利用してもらう。

(4) 培地材料と種菌の準備

① 培地材料

マッシュルーム栽培は、厩舎の敷きワラを培地の原料として発展した。馬厩肥の敷きワラがコンポストの材料として優れているのは、家畜の尿がワラを加湿し、窒素量が豊富で、食べ残した飼料が糖質など炭素源の強化になり、含まれる微生物群が発酵を促進するからである。また、敷きワラは一度利用した廃棄物で比較的安価である。放置すれば環境汚染の原因となるから、その有効利用は合理的でもある。しかし、戦後は馬厩肥が欠乏し、わが国では、代替えに入手の容易な稲ワラそのものが用いられている。表1に原料と配合例を示した。

表1　コンポスト原料の成分と配合例

①コンポスト原料の成分

原料	水分	成分（kg/100kg乾物）						
	%	炭素	灰分	窒素	P_2O_5	K_2O	CaO	MgO
馬厩肥（敷きワラ）	63	47.6	20.8	1.1	3.15	1.36	0.72	0.2
稲ワラ	12	42.3	14.2	0.63	0.18	2.25	0.35	0.16
鶏　糞	30	19.0	4.5	4.1	3.7	3.5	1.0	
石こう	10		100	−	−		32.5	−

②原料配合例と窒素比率

原料	混物量kg	乾物量kg	窒素量%	全窒素kg	窒素%
馬厩肥（敷きワラ）	1000	600	1.30	7.80	
鶏　糞	100	63	4.00	2.52	
石こう	25	25	−	−	
		688		10.32	1.50
稲ワラ	100	85	0.62	0.53	
硫安	2	2	21.00	0.42	
尿素	1	1	46.00	0.46	
過燐酸石灰	2	2	−	−	
炭酸石灰	3	3	−	−	
		93		1.41	1.51

主原料に馬厩肥（敷きワラ）または稲ワラを用いた配合例を示した。
原料の乾物窒素%は1.5とする。

② 種　菌

普通は、小麦、ライ麦、アワなどの穀粒の表面、または堆肥にマッシュルーム菌糸を培養し、ガラス容器やビニール袋などに入れて販売されている。穀粒種菌は、粒子が細かいほど菌糸の発芽点が多くコンポストへの活着が速いが保存期間は短い。堆肥種菌は、コンポスト中のアンモニア耐性が強く、品質の悪い培地にも生育する可能性が高い。種菌の選択は、多収性、長期収穫性、生育速度、キノコの形態などを判断して選ぶとよい。

植物の種子と異なり、常に呼吸し生長しているので、購入後は使用するまで四℃の冷蔵庫に保存する。種菌の劣化の主な原因は、雑菌による汚染と遺伝的変異である。雑菌による汚染は、種菌の色、形状などの外見や異臭で判断できるが、遺伝的な変異は、収穫するまでわかりにくい。綿状の塊は、遺伝的な異変劣化が起きている危険性を示しているので、種菌に綿状の塊がないものを選ぶのがよい。

(5) 栽培の実際

マッシュルーム栽培の順序は、一次発酵、二次発酵、接種と培養、覆土、原基の誘導、育成と収穫管理の六段階に分けて考えるとよい。

①堆積・一次発酵

コンポストは、マッシュルームにとって唯一の栄養源である。原料に敷きワラと稲ワラのどちらを用いても窒素と無機物の添加が必要である。原料の成分配合は、乾物当たり窒素水準を一・四〜一・六%に調整する。無機成分は、K、P、Ca、S、Fe、Cu、Zn、Mn、Mgなどが重要である。

発酵は、戸外の屋根付きコンクリート床で行なう。原料組成、堆積密度、気象条件などに影響するが、発酵期間は二〜三週間である。敷きワラはすでに切断され吸水しているが、稲ワラは二五センチくらいに切断して、あらかじめ十分加湿しておく。加湿した原料を、高さ一・八メートル、幅一・八メートルの大きさに堆積する。堆積物の中心温度が七〇〜八〇℃に上昇したら、全体を均質化するために一回目の切り返しを行なう。また、堆積物の底部から多少水分がにじみ出す程度の散水が必要である。なお、新しい稲ワラは、吸水性が悪いので一回目の切り返し時にも散水しながら堆積する。二度目の切り返しまでは、堆積物の底部から着色した水分が流れ出さない限りは十分に散水が必要である。三回目の切り返しからは、放線菌が繁殖して白化現象が見られる乾燥部分のみに散水し、過湿による嫌気性発酵を防ぎ継続する。切り返しは、コンポスト中心温度が、七五℃になったときが目安。

一次発酵を終了し、発生用のベッドやトレイに充てんするときのコンポスト組成は、水分七〇〜七五%、全窒素一・六〜一・八%、アンモニア〇・一五〜〇・四%になるよう調整する。

②殺菌と二次発酵

二次発酵には二つの目的がある。コンポストに生存する病原菌や害虫を殺滅するためと、一次発酵中に生成した遊離アンモニアの除去である。アンモニア濃度が〇・〇七%以上ではマッシュルーム菌糸は死滅し生育できない。ちなみに普通の人間の臭覚は〇・一%以下のアンモニア濃度を感知できない。

一次発酵したコンポストをベッドやトレイに約二五センチの厚さで均等に充てんする。これは二次発酵中の温度分布を均等に維持するための必要条件である。充てんしたら発生室内の棚に並べ、まず六〇℃で殺菌する。夏季には自然に温度が上がるが、冬季には空気とコンポスト温度を、ボイラーからの生蒸気などの補助熱源を用いて六〇℃まで昇温させ六時間殺菌する。このとき大切なのは、コンポスト全体が六〇℃になっていることである。殺菌したらコンポストの温度を四八℃まで下げ、好熱菌、主として放線菌の増殖を促進する二次発酵にはいる。二次発酵は七～一〇日間で終了し、コンポストは灰褐色となる。これに種菌を接種するが、このときコンポストは、水分六三～六八％、全窒素二～二・五％、アンモニア〇・〇六％以下、pH七・〇～七・四である。

図4　マッシュルームの菌糸の培養室

③接種と培養

コンポストに〇・四～〇・六％の種菌を均等に混合する。

菌糸培養の最適温度は二三～二五℃で、二八℃以上に上がると菌糸にとっては致命的になる。菌糸の増殖によって、コンポストは活性化され菌床温度は上昇するので、室内温度は菌糸の最適温度よりも二～三℃低温に維持するのが安全である。室内は密閉してCO_2の濃度を六〇〇〇～一万五〇〇〇ppmに保てば、炭素固定反応が助長され、菌糸の増殖が促進されるだけでなく病害虫発生の予防にもなる。

菌糸の培養期間は、収量と発生パターンに影響する。菌糸の増殖量が少ないとキノコは大形になるが、初期の発生量は少なく総収量も減少する。一方培養期間が適正で菌糸の増殖が活発だと、同じ大きさのキノコが一斉に発生し、品質も発生周期も均等となり総収量も多くなる。培養期間が長すぎ菌糸が増殖しすぎると、小形のキノコが多量に発生し、品質は低下し総収量も減少する。したがって、好ましい収量と品質を確保するためには、適正な接種量と培養条件が重要である。

接種後六～一〇日目に菌糸の生育が活発となり発熱が激しくなるため、この時期の温度管理がとくに大切である。通常二週間で菌糸はコンポスト全体にまん延する。

④覆　土

菌糸がまん延しても、そのままではキノコはできない。コンポストの表面に埴壌土やピートモスを被覆すると、物理的刺激を受けて、マッシュルーム菌糸はキノコを形成する。ただし、これらの被覆物はあらかじめ殺菌し、炭酸石灰でpH七・〇～七・四に中和し水分を十分含ませた状態で用いる。

被覆物の殺菌は、浅箱などに平らに入れて、密閉できる室内に十分な空間をあけて積み上げ、六〇℃で三時間行なう。六〇℃以上になると有用菌まで殺滅するので注意する。厚さはピートモスで四～五センチ、埴壌土なら二・

五～三センチが標準。覆土後八～一〇日目には、菌糸が被覆層の七〇%まで広がる。一部は覆土表面に現われ白色のコロニーをつくるので、覆土をかく拌し菌糸片の分布を均等にする。

⑤原基誘導

二日後、かく拌によって覆土内に分散した菌糸片は、全体的に強く連絡する。さらに換気によって室内に新鮮な空気を入れ、CO_2の濃度を六〇〇ｐｐｍまで下げ、室温を一七℃まで降下させると、覆土中に生存する土壌細菌との相乗効果によって、数日後には無数の微細な菌糸塊が覆土表面に形成される。これが原基で、生長してキノコになる。原基は外圧に弱いので、約一週間後に大豆大の幼茸に生長するまでは散水を中断する。しかし、キノコへの生長期には換気や散水が重要である。散水直後はCO_2の発生が助長されるので換気が重要である。また、表面がぬれたキノコは病気になりやすいので、換気による乾燥も必要である。散水は緩やかに行なう。強圧がキノコに当たると枯死する。

⑥収　穫

キノコの収穫は、覆土後一八～二一日目から始まり、三～四日の採取日が一週間～一〇日の周期で繰り返される。発生周期の初日は大きなキノコだけを採取し、翌日には大部分を収穫する。翌々日に残り全部を採取し、菌床上の残片除去や整理をし、散水によって次期周期の発生を準備する。

キノコの水分は九〇%以上であるから、損失した水分量は、収穫したキノコの量と菌床からの蒸散量に匹敵する。この量を補給するための散水の回数は、覆土の保水力とも関連するが、目的量まで少量の散水を繰り返す。

収穫期間は、周年栽培では三五～四二日間、季節栽培では一二〇日以上も採取を続ける場合がある。収穫中の室温は一五～一八℃、床温は一六～二〇℃、室内の湿度は八五～九五%、CO_2濃度は一〇〇〇ｐｐｍ以下に保つように管理する。

⑦袋栽培のポイント

二次発酵の終わった熟成コンポストに種菌を混合接種しながら、ポリ袋に充てんする。袋のサイズは栽培面積〇・一～〇・二平方メートル、充てん量二五キロが取り扱いがしやすい。菌糸が完全にまん延したら覆土する。発酵専用装置で発酵させたコンポストの場合は、すでに菌糸がまん延しているので、同様のポリ袋に充てんした後に直ちに覆土する。通常は床に一列に並べて栽培する。

新しい袋栽培では、菌糸培養済の培地を厚さ二〇センチの長方形に加圧整形し、ポリエチレンシートで包装したブロックを棚に並べて、表面のシートを取り除き覆土を施して栽培する方法も行なわれる。いずれにしても、袋栽培は二次発酵と菌糸の培養を、発酵専用装置を利用して大量に行なうのが有利である。

（橋本一哉）

キクラゲ
（キクラゲ科キクラゲ属）

名　称		キクラゲ、アラゲキクラゲ（キクラゲ科キクラゲ属）
別　名		中国名：木耳、黒木耳
機能性，薬効等		コレステロールの低下作用
生態	自然分布	汎世界的
	自然発生時期	春～秋
生理	菌糸伸長温度	10～35℃
	菌糸伸長湿度	80～90%
	子実体発生温度	15～30℃
	子実体発生湿度	80～90%
	CO_2濃度・光線	3,000ppm以下
栽培	栽培方法	原木栽培・菌床栽培
	適応植物	原木栽培：エノキ、エゴノキ、ハンノキ、コナラ
	培地材料	広葉樹オガコ、米ヌカ、フスマ
	品種と種菌形状	品種：とくになし　種菌形状：駒菌、オガコ菌
	栽培所要期間	春、種菌接種後3カ月でキノコ発生
	年間発生回数	6～10月に発生、ホダ木の寿命：3～4年
	収穫物の規格	傘の径3～4cmで収穫

1 キクラゲの特徴

(1) キノコとしての特徴

①野生での分布

キクラゲという名前を聞くと、すぐ思い出されるのは中華料理の中にはいっている花びらのようなキノコであろう。それほど中華料理には欠かすことができないキノコなのである。

このキノコは、わが国はもちろん世界中に分布しており、広葉樹の枯れ木や倒木上に生える木材腐朽菌と呼ばれる菌の仲間である。キクラゲの仲間は、二〇種類近くあるといわれているが、わが国に分布しているのは数種類である。人工栽培されているキクラゲの種類は、キクラゲ、アラゲキクラゲ、シロキクラゲの三種類であるが、わが国で栽培されている種類は、大部分がアラゲキクラゲである。

キクラゲの生える樹種は多く、生えない木のほうが少ないくらいである。

図1　栽培工程

菌床栽培

材料の準備	1日
培地の調製	1日（培地の調製～殺菌・冷却）
培地の袋への充てん	
殺菌・冷却	
種菌の接種	1日
培養	30日
キノコの発生（2回）	30～45日
収穫・選別	1日
乾燥・貯蔵	2日
出荷・販売	随時

キクラゲのよく生える木は、比較的材が軟らかいクワ、ハンノキ、エノキなどであるが、実際の栽培ではキクラゲ、シロキクラゲともにコナラ、クヌギなどの手にはいりやすい樹種が原木として用いられている。

表1　原木の大きさ別接種個所数

原木の直径（cm）	8	10	12	14	16
接種個所数（個）	24～32	30～40	36～48	42～56	48～64

②形態の特徴

キクラゲの仲間の特徴は、新鮮なときは肉質がゼリー状で、キノコの形もいわゆるキノコ形ではなく、不規則な花弁状を呈していて菌柄（茎）はほとんどない。傘の大きさは三～五センチくらいであるが、傘の表面に短い毛を有していることが多く、アラゲキクラゲは代表的な種類である。

③生理的特徴

キクラゲの適正な温度や湿度は137ページの表に示したとおりであり、高温・多湿の環境を好むキノコである。

また、キクラゲの菌糸が生長するためには、明るさ（光）は必要としないが、キノコを発生するときには、一〇〇～三〇〇ルクスの明るさが必要である。暗い環境でキノコが発生すると、キノコの色が薄くなったり、変形するばかりでなく、発生量も少なくなる。

(2) 栽培法と導入のねらい

①栽培法

キクラゲの栽培法には、原木を用いる栽培と菌床栽培の二種類がある。

原木栽培は、広葉樹林が多く原木が容易に安価で求められる地域で、かつ、高温・多湿の環境であれば理想的である。一般的には、関東地方以西の地域となる。わが国において、従来、栽培が行なわれてきた県は、沖縄、鹿児島、宮崎などの温暖地域である。

菌床栽培は、オガコなどの培地を袋などの容器に詰めて、菌を培養しキノコを発生させる栽培法で、空調施設を設置して行なう周年栽培型と自然の気象を生かして栽培を行なう季節型自然栽培の二つの栽培がある。

隣の中国で、棉実殻やとうもろこしの芯を培地にした菌床栽培によって盛んに生産されている。今後、わが国でも、菌床栽培が増えていくものと思われる。

②導入のねらい

現在、わが国における生産量はきわめて少なく、わが国で消費されているほとんどのキクラゲが、中国からの輸入品である。しかし、このキノコは、発生可能な樹種が多いので、あまり利用されていない広葉樹を活用できる利点があり、かつ、種菌を接種してから短期間でキノコが発生してくる特徴も持っているキノコであり、温暖多湿という環境を有する地域で導入を検討すべきであろう。

2 原木栽培

(1) 原木の準備

①樹種と大きさ

わが国に輸入されている中国のキクラゲは、コナラ、ミズナラを原木に使用しているが、沖縄、九州地方では、エノキ、アカメガシワ、エゴノキ、クワ、ポプラなどがよく用いられており、このほかの木でも利用できる木は多い。

栽培に用いる原木の規格はとくになく、入手できる径級の原木を使用すればよいが、一般的には、八〜一五センチのものが使われている。原木の長さは、九〇〜一〇〇センチが管理上適している。

②伐採と玉切り

樹木の生長休止期である秋から冬に伐採を行なう。樹種によって枯れやすいものと、枯れにくいものがあるので、その特性を把握して枯れにくい樹種は、早めに伐採して乾燥するように管理する。

伐採した原木は、栽培管理が容易な長さに玉切りする。

キクラゲは湿度の高い環境を好むため、原木の組織が枯れていないと、キクラゲ菌がホダ木の中に繁殖できないので、原木の伐採、玉切り作業およびその後の管理は菌の繁殖に大きく影響するので、原木の水分を少しずつ減少させて原木の組織を枯らすように管理しなければならない。

(2) 種菌の接種

キクラゲには、駒種菌と、オガコ種菌があり、作業の能率は駒種菌がよいが、菌の繁殖はオガコ種菌のほうがよい。

キクラゲ菌は、ホダ木の中に繁殖しながら、一方ではキノコを発生させるという特徴をもっているので、接種個所数は多めにする。つまり、キクラゲの発生は、まず菌の接種孔から発生し始めるので、ホダ木の直径の三〜四倍の個所数とするのが標準である。たとえば、直径一〇センチの原木には、三〇～四〇カ所種菌を接種するのが標準である。また、種菌を確実に活着させるため、駒種菌、オガコ種菌ともに封ろうを行なう。

種菌接種の適期は、二月中旬から四月上旬までの期間であり、遅くとも四月中旬までには接種作業を終わらせたい。

(3) 伏せ込みと発生

①伏せ込み方法と管理

菌の性質から、湿度の比較的高い場所がホダ木の伏せ込み地として適している。種菌の接種が終わったホダ木は、このような場所の地表に一列に並べて伏せ込む。やや乾き気味の場所にやむを得ず伏せ込む場合は、ホダ木の上に枝や落葉などを軽くのせて、湿度を保つようにする。

伏せ込み後のホダ木管理は、菌が順調に繁殖するように、一カ月に一度、できれば二カ月に三回ホダ木を回転させて管理する。

また、乾燥する気象が続いてホダ木が乾くときは、散水することも必要となるので、散水施設の設置できる場所がよい伏せ込み地である。

②発　生

種菌を接種してから、三～四カ月経過すると、まだ十分ホダ木の中に菌が繁殖していなくとも。接種個所からキノコの発生が始まる。

したがって、季節的には六～七月の梅雨時期になると、キノコの発生が始まることを予想してホダ木の観察を励行する。キノコの発生が始まると十月ごろまで発生が続くので、収量をできるだけ多くするためには、散水を行なって湿度を高くして管理する。

(4) キノコの収穫と乾燥

①収穫時期と方法

キノコのつぼみが発生してから、キノコを収穫するまでの日数は気温によっても異なるが、七～一〇日間である。

キクラゲは、湿度の多い環境で発生するため、キノコの水分も多くなるので、キノコの生長を観察して八分開きの適期に収穫する。

わが国で栽培している種類の多くは、アラゲキクラゲなので、傘の直径が五～六センチになったときに収穫する。

収穫は、ホダ木の表面に切れるナイフやカッターを密着させるようにして切り取る。ホダ木からむしり取るようにして収穫するとキノコを傷め品質を低くしてしまうので避ける。

②乾燥方法

キクラゲは水分の多いキノコであるため、収穫後腐敗しやすいので直ちに乾燥を行なう。

乾燥の方法は、天日乾燥と乾燥機を用いる人工乾燥の二つの方法があるが、人工乾燥のほうが良質の品物を生産できる。

乾燥の仕方は、まず大きなゴミなどを取り除いてスノコに並べる。土などで汚れていたり、細かなゴミがキノコについているときは、きれいな水で軽く洗い、水分を取ってからスノコに並べる。

乾燥は、初め風だけを送り、キノコの表面の水分を蒸発させてから温度を上げ、四五～五〇℃で乾燥する。こうすると、キノコの表面が短時間で硬化し、よい形の乾燥品をつくることができる。温度を急に高くしたり、送風量を多くするとキノコが変形して品質が低下する。乾燥に必要な時間は、おおむね一〇時間である。

乾燥終了間際に、五五～六〇℃の温度にして仕上げる．乾燥を終了したキノコは、湿気を吸わないようにビニール袋に入れて保管する。

乾燥の歩留まりは約一〇％である。

天日乾燥は、晴れた日にスノコに収穫したキノコを並べて行なう。気象情報を調べて晴れた日が続くときに乾燥するようにする。仕上がりは人工乾燥に比べると落ちる。

図2　菌床栽培で発生したキクラゲ

(5) 収穫後のホダ木管理

キノコの発生期は、一般的には六月から十月である。この発生期間を過ぎると、ホダ木の管理も忘れがちとなるが、ホダ木は少なくとも三～四年間キノコの発生を続けるので、キノコが発生しない時期の管理がホダ木の寿命を左右する。

とくに、ホダ木が乾燥すると、キクラゲ菌の活力が低下してしまうことになるので、乾燥しないようホダ木の上に落葉などをかけて乾燥を防ぐ。とくに、冬期間降水量の少ない地方では、ホダ木が乾燥しないよう、落葉などをかけて管理することが必要である。

3 菌床栽培

(1) 培地の材料

キクラゲの栽培は、ビン栽培よりも、キノコの発生する面積が多くなる袋栽培が適している。

培地の原料は、中国のように綿実殻などがないわが国では、広葉樹のオガコを主原料とし、これに米ヌカやフスマを養分として添加して培地とする。オオガコと米ヌカなどの混合比率は、オガコ八、米ヌカ二の割合が標準である。

培地を充てんする袋は、耐熱性のあ

るポリプロピレンやポリエチレン製の袋を使用する。一袋当たり培地の充てん量は、一～一・五キロが標準である。

(2) 栽培の方法

材料の準備から種菌の接種までは、ほかのキノコの菌床栽培と基本的には同じである。

培養温度は、菌の性質から二五℃前後で管理するが、これ以上に高い温度にすると、菌の呼吸作用による呼吸熱のため、さらに温度が高くなるので注意する。培養期間は、約四〇日間である。

菌が繁殖したら、いよいよキノコの発生となる。キクラゲは、湿度が高く、温度も二〇℃前後の環境のときよく発生するので、自然の環境でキノコを発生させる場合は、この環境を維持するように管理する。しかし、発生期間を長くして発生量を多くしたい場合は、栽培量にあった簡易なビニールハウスをつくって発生管理を行なうようにすると安定した生産量を得ることができる。

原木栽培同様、収穫したキノコはすぐ乾燥する。

（大森清寿）

クリタケ
（モエギタケ科クリタケ属）

名称		クリタケ（モエギタケ科クリタケ属）
別名		ヤマドリモタシ、アカモタシ、アズキモタシ等多数
機能性，薬効等		免疫活性化の強いキシロビオース・キシリトリオース、ビタミンDの前駆体であるエルゴステロールを多く含む
生態	自然分布	暖温帯～冷温帯
	自然発生時期	秋9月下旬～11月下旬
生理	菌糸伸長温度	伸長範囲3～30℃、最適温度25～26℃
	菌糸伸長湿度	―
	子実体発生温度	8～18℃
	子実体発生湿度	―
	CO_2濃度・光線	―
栽培	栽培方法	原木栽培（普通栽培、短木断面栽培、長木栽培、伏根栽培）、菌床栽培（林内栽培、簡易施設栽培、空調栽培）
	適応樹種	原木栽培：広葉樹、直径10～15cm、長さ1m
	培地材料	菌床栽培：広葉樹オガコ、フスマ、トウモロコシヌカ、大豆種皮など
	品種と種菌形状	早生、中生、晩生　駒菌、オガコ菌
	栽培所要期間	原木栽培：3～5年程度、菌床栽培：6カ月～1年程度
	年間発生回数	原木栽培：1回、菌床栽培：1～3回
	収穫物の規格	株取り収穫、足切り収穫

1 クリタケの特徴

(1) キノコとしての特徴

クリタケは、全国的に自生しており、古くから大衆に親しまれている。

野生のクリタケは、コナラなどの広葉樹の根株に菌糸が侵入し、土中の根や材に繁殖してキノコを発生させている。発生時期は秋の比較的遅い時期だが、味、形とも野性味があり、キノコ狩りを楽しむ人々に人気がある。

クリタケが栽培されるようになったのは昭和五十年代にはいってからである。本格的に生産が始まったのは昭和五十七年ごろで、原木栽培により生産量は増加した。背景には消費者ニーズの多様化、本物指向などが考えられるが、種菌メーカーによる栽培品種の開発が大きな要因であった。また、利用できる原木の樹種の範囲が広く、他の原木キノコに比べて粗放的な栽培方法でよいこともあって期待が広がった。

図1　栽培工程

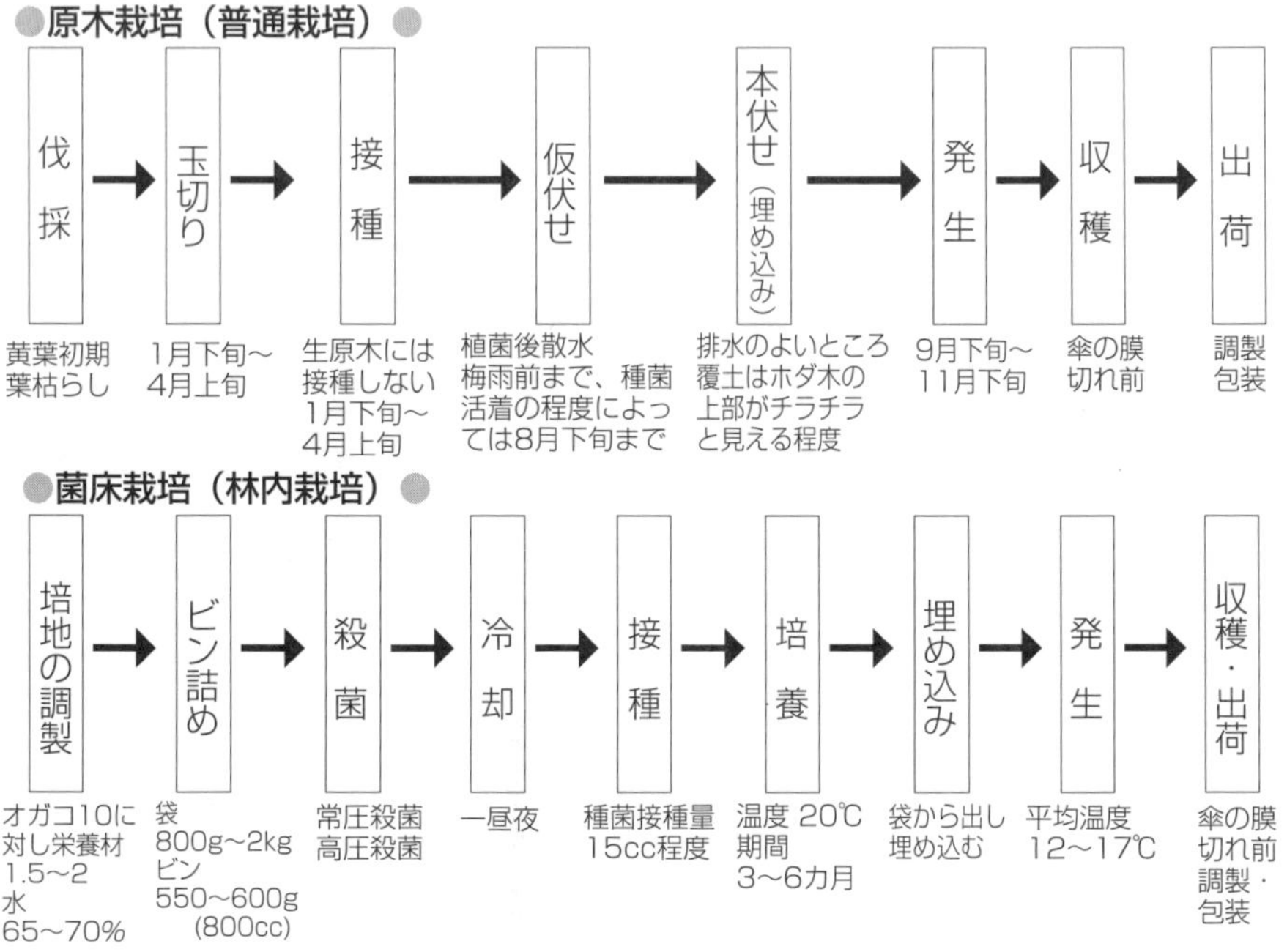

しかし、当初増加していた生産量も昭和六十二年ころをピークに減少傾向を示している。

減少の原因としては、キノコの発生は年一回で、しかもその期間は二週間くらいに集中するため、市場価格が最盛期に暴落すること、また、収穫に必要な手間が追い付かないこと、などがあげられる。

しかし、クリタケ栽培は市場出荷用のみでなく、野性味を生かして、観光クリタケ園やオーナー制によるクリタケ園も一部でみられるほか、スキー場、別荘地での特産品として地域的に取り組む例もある。菌床栽培の盛んな地域からは、ビンや袋を用いたクリタケの栽培技術開発への要望が出されている。

(2) 菌の性質と栽培方式

①クリタケ菌の性質

菌糸の生育温度範囲は、三～三〇℃程度であり、最適伸長温度は二五℃前後である。

菌糸は土中の有機物を伝わって繁殖し、切り株などの地上に立ち上がっているものにぶつかると、その地際にキノコを発生させる性質がある。

②栽培方式

原木栽培法としては、主に長さ約一メートル、直径一〇～一五センチ程度の広葉樹の原木に冬から春に種菌を接種して、仮伏せ後、六月ころ林内に埋め込み、二～三年後のキノコの発生を待つ粗放的な方法が一般的である。収穫は、傘の膜が七～八分開いたころが適期で、長野県の例では株ごと採取してー五〇～二〇〇グラム程度をイチゴパックに詰めて出荷している。同様に長野県での試験例では、発生期間三年で、ホダ木一本当たり四〇〇～五〇〇グラム程度の収量である。

平成十一年版『きのこ種菌一覧』（全国食用きのこ種菌協会）によると、種菌メーカーからは原木栽培用として一五品種が発売されている。発生時期により早生、中生、晩生の三つに区分されている。各品種とも発生期が一週間程度に集中することが欠点とされており、これらの解消のためには、さらに多様な品種開発が必要である。

図2　原木栽培

実用化されている栽培方式としては、原木栽培がほとんどである。菌床栽培用品種や技術の開発もはかられているが、栽培期間が長いことなどから、空調施設栽培では、現在のところ採算性に問題がある。しかし、菌床栽培特性のある系統であれば、ある程度の収量は期待できる。培養後、培地を林内の土壌中や箱を使って鹿沼土などに埋め込む方法、パイプハウスなどの簡易施設内で長期間発生させる粗放的な方法が、菌床栽培としては実用化により近い。

2　栽培の実際

(1)　原木栽培

原木の樹種はコナラ、ブナなどがよい。他の樹種でもほとんどの広葉樹が使用できる。カラマツ材でも発生は可能であるが、現在ある品種では収量性は広葉樹より劣る。普通栽培、短木断面栽培、長木栽培、伐根栽培が可能である。

一般的な長さ一メートル前後、太さ一〇～一五センチくらいの原木を利用し、最も一般的に行なわれている普通栽培について以下に説明する。

①原木の伐採

クリタケ菌もシイタケ、ナメコなどと同様に木材腐朽菌のため、材組織の生きている生木状態の原木では、伸長できない。

このため、黄葉の初期（十月中ごろ）に伐採し、葉枯らしをする。

②種菌・植菌

種菌は駒種菌とオガコ種菌があり、自然発生の時期で九~十月上旬を早生、十月下旬~十一月を晩生、中間を中生としている。発生温度範囲は八~一八℃である。

原木の枯れ具合を見て、三~四月に植菌するが、生原木には植菌しない。

図3　伏せ込みの方法

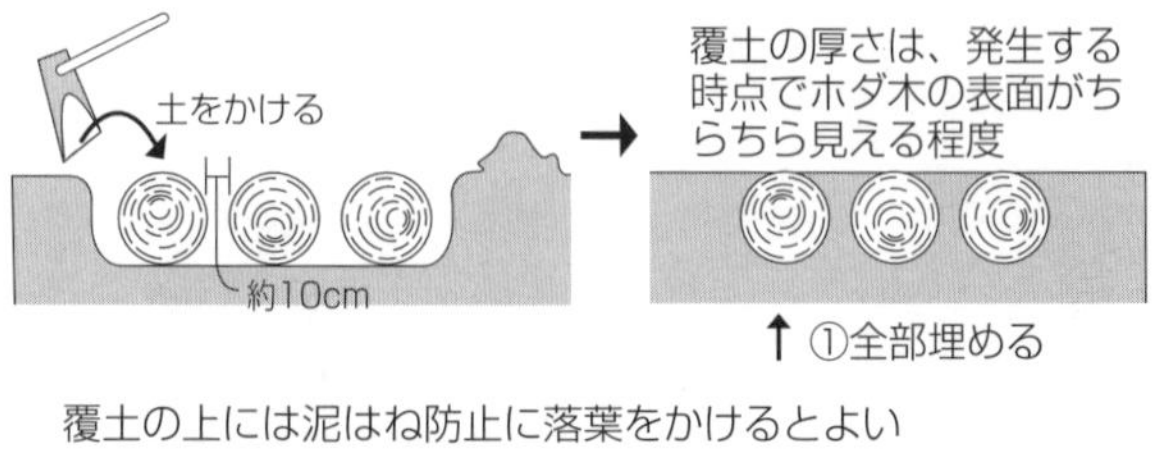

覆土の上には泥はね防止に落葉をかけるとよい

③仮伏せ

植菌後は種菌の活着を促すために仮伏せを行なう。仮伏せは、低い横積みにして周囲をムシロなどで覆い、一五日くらい毎日たっぷり散水を行なう。接種の直後に種菌を乾燥させて活力を失わせないことが最も大切である。

④本伏せ

土中で管理する栽培方法であるから、一度伏せ込むとホダ木の移動は不可能である。このため、ホダ場は保湿性、覆土の作業性など十分に吟味して選定する。

ホダ木の間隔を一〇センチ程度あけて伏せ込み、覆土はホダ木の上部がチラチラ見える程度に行なうのがよい。

直射日光の当たる林縁のホダ場や裸地ではネットで日覆いをする。

⑤発　生

キノコの発生は通常二夏経過した秋から始まる。ホダ木の寿命は三~五年間であり、年一回の発生である。おおむね外気温が一〇~一五℃、土の中の温度が一〇~一四℃になると早生品種から始まり、九月下旬から十一月下旬にかけて発生する。発生期の少し前には、草刈りをして採取しやすくしておくとよい。

⑥収穫・出荷

キノコの発生は短期間に集中するので、適期をのがさないで採取する。傘は開きすぎるともろくなるので、傘の膜が切れる前に株ごと採取する。包装・出荷は、野性味を生かしてできるだけ株ごとイチゴパックやトレイなどで行なう方法が多い。二センチ程度に足を切りそろえて出荷する方法もある。

(2)　菌床栽培

①菌床栽培の可能性

菌床栽培の多くのキノコは、冷暖房の整った空調施設が用いられている。そのため、一般に菌床栽培キノコは、「山」や「土」といったイメージから遠い存在になっている。しかし、元来キノコは森林内に存在しており、土との相性は必ずしも悪いものではない。クリタケは、培養した菌床も林内の土壌中で十分に生息できる。キノコを発生するきっかけとして土が重要な役割を果たしている。

クリタケの菌床栽培法のうち、林内栽培、簡易施設栽培、空調栽培について、筆者はこれらの特性もふまえて栽培試験を行なった。その結果を中心に菌床栽培法について以下に紹介する。

図4　菌床栽培（林内埋設）

図5　菌床栽培（鹿沼土埋設）

②培地の調製

広葉樹のチップおよびブナオガコにトウモロコシヌカ系（スーパーブラン、コーンブラン）を容積比で一〇対一～二程度に混合し、ポリプロピレン製の袋およびビンに詰める。水分率は六五～七〇パーセント程度がよい。

試験結果では、ブナオガコにスーパーブランを容積比で一〇対一・五～二程度の培地組成が最も収量性がよい。ビンとしては、八〇〇ccの広口ビンでよく、一ビン当たり五五〇～六〇〇グラム程度が標準で、口一杯まで詰める。中央には、一・五～二センチ程度の接種孔をあけておく。

袋培地では、六〇〇グラム～二キロ程度がよく、基本的には長い培養には大きめの培地、短い培養には小さめの培地を用いる。接種孔は表面積の大きさに応じて一～二カ所あける。

③殺菌・冷却・接種

ナメコ栽培などで通常に行なわれている菌床栽培の方法でよい。

④培　養

培養温度は、空調施設で人工調節する場合、二〇℃である。培養期間は三～五カ月程度で十分であるが、六カ月以上に延ばすと収量性は少しずつよくなる。

⑤林内栽培

八～九月に、クリタケの ホダ場として適当な林内の土中に、袋から取り出した培地を置き、覆土して埋め込む。培地はおのおの離すよりも、数個ずつまとめてくっつけて置くほうが、土壌中で菌糸の活力が維持できる。埋め込みの深さは培地が土壌中に隠れる程度が妥当である。埋め込み当年の十月中旬ごろに気象条件によってキノコの発生があるが、本格的な発生は翌年の秋からである。キノコの発生は、少なくとも二年間にわたり、埋め込んだ菌床面からだけでなく、二〇センチ以上離れた土壌中からも見られる。粒径の細かい粘土質の土壌は、菌糸が生育しにくく、収量が悪くなるので、ホダ場としては好ましくない。

⑥簡易施設栽培

培地を林内に埋め込むよりも短期間に収穫でき、空調施設を使うよりコストがかからない方法として、パイプハウスなどの簡易な施設内の利用も可能である。三～五カ月間の培養後に、秋の初めごろから外側にビニール、内側にタイベストなどを張って保温と日陰対策を実施したパイプハウス内（平均温度一二～一七℃程度）に移して発生させる。培地を袋から取り出した後、コンテナおよびプランターに入れて鹿沼土に埋め込んで散水し、有孔ポリで覆って保湿をはかる。その際、鹿沼土へ埋め込む深さは表面がやや出る程度でよく、完全に埋設してしまうと収量が落ちる。収量は、平均して培地重量の二五％以上得られた。

⑦空調栽培

ナメコ、エノキタケなどの冷暖房設備の整った空調施設を用いたビンまたは袋による栽培である。培養後発生室に移し、発生温度は一二～一七℃程度の通常の温度範囲で十分である。収量は、発生期間六〇日で培地重量の一五％程度であった。

⑧収穫・出荷

キノコの発生は原木栽培より時期がばらつくが、適期をのがさないで採取する。採取および出荷方法は原木栽培とほぼ同様でよいが、施設内で発生させた場合は、土などの汚れはほとんどなくなる。

⑨キノコの形状の比較（菌床栽培と原木栽培）

キノコの「傘の直径」、「傘の厚さ」、「柄の長さ」、「柄の直径」の四項目について、菌床栽培と原木栽培による形状を比較した。結果は、菌床栽培によるキノコが、原木栽培より傘の直径が大きくなる傾向にあった。その他は、原木栽培の柄が多少長めなだけで、差は見られなかった。

（増野和彦）

ムキタケ

（キシメジ科ワサビタケ属）

名　称		ムキタケ（キシメジ科ワサビタケ属）
別　名		方言：ノドヤケ、カワムキなど
機能性、薬効等		－
生態	自然分布	北半球温帯以北（ブナ、ミズナラなどの枯れ木の幹）
	自然発生時期	10月中旬から11月上旬
生理	菌糸伸長温度	最適温度20～23℃
	菌糸伸長湿度	－
	子実体発生温度	最適温度10～15℃
	子実体発生湿度	80％以上
	CO_2濃度・光線	－
栽培	栽培方法	原木栽培、（菌床栽培）
	適応植物	ブナ、サクラ、ミズナラ、コナラなど 径級：8～20cm　長さ：1m
	培地材料	広葉樹オガコ10：米ヌカ1～2
	品種と種菌形状	色調、発生時期別など　　駒菌、オガコ菌
	栽培所要期間	原木　初回発生まで2年、一代5～6年（シーズン）
	年間発生回数	原木　秋1回
	収穫物の規格	－

1　ムキタケの特徴

(1) キノコとしての特徴

野生のムキタケは、北半球温帯以北のほぼ世界中の地域に分布しており、国内では沖縄を除き全国的に分布している。ブナ、ミズナラなどの広葉樹の枯れ幹、倒木に十月中旬～十一月上旬にかけて、どちらかといえば晩秋に発生するキノコである。広葉樹の白色腐朽菌で、菌糸は白色からややクリーム色をおびることがある。傘はヒラタケ型で半円形から腎臓形、柄は傘の横に付く。傘の表面は汚黄色から汚黄褐色で、ときに黄緑色や紫色をおびることもあって変化に富み、ビロード状の細毛に覆われている。肉は厚く白色で表皮がむけやすいため、この名がある。ひだは白色からややクリーム色で密であり、太く短い柄のところで止まる。

味、香りとも穏和で、東北地方では煮物、汁物などに広く利用されている。

図1　栽培工程

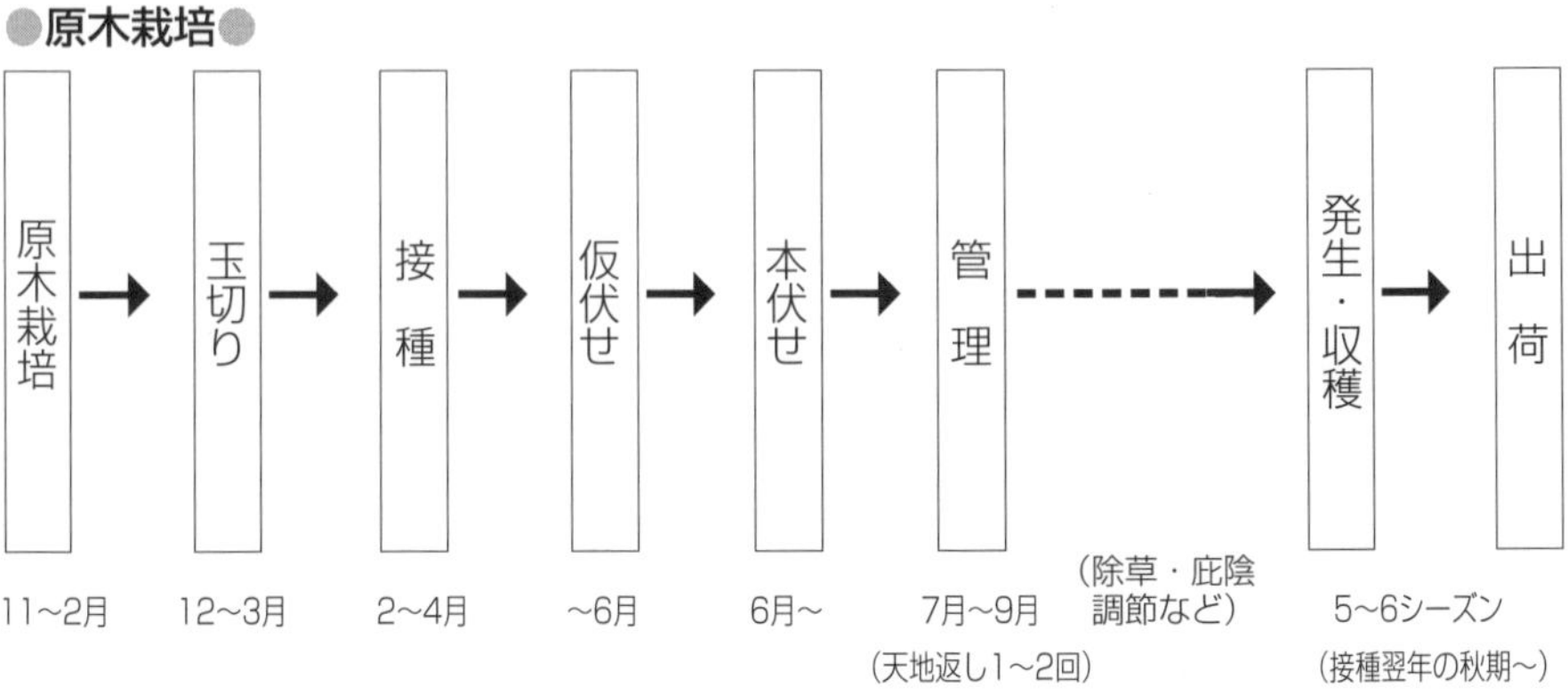

図2　ムキタケの発生状況

この年は10月下旬に発生ピークを迎えた

つるりとした食感からノドヤケなどの異名を持つ。ただし、系統によっては苦味を持つものもある。

野生では同じブナの倒木に毒キノコのツキヨタケと混生して発生していることもあり、採取するときには注意が必要である。確認のために、柄の部分を縦に割いてみると、ムキタケでは一様に白色であるのに対し、ツキヨタケでは黒褐色のシミが現われるので識別できる。

(2) 生育に適した環境と栽培法

野生では沢沿いのブナなどの倒木に発生していることが多く、比較的湿潤な環境を好む。しかし、ナメコやブナハリタケよりは適応範囲が広いように思われる。栽培方法としては、ナメコに準じた原木栽培で比較的安定した収穫が得られ、まだ技術的には確立していないが菌床栽培も可能である。

(3) 経営のねらいと栽培法の選び方

東北ではかなり利用されているが、一般にはまだ認知されているとはいい難いキノコである。まずは複合経営の一環として地場消費あるいは観光用消費を目的に、技術的に間違いのない原木栽培で季節出荷するのが無難と思われる。

2 栽培の実際

(1) 原木栽培

①原木の条件と準備

広葉樹の白色腐朽菌であり、樹種としてはブナが最も適しているが、適用樹種は多く、サクラでも同等の発生が期待でき、コナラ、ミズナラなども使用可能である。ただし、コナラは状態により収量が不安定となりやすい。また、シデ、クヌギでは発生量が少なく、クリではホダ木としての寿命が短くなる。原木は十一～三月の生長停止期に伐採したものを使用するが、木口にひび割れができ始めるころまでのものを使い、あまり枯れ込ませて乾燥したものでは活着率が低下するため、注意を要する。

図3　原木栽培における発生状況（ブナ原木使用）

②種　菌

オガコ菌と駒菌があるが、活着率はオガコ菌のほうが高く、初期の発生量も多い。ムキタケは品種系統により発生量のほか色調、肉質などの形質にも差が大きいため、品種の選択には注意が必要である。とくに苦味を持つものは避けたほうがよい。

③栽培方法と発生・収穫

基本的にはナメコの原木栽培に準じて行なうことができる。

通常は接地伏せとし、平場では湿度のとれるスギ林内を伏せ込み場とすると安定した発生が期待できる。発生は一般的には接種の翌年から始まり、五～六シーズン、原木一代で材積立方メートル当たり六〇～一〇〇キロの収穫が見込める。発生の時期は種菌の系統、その年の気候によっても異なるが、ほぼナメコと同時期の十月上旬から十一月上旬で、一度芽を切り出すと順次生長してくるので、収穫は一〇日から二週間程度におよぶ。

収穫適期の目安は、傘の径が一〇センチ前後となり、傘の縁がまだ内側に丸みを保った七～八分開きのころである。

(2) 菌床栽培

①培地材料・種菌

培地材料は、ナメコの菌床栽培に準ずる。

種菌は通常のオガコ培養種菌を用い、品種の選択については原木栽培に準ずる。

②栽培方法と発生

ナメコに準じた自然環境下での菌床栽培で試験栽培を行なった範囲では、容器（箱）を用いた六キロ培地の場合、ナメコに比較すると約三分の一の発生重量となり、一キロ培地での袋栽培では約半分の収量で、キノコのボリューム感も原木栽培のものよりは乏しいものとなった。また、ヒラタケのように菌床栽培により株状発生しやすくなるというようなことはなかった。ムキタケの菌床栽培については一部の研究機関で試験が継続されており、その成果が待たれるところである。

（渡部正明）

図4　菌床栽培における発生状況（1kg袋培地）

タモギタケ

（キシメジ科ヒラタケ属）

名　称		タモギタケ（キシメジ科ヒラタケ属）
別　名		タモキノコ、アカダモキノコ、ニレタケ
機能性，薬効等		食物繊維の整腸作用。含有多糖中のβ-グルカンの免疫機能増強
生態	自然分布	主に東北・北海道地域。関東以西では、熊本県菊地渓谷で報告例あり ニレ類やカエデ類等の広葉樹の倒木や伐根に群生する
	自然発生時期	初夏から初秋にかけて
生理	菌糸伸長温度	10～30℃で可能だが、25℃前後が適している
	菌糸伸長湿度	湿度60～70%が適している
	子実体発生温度	15～30℃で可能だが、20℃前後が適している
	子実体発生湿度	湿度80～90%が適している
	CO_2濃度・光線	培養は3,000ppm以下、芽出し・生育は1,500ppm以下
栽培	栽培方法	原木栽培、菌床栽培
	適応樹種	原木栽培：ニレ、タモ、ケヤキ、エノキなど広葉樹
	培地材料	菌床栽培等：広葉樹、針葉樹いずれでも可能。栄養材は、米ヌカやフスマで十分だが、品種によりフスマを使った培地でキノコの形がくずれる場合あり。針葉樹のオガコを用いる場合には、消石灰を添加する
	品種と種菌形状	原木栽培用：駒菌、オガコ菌　菌床栽培用：オガコ菌
	栽培所要期間	原木栽培：半年から1年間　菌床栽培：20日から1カ月
	年間発生回数	原木栽培：初夏から初秋にかけて3～4回 菌床栽培：12～18回
	収穫物	傘の径が2～3cmで、傘が円形かつ中央がくぼみ縁が巻き込んでいる

1 タモギタケの特徴

(1) キノコとしての特徴

①野生での分布、形態の特徴

タモギタケは、日本、中国東北部、韓国およびロシア極東地方の北半球温帯以北に自生している。日本では、主に北海道から東北地方にかけて自生している。初夏から初秋にかけてニレ類やカエデ類など広葉樹の枯れ木、倒木および伐根に群生する。このキノコは、食用として生産されているヒラタケに似ているが、傘の色はヒラタケと異なり鮮やかな黄色である。地域によっては根強い人気のあるキノコである。

②利用と成分、機能性

タモギタケの主成分は糖質、食物繊維を合わせた炭水化物と蛋白質である。また、味覚に影響を与える遊離アミノ酸は、グルタミン酸、アラニンの含有量がとくに多い。実際、独特の香りとともによくダシが出ることから、和洋

図1　栽培工程

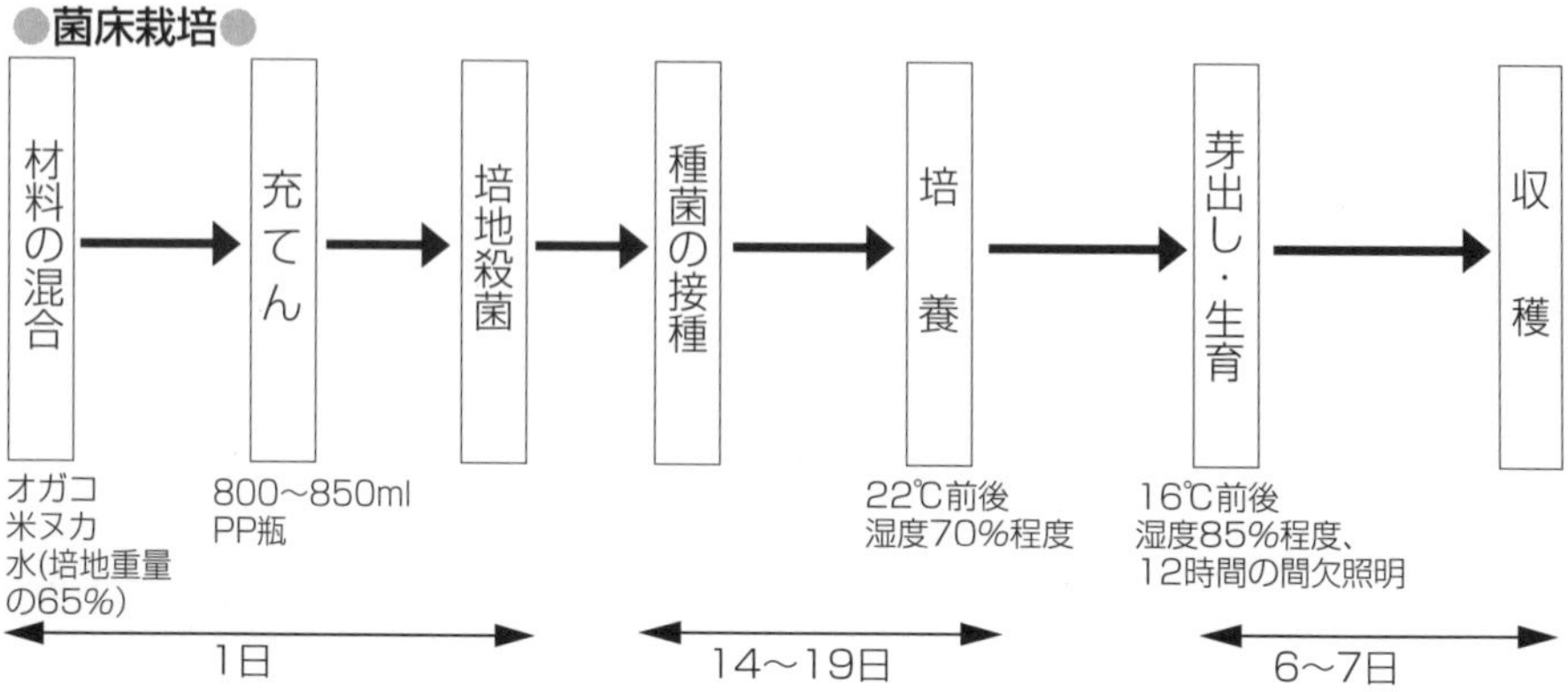

中のさまざまな料理に合い利用される。

タモギタケは、他のキノコと同様に食物繊維が豊富であることから整腸作用があると同時に、含有する高分子多糖体のβ-グルカンにより人体の免疫機能を高める作用が期待される。また、ビタミンB1やビタミンB2が豊富であることから、さまざまな機能性を備えた健康食材として注目されてきている。最近、タモギタケを加工した健康食品が開発され市販されている。

(2) 生育に適した環境と栽培法

①生育環境と条件

野生のタモギタケは、他のキノコの発生が比較的少ない時期に、ニレやカエデ、タモの林内の枯れ木、倒木や伐根に重なり合って群生する。菌糸の生育条件は五℃以下と三五℃以上では生長できない。菌糸生長の盛んな温度は二四～二六℃である。また、キノコの発生温度は一五～三〇℃であり、気温が二〇℃前後のときに発生しやすい。

②どんな栽培法があるか

原木を用いる原木栽培とオガコを用いる菌床栽培に大別できる。原木栽培は、短木栽培と長木栽培の二種類に分けられる。タモギタケの菌床栽培は、ビン栽培、袋栽培、箱栽培などに分けられるが、商業的生産ではビン栽培が主流である。

(3) 経営のねらいと栽培法の選び方

①複合経営で地場消費（あるいは兼業、高齢者、婦人中心の経営）

近くにあれば林床で原木栽培が可能であるし、加湿とともに温湿度を制御できるような施設があれば、菌床栽培が可能である。

②専業経営

収量性を考慮した安定生産が必要なことから、一定の栽培サイクルで周年栽培が可能な空調施設におけるビン栽培が適している。

③観光キノコ園

野生のキノコと同じような限られた季

節に発生し、収穫ができる原木栽培が適している。

2 栽培の実際

●原木栽培●

(1) 原木と種菌の準備

①原木の条件と準備

タモギタケはヒラタケ属のキノコであり、原木としてニレ、タモが最適であるが、ケヤキ、エノキ、ブナ、シデ、ハンノキ、サクラなどの広葉樹が使用可能である。長さ九〇センチの長木式でも、長さ一五センチの短木式でも栽培は可能である。長木式では原木の直径が三〇センチ以上になると、運搬や伏せ込みに労力がかかることから、栽培に適した原木の直径は一〇〜二〇センチである。

②種　菌

市販種菌は、種駒種菌とオガコ種菌の二種類あり、樹皮面に種菌を接種する長木栽培では種駒種菌でもオガコ種菌でもよいが、木口面に種菌を接種する短木栽培ではオガコ種菌を使うのが普通である。

③栽培方法

発生時期がヒラタケより早いので、四月下旬〜五月上旬に、本伏せを行なうと接種・仮伏せを済ませたうえで、よい。

図2　フスマを栄養材とした培地での生育

キノコの形が漏斗状にくずれている

図3　クマイザサの葉粉砕物を使った培地での生育

図4　ビン栽培

④発生と収穫

タモギタケは高温性のキノコであるため、接種した年の七～八月ごろキノコが出始める。そして、翌年の五月下旬～八月下旬にかけて四回くらい発生する。乾いたときには十分散水する必要がある。収穫適期は、キノコの傘径が二～三センチとなるころである。発生時期は、虫の多い時期でもあるので、遮光ネットの下に防虫ネットで覆うことにより虫による食害を防止するとよい。

●菌床栽培●

①オガコと栄養材の条件と準備

オガコとしては、阻害成分の少ない広葉樹が収量性の面から望ましいが、栽培期間の短いタモギタケはオガコより栄養材の影響が大きいことから、針葉樹でも栽培可能である。針葉樹のオガコを用いる場合には、三カ月以上散水堆積してから使用するのが好ましい。栄養材として米ヌカやフスマなどが使用可能だが、品種によってはフスマを使うことにより、キノコの形が漏斗状にくずれる場合があるので注意を要する。また、米ヌカは脂質が比較的多いことから変質しやすいので、長期間保存せず新しいうちに使用する。

オガコ以外の材料では、砂糖の搾り粕のバガスやビートパルプ、森林の下層植生であるクマイザサの粉砕物を使って栽培が可能である。

②種　菌

市販種菌は、オガコ種菌である。長期間の保存は、カビなどの害菌の混入率が高まることから、購入後早いうちに使用するのが望ましい。

③培地の調製・殺菌

八〇〇～八五〇ミリリットルのポリプロピレン製培養ビンを用いる。オガコと栄養材をよく混合し培地水分が六五％程度になるように調製する。栄養材は培養ビン当たり八〇～八五グラム（絶乾重量）が適当である。また、針葉樹のオガコを用いる場合には、消石灰を培養ビン当たり一グラム程度添加するとよい。調製した培地は、固詰めにならないように培養ビンに充てんし、ビンの径に合ったキャップを取り付ける。

培地の殺菌はヒラタケに準じて行なう。

④種菌の接種と培養

種菌の接種　殺菌した培地に対する雑菌の混入を防ぐため、放冷室や接種室を清潔に保つ必要があることから、接種前日の釜出しまでに放冷室および接種室の消毒を行なっておく。殺菌釜出し後の培地が二〇℃程度になるまで一晩、雑菌の少ないきれいな放冷室に置く。放冷後に培養ビン当たり一〇グラム程度のオガコ種菌を接種穴と培地上部全面に接種する。

培養室の条件と構造　菌糸の生長を促すために、温度をコントロールし、培地の乾燥を防ぐため、加湿する必要がある。また、CO_2濃度が上がらないように、十分に換気する必要もある。したがって、培養室は断熱構造とし、冷暖房装置と加湿器および換気扇を設置する。

培養と培養室の管理　温度二〇～二二℃、湿度七〇％程度の暗い部屋で培養を行なう。CO_2濃度が上がると、培養途中の段階でキノコが発生し芽がつぶれ収量低下が懸念されることから、三〇〇〇ｐｐｍ以下に保つようにする。

⑤発生操作と発生

発生室の条件と構造　芽出しを促すために、温度をコントロールし、培養室以上に乾燥を防ぐため、加湿する。また、CO_2濃度が上がらないよう、十分に換気するとともに、傘の色つきをよくするために、照明を当てることが大切である。発生室も培養室同様、断熱構造が望ましい。

発生操作　菌かき操作を行なう必要はなく、培地全体に菌糸がまん延するか、あるいは原基形成を確認したら、キャップを取り培養室から発生室にビンを移す。熟成期間を設ける必要はない。もうひとつの方法として、菌かき操作を行なってもよい。

芽出しと発生管理　温度一六～二〇℃、相対湿度八五～九五％、照明のついた部屋で芽出しと発生を行なう。CO_2濃度が上がると奇形のキノコが発生しやすくなるので、一五〇〇ｐｐｍ以下に保つ。

⑦収穫と出荷・販売

収穫・包装・出荷　キノコの傘が円形かつ中央がくぼみ縁が巻き込み、傘の直径が二～三センチになったら収穫適期である。株の根元から採取し、できるだけ培地部分を取り除く。タモギタケの傘はもろいので、傘が欠けないように注意してパック詰めをする。また、鮮度低下は黄色のあせ方でわかるので、出荷前に予冷をして鮮度低下を防ぐことが大切である。

販売方法と工夫　タモギタケは、市場を通じた食料品店での販売のみならず、水煮などに加工して学校給食や外食産業の食材として販売されている。

（原田　陽）

ヤナギマツタケ

（オキナタケ科フミズキタケ属）

名称		ヤナギマツタケ（オキナタケ科フミズキタケ属）
別名		方言：カエデモタシ 英名：Black poplormashroom
機能性、薬効等		抗腫瘍活性ある。ナメコより粗蛋白約2倍、脂質約1.5倍、粗繊維約2.5倍、リン約3倍多い
生態	自然分布	冷温帯～亜熱帯　日本、ヨーロッパ、北米、アフリカ　ハコヤナギ類、カエデ類などの枯れ木、生立ち木の腐食部分
	自然発生時期	春～秋
生理	菌糸伸長温度	20～30℃、最適27℃
	菌糸伸長湿度	65～70%
	子実体発生温度	20～22℃、栽培16～18℃
	子実体発生湿度	90%くらい
	CO_2濃度・光線	CO_2濃度0.3～0.4%以下 芽出し140～250ルクス、生育250～500ルクス
栽培	栽培方法	菌床栽培
	適応樹種	スギ、ヒノキ、ブナ、コナラ、タケは適 エゾ、ベイマツは不適
	培地材料	培地基材：オガコ　添加物：フスマ
	品種と種菌形状	早生、中生、晩生　オガコ種菌
	栽培所要期間	800ccビン60日（2番まで）、1,100cc袋90日（2番まで）、900ccビン60日（2番まで）
	年間発生回数	800cc、900ccビン6回転　1,100袋4回転
	収穫物の規格	2.5～4cm　膜切れ前

1 ヤナギマツタケの特徴

(1) キノコとしての特徴

①野生での分布、形態の特徴

春～秋に、広葉樹のハコヤナギ類、カエデ類、ニレ類などの枯れ木、生木の腐朽部に束生する。分布はほとんど世界的で、日本、欧州、北米、アフリカに産する。

傘は初めチョコレート色したまんじゅう形であるが、開くにつれて、次第に周辺部が淡い色となる。傘の径は一〇センチ前後、柄の長さも一〇センチ前後で太さは一・五センチ前後あり、繊維状で上部に大きな「つば」がある。ひだはつばが付いている間は白色であるが、胞子が成熟するにつれて褐色をおび、やがて傘と同様のチョコレート色になる。

②利用と成分

生で一〇〇グラムおよび二〇〇グラム詰めが販売されている。また、加工

図1　栽培工程

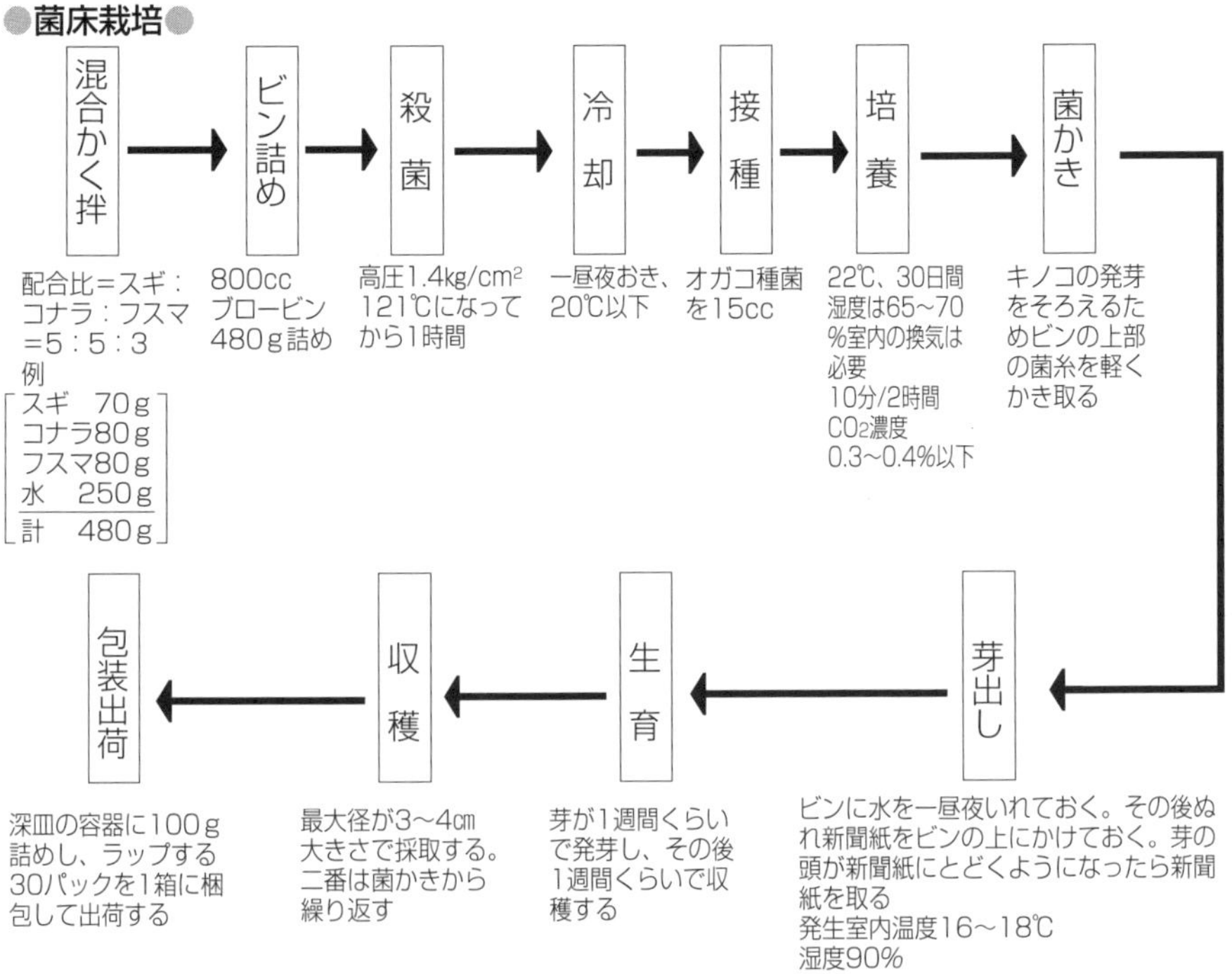
●菌床栽培●
混合かく拌
配合比＝スギ：コナラ：フスマ＝5：5：3
例
スギ　70g
コナラ80g
フスマ80g
水　250g
計　480g
ビン詰め
800cc ブロービン 480g詰め
殺菌
高圧1.4kg/cm² 121℃になってから1時間
冷却
一昼夜おき、20℃以下
接種
オガコ種菌を15cc
培養
22℃、30日間 湿度は65～70%室内の換気は必要 10分/2時間 CO₂濃度 0.3～0.4%以下
菌かき
キノコの発芽をそろえるためビンの上部の菌糸を軽くかき取る
芽出し
ビンに水を一昼夜いれておく。その後ぬれ新聞紙をビンの上にかけておく。芽の頭が新聞紙にとどくようになったら新聞紙を取る
発生室内温度16～18℃
湿度90%
生育
芽が1週間くらいで発芽し、その後1週間くらいで収穫する
収穫
最大径が3～4㎝大きさで採取する。二番は菌かきから繰り返す
包装出荷
深皿の容器に100g詰めし、ラップする
30パックを1箱に梱包して出荷する

品として醤油をベースとした炊き込みご飯用の製品やくん製、生またはゆでて冷凍したものが販売されている。

成分としてはナメコより、粗蛋白質約二倍、脂質約一・五倍、粗繊維二・五倍、リン約三倍と多い。

(2) 生育に適した環境

①生育環境と条件

自然条件下では、春から秋にかけて発生し、愛知県では四月中旬～十二月中旬（平均温度が一三・八～六・二℃）に発生しているのを確認している。

また、発生場所は公園や街路樹に発生し、樹種別ではムクノキの切り株や地際部、エノキ、プラタナス、シダレヤナギ、カエデ類は生立ち木のせん定後などで発生している。

②菌床栽培

オガコを用いたビン栽培または袋栽培がほとんどである。ビン栽培は詰め込み重量がビンによって（八〇〇cc→四八〇グラム、八五〇cc→五一〇グラム、九〇〇cc→五五〇グラム）限られていて、発生中に培地の表面が乾きやすいので、二番発生が少なくなりやすい。それに対して袋栽培は培地の詰め込み量がビンの二倍で乾きにくく、一番発生、二番発生を品質を落とすことなく採ることができ、発生量も多い。

③原木栽培

原木を用いたホダ木の埋設栽培が行なわれている。長さ約一五センチ、太

図2　袋栽培のヤナギマツタケ

さ約一〇センチの原木を袋に入れて（原木の上下にオガコ培地を入れる）殺菌し、冷却後、接種・培養し、菌糸が完全にまん延し褐変した段階で、土に半分くらい埋めて、散水して発生させる。

原木栽培と菌床栽培の折衷した栽培で、マイタケの原木栽培と同じである。

(3) 複合経営で地場消費

経営的には、専業経営や観光キノコ園はなく、他のキノコ（シイタケ、ヒラタケ、エリンギなど）との複合経営で、地場消費されている。

2 栽培の実際

(1) 培地の調製・殺菌

①培地材料と調製

培地基材としてスギやヒノキ、コナラのオガコ、添加物としてフスマ、容器としてビンまたは袋を準備する。

培地基材と添加物の配合比は、スギ：コナラ：フスマ＝五：五：三で、培地の水分率は六五％に調整する。一リットル当たり四一〇グラムに相当する培地を一・一キロ入り袋や八〇〇ミリリットルPPビン、九〇〇ミリリットルスーパービンにそれぞれ詰め込む。詰め込み量はそれぞれ四八〇グラムと五一〇グラムと五五〇グラムである。

②培地の殺菌

高圧の場合は一・四キロ／平方センチ、一二一℃になってから一時間、常圧の場合は九八℃になってから約五時間殺菌する。

(2) 種菌の接種と培養

①種菌の接種

殺菌後一昼夜冷却し、培地の温度が二〇℃以下になってからオガ菌を接種する。種菌は消毒した室内で殺菌したサジや接種機により、培地表面や穴に一ビン約一五ミリリットルを素早く接種する。種菌は市販されているものを使うとよい。

②培養室の条件と構造

培養室は断熱構造で空調機や熱交換機、加湿器を備えていることが必要である。温度は二二℃、湿度六五～七〇％、光はなし、CO_2濃度は〇・三～〇・四％以下、二時間に一〇分くらいの換気が必要である。培養期間はビンで二五～三〇日、袋で四〇～四五日である。

③培養と培養室の管理

初期は活着と菌糸の伸長が遅いので、

ビンに空調の風が当たらないようにビニールをかける。中期以降はビンや袋の中の温度が最適温度より上がらないように調節し、培地に光を当てないよう管理する。

(3) 発生操作と発生

①発生室の条件と構造

発生室も培養室と同様、断熱構造で空調機や熱交換機、加湿器を備えるとともに棚も必要である。温度は一六℃、湿度九〇%、光は二五〇~五〇〇ルクス、換気は二時間に一〇分くらい必要である。

②発生操作

培養後、キノコの発芽をそろえるために菌かきを行なう。培養日数が三〇日までなら菌かきしないほうが発生量が多く、三〇日を超えると培地が乾燥したり、芽出しした芽が枯死することが多いので菌かきしたほうがよい。菌かき方法は全がきにする。培地表面が乾いているときは深がき（五ミリ以上）するとよい。

③芽出しと発生管理

菌かきの有無にかかわらず、一昼夜ビンの口一杯に水を入れ、その後、水を捨て、新聞紙をかけて芽出しする。芽は七~一〇日で発芽する。次に芽が新聞紙につかえるほど大きくなったら新聞紙を取り除く。その後五~七日でキノコが収穫できる。

(4) 林内、簡易施設での栽培

林内や簡易施設での栽培は、培養や発生の適温が得られる時期に行なう。培地の調製、接種など培地づくりは、雑菌の少ない二~三月ごろに行なう。培養は四~八月に林内の屋根付きの小屋、または室内で行なう。このとき、培養温度が三〇℃以上にならないよう注意する。

九月下旬ごろに中ブタを取らないか、または中ブタを取って袋を展開し、菌かき後、雨のかからない施設の棚に並べ一昼夜注水して発生させる。発生は一時期に集中するので分散して発生させてもよい。

原木栽培では、ホダ木のはいった袋から出して土中に埋め、表面が乾かないよう散水していくと、十月ごろから発生が始まる。ひだを包む被膜が切れない大きさで採取する。

(5) 収穫と出荷・販売

①収穫・包装・出荷

収穫は傘の直径が二・五~四センチで、膜切れ前に行なう。イチゴパックに一〇〇グラムまたは二〇〇グラムのキノコを入れて包装し、一箱三〇~四〇パック（袋）詰めで出荷する。

②販売方法と工夫

一般には生で販売するが、日持ちの悪いキノコなので、水煮や醤油煮、生またはゆでて冷凍しての販売もある。また、傘と柄を分離して販売している例もある。

（澤　章三）

ハタケシメジ

（キシメジ科シメジ属）

名　称		ハタケシメジ（キシメジ科シメジ属）
別　名		地方名：ニワシメジ
機能性、薬効等		ガン抑制（β-グルカン）
生態	自然分布	北半球温帯
	自然発生時期	9～10月
生理	菌糸伸長温度	12～30℃、最適25℃
	菌糸伸長湿度	70～90%
	子実体発生温度	13～20℃、最適17℃
	子実体発生湿度	90～100%
	CO_2濃度・光線	3,000ppm以下、200ルクス程度（子実体発生時）
栽培	栽培方法	①空調ビン栽培　②菌床ブロック埋め込み林内（ハウス内）栽培
	適応樹種（環境）	②林内の場合→雑木林または間伐された30年生前後のスギ人工林
	培地材料	①基材：バーク堆肥、栄養材：米ヌカ・ビール粕・カニガラ、添加剤：育苗土 ②基材：スギオガコ（1年間野積み）、栄養材：専管フスマ・特殊栄養材
	品種と種菌形状	①ビン栽培用　形状：オガコ種菌（バーク堆肥基材） ②野外栽培用　形状：オガコ種菌
	栽培所要期間	①約80日間 ②菌床作製で約2カ月、発生収穫で1カ月
	年間発生回数	①4～5回 ②秋1回
	収穫物の規格	①傘が500円硬貨大で開ききる前 ②市場出荷の場合は七分開き、地場売りの場合は八分開き

1 ハタケシメジの特徴

(1) キノコとしての特徴

①野生での分布、形態の特徴

ハタケシメジは北半球の温帯に分布するキノコで、秋に林内や畑、公園、

図1　ハタケシメジの発生状況（野外栽培）

図2　栽培工程

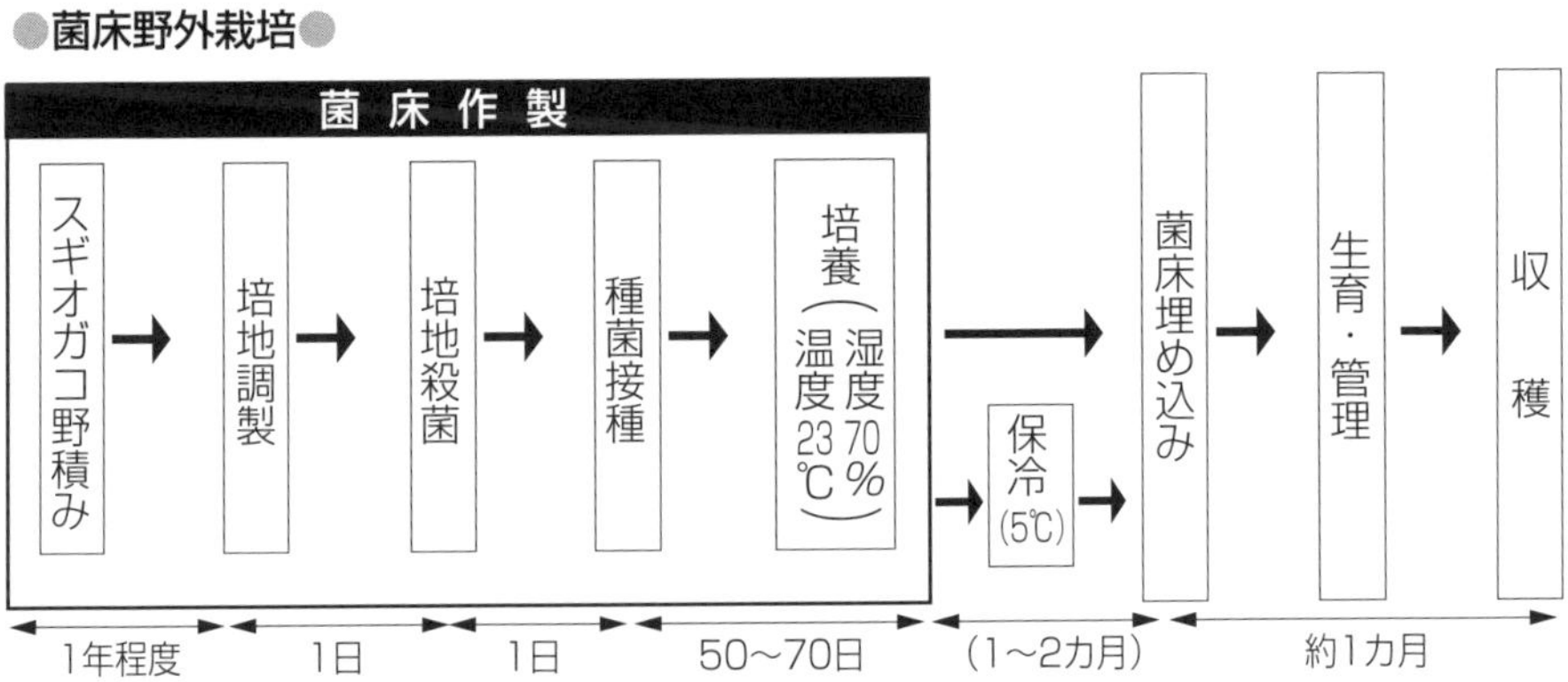

道ばたなどに発生する。傘の直径は三～一〇センチでまんじゅう型からやや平らに開き、表面は暗オリーブ褐色～灰褐色でつやはない。ひだは密で白色～クリーム色、柄に直生・湾生またはやや垂生する。柄はやや中空、長さ三～八センチ、直径五～一〇ミリ、表面は淡灰褐色～淡黄褐色で繊維状である。

ほとんど株状に発生（束生）し、株の下には束になった菌糸（菌糸束）が地中に伸びているのが観察される。この菌糸束は、地中に埋まっている木片などにつながっている。したがって、ハタケシメジを採取した場所を調査すると、数年前に表土を動かして整地したような場所（道路、果樹園、ゴルフ場など）であることが多い。

ハタケシメジは、「香り松茸味しめじ」といわれるホンシメジと同属のキノコである。以前はホンシメジと混同されていたが、現在では別種として扱われている。

②利用と成分、機能性

このキノコは味にくせがなく、上品なうま味とシャキシャキとした歯ごたえが特徴で、比較的日持ちがよいことなどから市場関係者も関心を寄せている。しかし、ハタケシメジ菌は培養初期の菌糸伸長速度が極端に遅く雑菌に弱いため、これまで人工栽培技術の普及が進まなかった。近年、各地でさまざまな人工栽培技術が開発され、そのいくつかは次第に普及し始めている。

また、ハタケシメジは抗ガン効果が期待できるという研究結果が発表されており、機能性食品としての需要が増加するものと思われる。

(2) ハタケシメジの栽培法

ハタケシメジの栽培法は、空調栽培法と野外栽培法の二種類に大別される。

①空調栽培

空調栽培は、温度・湿度がコントロールされた施設内で栽培するため周年栽培が可能であるが、初期の設備投資が必要となる。しかし、既設のヒラタケやブナシメジの栽培施設を一部改造して活用することも可能である。空調栽培の場合はすべて施設内で栽培するため、とくに生育環境は選ばない。

②野外栽培

一方、野外栽培は工程前半の菌床作製には十分な施設と技術が必要であるが、工程後半の発生操作は山林内や遊休パイプハウス内などで行なうため、設備に要する経費が少なくて済む。ただし、収穫は年一回（秋）である。

野外栽培の場合、発生させる場所の環境は、木もれ日がちらちらとはいる程度の雑木林や間伐された三〇年生前後のスギ人工林などが適しているが、入念な管理によりロスを少なくするためには、自宅近くの（遊休）パイプハウス利用が適している。

(3) 栽培法の選び方

すでにヒラタケやブナシメジ、エノキタケなどの空調ビン栽培施設を持っている方は、覆土機の導入や発生室の一部改良（加湿器の増設や風量の調整など）で空調栽培が可能である。また、培地調製から収穫まで一貫して栽培する方式のほかに、培養センター方式で培養されたビンを購入する方法もある。

野外栽培法の場合、培養センター方式により菌床を供給してもらう方法が最良である。つまり、野外栽培を希望する農家が何軒か集合して、ある程度まとまった数量の菌床を、既存のキノコ栽培施設に依頼して本業の合間に作製してもらうわけである。野外栽培品は比較的大きな株立ちとなるため天然物の風格があり、季節商品でもあるこ

図3　空調栽培状況

図4　列状間伐したスギ林での野外栽培例

とから、市場出荷より地場売りに向いている。また、観光キノコ園として観光客に収穫してもらう方法もある。

2 培地材料と種菌などの準備

(1) 空調栽培

空調ビン栽培の培地基材にはバーク堆肥（樹皮堆肥）を用いる。栄養源などには、米ヌカ、ビール粕、カニガラ、および育苗土を用いるので、これらを準備する。

種菌は、空調栽培用の種菌〔亀山一号〈王子製紙（株）登録品種〉など〕を用いる。

(2) 野外栽培

野外栽培では二・五キロまたは一・二キロのブロック型菌床を用いる。この菌床を安く仕上げるために、培地基材にはスギオガコを用いる。ただし、一年間程度野積みして油分などの菌糸伸長阻害物質を洗い流したものがよい。栄養源には、専管フスマと特殊栄養材（ナメコなど栽培用増収材）を用いる。

種菌は、野外栽培用の種菌（みやぎLD一号〈宮城県登録品種〉など）を用いる。

3 栽培の実際

●空調栽培●

空調ビン栽培の工程概要は、図5に示したとおり。

(1) 培地の調製と殺菌

①培地の混合・ビン詰め

培地基材と栄養源は図5の割合で混合する。なお、バーク堆肥はミキシング中に粘性を増して培地ミキサーに負担をかけるので、オガコ基材使用時よりもトルクの強いミキサーを用いるか、オガコ使用時より量を減らして使用する必要がある。

バーク堆肥培地は、かく拌しすぎると粘性を増して団子状になるので、短時間に仕上げるようにする。

培地が十分混合されたら速やかにビン詰め工程にはいる。一ビン当たりの重量は、ビン込みで六二〇～六四〇グラムとする。

②殺　菌

ビン詰め作業が済んだら、速やかに高圧殺菌釜へ移動し、殺菌する。ならし工程を十分とって釜内の空気を完全に排除して蒸気と置換した後加圧工程にはいるようにし、培地内温度が一一八～一二一℃の状態を一時間以上保持する。その後蒸気を止めて蒸らし工程にはいり、釜内温度が一〇〇℃以下（残圧ゼロ）になってから脱気するようにする。殺菌が済んだら、清浄な放冷室に入れて一晩冷やす（培地温度二〇℃以下まで）。

(2) 種菌の接種と培養

①種菌の接種

種菌の接種作業は最も重要な工程で

図5　空調ビン栽培の工程

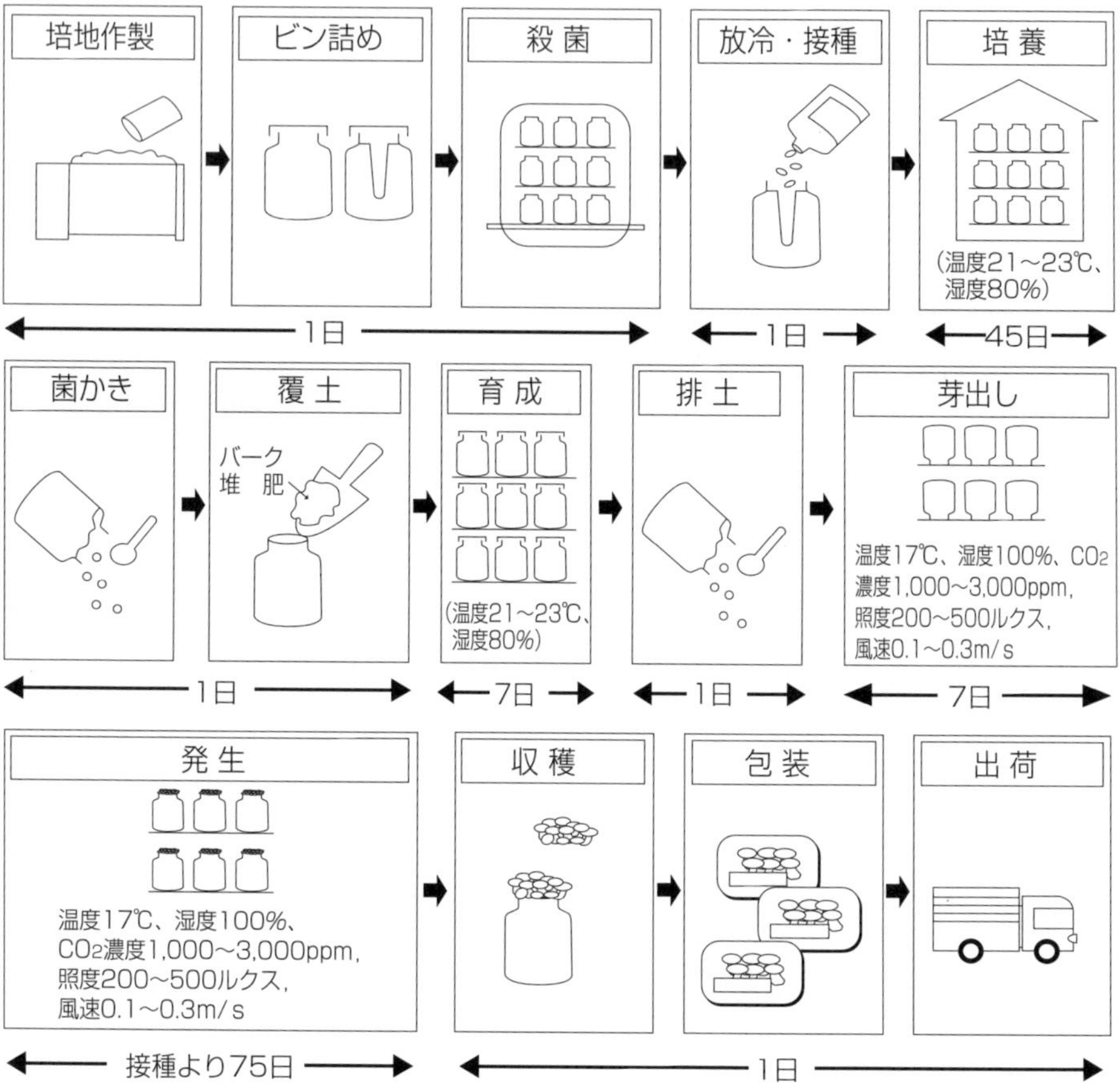

あり、ここで雑菌を混入させてしまうと大失敗となる。クリーンルームとなっている接種室内のクリーンベンチ（またはクリーンブース）を用いて接種を行なうが、無塵衣の着用や事前の消毒などの無菌操作の基本を徹底して行なわなければならない。とくにハタケシメジは、他の栽培キノコ類に比べて雑菌に弱いということを常に意識して、器具の滅菌や種菌ビンの消毒などは入念に励行する。接種量の目安は、種菌がキャップで軽く押さえつけられる程

図6　空調栽培用培地の材料と混合割合

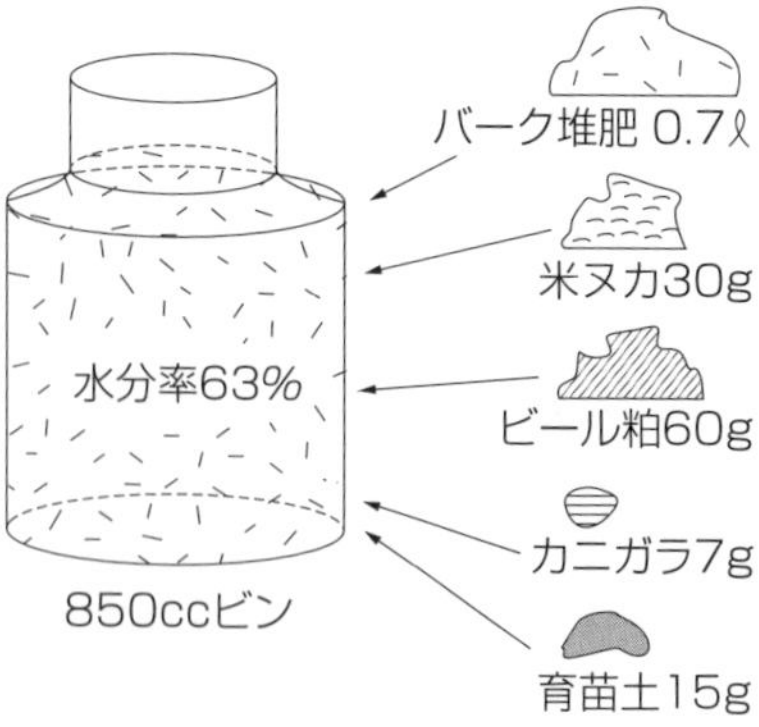

度で、八五〇ccビン入り種菌一本で約三〇本接種するよう調整する。

②クリーンルームでの培養

接種後は、菌糸がビン肩付近まで伸長する約一〇日間はクリーンルーム内で培養する。このときの培養室内の温度は二三℃、湿度は八〇%前後とする。

図7　左：排土した状態、中：芽出しした状態、右：収穫適期の状態

③培養室での培養

菌糸の活着が確認された後は、通常の培養室に移動して差し支えない。このときの培養室内の温度設定は二一～二三℃・湿度は八〇%前後とし、空調機の風向・風量を考慮してムラのないように調整するとともに、CO_2濃度は三〇〇〇ppm以下になるよう換気する。

(3) 菌かきと育成

①菌かき・覆土

種菌接種から四二日程度で、ほとんどのビンに菌糸がまん延する。菌糸まん延後三～四日追培養して熟成させた後、菌かき工程にはいる。菌かきの方式は平かきとし、深さはビンの口から一五ミリ程度に調整する。

菌かき後注水し、約一時間後に排水して覆土する。覆土材料は五ミリメッシュ程度の完熟バーク堆肥で、かく拌・散水して水分率を六五%前後に調整したものを用いる。覆土作業には、このために開発された覆土機を用いると効率がよい。

②育　成

覆土後はキャップをして育成工程にはいる。育成温度は二二℃前後とし、湿度は八〇%前後に保つ。通常、育成八日程度で菌糸束が生長し、覆土表面が白くなってくる。

③排　土

育成が済んだビンは、排土工程にはいる。排土の機械は、菌かき機の深さを調整したものを用い、覆土部分が二～四ミリ残る程度の深さとする。良好なビンの排土面は、霜降り状になっている。この工程により、発生するキノコの品質が向上する。

(4) 芽出し・発生・収穫

排土工程が済んだものは発生室に移動し、芽出し・発生工程にはいる。発生室は、温度一七℃、湿度一〇〇%、CO_2濃度一〇〇〇～三〇〇〇ppm、照度二〇〇～五〇〇ルクス、風速〇・一～〇・三メートル/秒に管理する。

図8　野外栽培用菌床の大きさと培地材料・混合割合（乾重比）

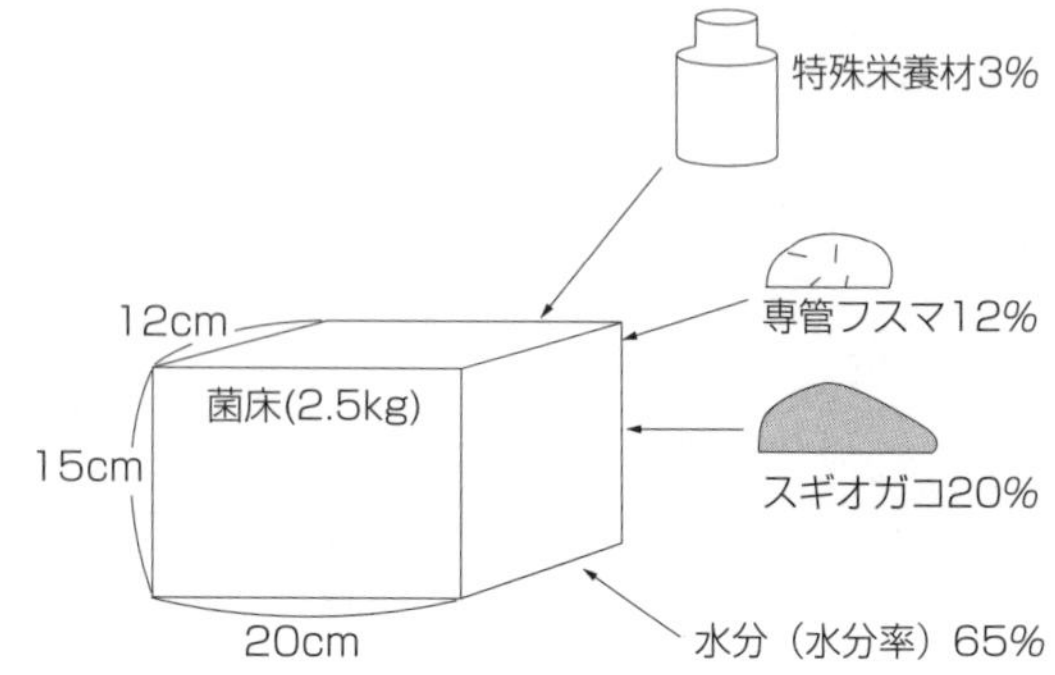

①芽出し

芽出しは、ビン口に水がたまって菌糸がおぼれないよう、ビンを倒立させる反転芽切りが安全である。反転芽切り開始から一〇日程度で芽が出た後は、ビンを正転してキノコの生長を促す。なお、芽出し工程にはいる前にビン口にカラー（底のないカップ状のもの）を取り付けておくと、キノコの形が整う。

②発生・収穫

ビンを正転させてから一〇日程度で、収穫可能な大きさになる。収穫時期は、傘が開ききる前で、傘の大きさが五百円硬貨程度が目安となる。八五〇ccビンでは、通常一二〇～一三〇グラムの収量となる。

収穫したキノコは培地部分を切り落とし、ただちにパック詰めとする。なお、出荷前の予冷の徹底や保冷車による運搬など、品質低下の予防には十分配慮する必要がある。

●野外栽培●

(1)　培地の調製と殺菌

①培地の混合・袋詰め

培地基材と栄養材は図8の割合で混合する。培地材をミキサーで十分にから練りをして均質になってから注水し、にぎり法でこまめに水分をチェックする（培地を軽くひとつかみ取って強く握り、指と指の間から少し水がにじむ程度が六五％前後）。

ミキシングと水分調整が済んだら、速やかに袋詰めを行ない、縦一二センチ、横二〇センチ、高さ一五センチのブロック状に成型する（二・五キロブロックの場合）。培地を詰めた後は袋の口を下向きに折り込んで、隣のブロックで押さえつけるようにコンテナにのせる。

②殺　菌

袋詰めが済んだら、速やかに高圧殺菌釜に入れて、ビンと同様の方法で殺菌する。なお、残圧があるうちに脱気すると、袋が破裂するので注意する。殺菌が済んだ培地は放冷室へ移動し、培地温度が二〇℃以下になるよう一晩冷ます。

(2)　種菌の接種と培養

①種菌の接種

種菌接種作業は、クリーンベンチの中で行なう。とくに、袋は開口部がビンより大きいので、接種時に雑菌がはいりやすい。接種室の環境浄化および事前の器具などの滅菌には、十分配慮しなければならない。接種する種菌の量は一袋四五cc程度とし、培地上面にまぶすように投入し、詰め機であけた接種孔にも適量落とし込む。

接種後は、袋の口部分をシーラーで封じる。シーラーがない場合は、袋の口を一回折り、その折った部分の中間で逆にもう一回折り返してホッチキスで二〜三カ所止めておく。ただし、ホッチキス止めの場合、培地の移動時などに雑菌が飛び込む危険があるので、培養室がクリーンルーム仕様でない場合は、極力シーラーで封じるようにする。

②培　養

種菌接種後は、温度二三℃、湿度七〇%程度の培養室に入れて培養する。換気は一時間に一回一五分間程度行ない、炭酸ガス濃度が高くならないよう配慮する。

種菌接種後一週間程度で、菌糸伸長が確認できる。ハタケシメジの菌糸は、初期は白色であり、色の違う菌糸や濁った液体に見えるバクテリアなどの雑菌繁殖が激しいものはその都度除外する。

培養開始から四〇〜六〇日で袋の底面まで菌糸がまん延し、全体が白くなって茶色の培地が見えなくなる。この時点からさらに一週間ほど培養を継続して、完熟菌床に仕上げる。完熟菌床は、色がややクリーム色〜淡褐色になってくるとともに、全体が締まって硬くなり、たたくとポンポンとスイカのような音がする。

③菌床の保管

菌床の仕上がる時期が菌床埋め込み適期の九月上・中旬であれば理想的であるが、菌床を作製する施設（培養センター）の本業の年間スケジュールの関係で、もっと早く仕上がってしまう場合がある。そのような場合は、五℃の保冷庫に入れて保管する。

(3) 菌床の埋め込み

①埋め込み時期

菌床の埋め込み適期は、日最高気温が二三℃程度または日最低気温が一五℃程度の時期を目安とするが、地域によって八月下旬から十月上旬まで幅がある。

菌床が到着したらすぐに埋め込んだほうがよいが、作業日程上すぐに埋め込みができない場合は、日陰で風通しのよい場所で保管する。また、保冷庫から出したばかりの菌床は休眠状態にあるので、同様に日陰で二〜三日おいて常温に戻してから埋め込みを行なわなければならない。

②埋め込み

埋め込みをする土は、畑土ではなく山砂を用いる。山砂は水はけが適度にあるうえ、ほとんど雑菌がないため、秋の長雨などがあっても、菌床を腐らせる心配がない。

菌床は図9のように木枠をつくって

並べる。この木枠を三列つくり、うねの間に六〇センチの通路を設けると、間口三間（約五・四メートル）、長さ一二間（約二一・六メートル）のパイプハウス内に一〇〇〇個の菌床を埋め込むことができる。

菌床を並べたら図10のように覆土するが、覆土の厚さを三センチ以上にすると、キノコの発生が極端に遅れたり、発生量が減少したりするので、覆土厚の調整は慎重に行なう。

図9　菌床埋め込み状況断面図

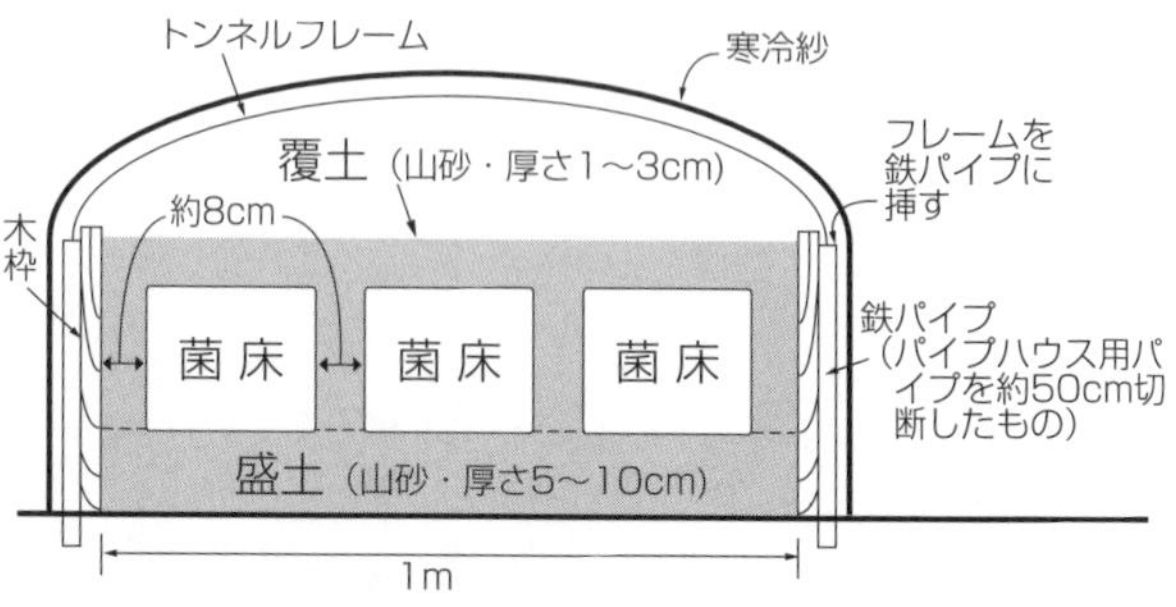

菌床は約8cm（握りこぶしの幅）の間隔で並べると、1m²に3×5個で15個並ぶ

③散水と日覆い

覆土が終わったら、たっぷりと散水する。このときの水は、飲用可能な程度にきれいな水（水道水、井戸水など）をかけるが、長いホースにシャワーを付けて直接散水する場合は、ホース内にたまっていた分の水は必ず捨ててから散水する。とくに長時間戸外に放置されているホースの中の水は水温が高いばかりでなく、雑菌や藻類が繁殖していたりする。このような水をかけてしまうと、菌床腐敗の原因となるおそれがあるので注意する。

山砂が十分湿る程度散水したら、トンネルフレームを設置して上から寒冷紗（シェード）をかけて日覆いをする。

図10　鉄パイプの太さと同じ厚さに覆土しているところ

太さ約2mm、長さ1～2mに切ったパイプを2～3本並べて渡し、その上から山砂をかけ（菌床の間にも入れる）、最後に角材などでパイプの上をなでるように山砂をならすと、パイプの太さで均一に覆土できる

④落葉の被覆

なお、覆土の上に落葉をかけると、保湿や泥はね防止の効果があるが、九月に採取できる落葉は腐葉土化しているので逆に雑菌を持ち込む危険がある。前年の十一月ころに落葉を採集し、乾燥保存させておいたものが最適である。

(4) 埋め込み後の管理と発生・収穫

①乾燥防止と雨除け

埋め込み後約一カ月間の生育管理は、覆土の乾燥防止と雨除けが中心となる。とくに、キノコの芽が出始まってからは、強風にさらされないようにするとともに、散水は芽に直接かからないように注意する。また、降雨による泥はね防止のために、ビニールシートで雨除けをする。ただし、雨上がり後にビニールシートをかけたままにしておくと、トンネル内の温度が急上昇して蒸れてしまうので、必ずはずさなければならない。

②発生・収穫

埋め込みから二週間程度で芽が出始め、さらに二週間程度たつと収穫可能なキノコに生長する。市場に出荷する場合は、傘が七分開き程度で収穫したほうが輸送中の傘の傷みが少なくてよい。地場売りの場合は、八分開き程度のほうが迫力があり、天然物の風格が出てくる。

③販売の工夫

野外栽培法は季節商品となるので、秋の観光シーズンに地場売りしたほうが、収益性が高い。したがって、金曜日に収穫して土日に売るパターンが理想的である。金曜日以前に収穫適期になったキノコは、その時点で採って冷蔵すれば品質は変わらない。

なお、市場出荷については、出荷形態について市場関係者と事前に十分打ち合わせをしておく必要がある。

（菅野　昭）

エリンギ
（ヒラタケ科ヒラタケ属）

名称		エリンギ（ヒラタケ科ヒラタケ属）
別名		方言：カオリヒラタケ、アワビ、英名：Kingoyster
機能性、薬効等		食物繊維とカリウムが多い。1．便秘　2．肝機能障害の予防 3．大腸癌の予防　4.ダイエット　5.高脂血症の予防効果がある
生態	自然分布	アフリカの北部、モロッコ、スペイン、イタリア、フランス、ハンガリー、ロシア以南のヨーロッパ、インド、パキスタン北部から中央アジアにかけて山地や乾燥地に分布、セリ科植物の枯死した根
	自然発生時期	9月下旬～10月ごろ
生理	菌糸伸長温度	27～28℃
	菌糸伸長湿度	70%
	子実体発生温度	12～26℃で発生、栽培15～17℃が最適
	子実体発生湿度	85～90%
	CO_2濃度・光線	CO_2濃度0.2%以下、200ルクス以下
栽培	栽培方法	菌床栽培
	適応樹種	スギ、ヒノキ、アラカシ、ツブラジイ、クヌギ、アベマキ、アカシデ、ヤマモミジなど
	培地材料	オガコ、添加物　フスマ、コーンブラン
	品種と種菌形状	早生、中生、晩生　オガコ種菌
	栽培所要期間	800、850ccビン1、2番80日、1,100cc袋1、2番90日
	年間発生回数	1番のみ6回転、2番まで取ると4、5回転、1,100cc袋、2番まで4回転
	収穫物の規格	傘径4～5cm

1 エリンギの特徴

(1) キノコとしての特徴

①野生での分布、形態の特徴

アフリカの北部、モロッコ、スペイン、イタリア、フランス、ハンガリー、旧ソ連邦以南のヨーロッパ、インド、パキスタン北部から中央アジアにかけて山地や乾燥地に分布する。

傘は初め丸く、次いで平になり、やがて真ん中がへこむ。表面はわずかにビロード状で、直径四～五センチ、色は赤茶から灰褐色になる。ひだは白またはは濁った黄土色で垂生、柄は白く三～一〇センチ、傘の中心に着生し、中心部で太く、先で細く表面は平滑である。

②利用と成分

生で一〇〇グラムおよび二〇〇グラム詰めのものが販売されている。また、加工品として水煮、醤油煮、レトルトカレーにしたものが販売されている。

図1　栽培工程

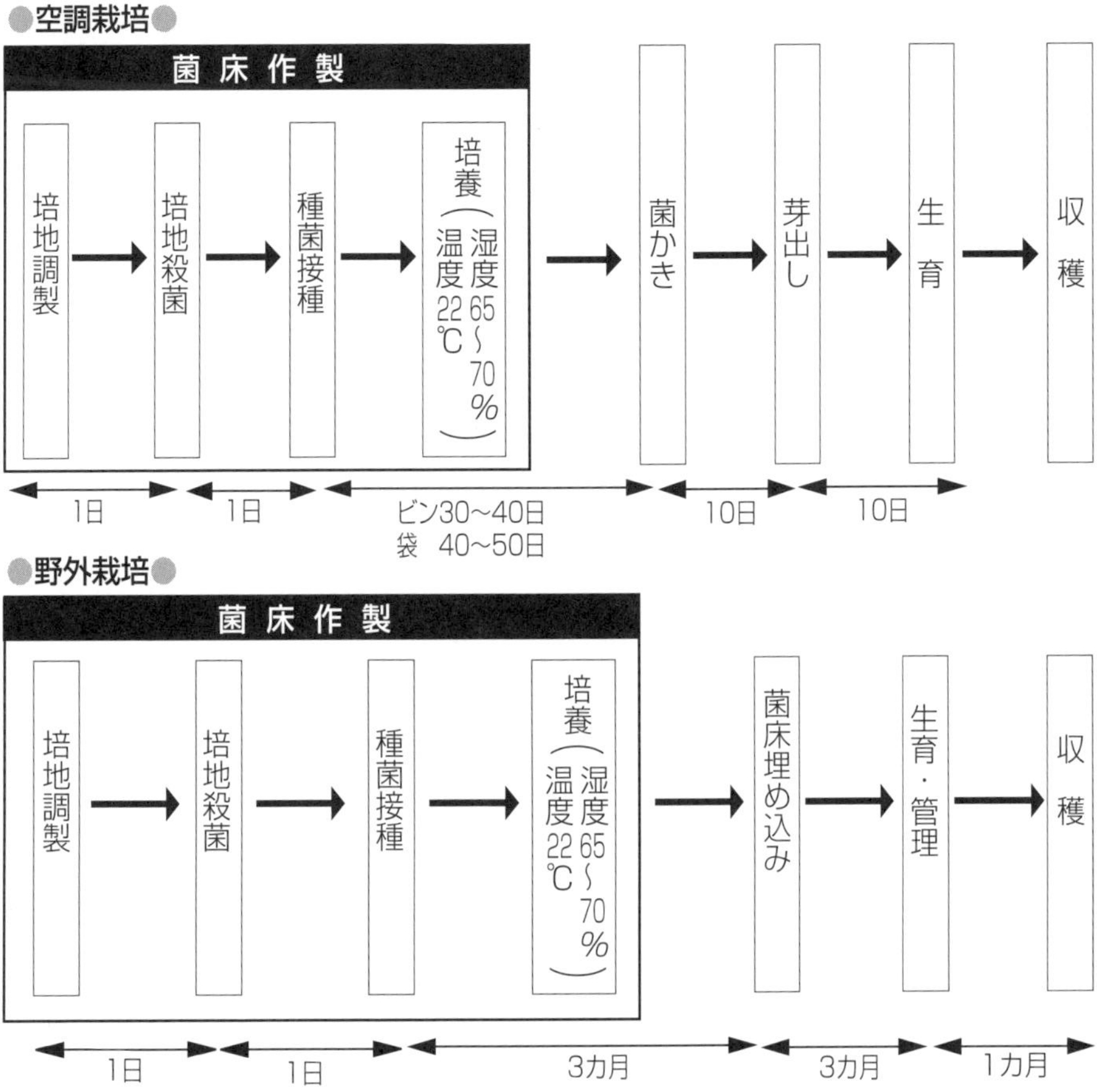

成分としてはカリウムと植物繊維が多く、大腸ガンの予防、便秘、ダイエット、肝機能障害の予防に効果があるといわれている。

(2) 生育に適した環境

①生育環境と条件

エリンギは気候的には、地中海性気候とステップ気候の地域に分布している。これらの地域は温暖（夏二〇～三〇℃、冬一〇℃くらい）で年降水量は七〇～五〇〇ミリと少なく、植生はかん木交じりの草地などが発達している。

野生のエリンギは、セリ科植物のエリンギウムの枯れた根に腐生している。

②ビン栽培

設備費がかかるため、新しくやる人より、エノキタケやヒラタケなどを栽培している人が品目転換して取り組む場合が多い。この場合は、施設や機械がそのまま利用できるので空調栽培で周年化がやりやすい。ビンの容量、口の大きさが決まっているので、それに応じたそろったキノコが採れる。

③袋栽培

シイタケなどすでに袋栽培の施設、機械類を持っている人が品目転換して取り組む場合が多い。周年化をしている人もあるが、ビン栽培に比べて季節栽培（秋～冬）が多い。培地の大きさも一～二・五キロとビンより大きいので、大きな重量のあるキノコが採れる。

④野外栽培

完全に菌糸がまん延した袋培地を野外で土に埋めてビニールがけするか、屋根付きの棚をつくって発生させる。土に埋める方法は湿度調節がやりやすいが、棚差し方法は湿度調節が難しい。どちらも秋に集中して発生し、キノコは大きくなる。

(3) 経営のねらいと栽培法の選び方

①夏休み季節兼業型

七、八月は休業し、夫婦二名で行なう経営で、年間栽培ビン数一〇万本程度である。この場合、栽培舎（八〇坪）一八九六万円（栽培棚、空調施設、換気扇を含む）、栽培用機器一式六八九万円が必要である。一作期間を六〇日、一ビン当たり収量を一一〇グラムとして収支計算すると、粗収入九九〇万円、四五一万円の所得になる。また一日当たりの家族労働報酬は一万四二四二円になる。販売方法は直販または市場出荷がよい。

②夏休み季節専業型

七、八月は休業し、夫婦二名と雇用一名で行なう経営で、年間栽培ビン数二〇万本程度。この場合、栽培舎（一三八坪）三二三〇万円（栽培棚、空調施設、換気扇を含む）、栽培用機器一式八五四万円が必要である。一作期間六〇日、一ビン当たり収量を一一〇グラムとして収支計算すると、粗収入一九八〇万円、八〇六万円の所得になる。また一日当たりの家族労働報酬は一万八六二〇円になる。販売方法は直販と市場出荷がよい。

③専業型

年間を通じて夫婦二名と雇用四名で行なう経営で、年間栽培ビン数四〇万本程度。この場合、栽培舎（一六二坪）四八七五万円（栽培棚、空調施設、換気扇を含む）、栽培用機器一式一二三三万円が必要である。一作期間六〇日、一ビン当たり収量を一一〇グラムとして収支計算すると、粗収入三九六〇万円、一三二九万円の所得になる。また一日当たりの家族労働報酬は二万八五八二円になる。販売方法は市場出荷がよい。

2 空調栽培

(1) 培地の調製と殺菌

①培地材料

培地基材としてスギやヒノキのオガコ、添加物としてフスマ、コーンブラン、容器としてビンまたは袋を準備する。

スギやヒノキオガコは油脂や精油分が含まれているので、三カ月くらい散水処理するか、六カ月くらい野積みする。

このほか、オガコはアラカシ、ホオノキ、アカメガシワ、ツブラジイ、イロハモミジ、アブマキ、クスノキ、オオバヤシャブシ、アカシデ、クヌギは使用可能であるが、ラワン類、コナラ、膨化モミガラ、ヤマザクラ、クリは単体では使用しないほうがよい。

コーンコブミールはスギ、ヒノキ、オガコより価格が高く、菌糸の回りが悪く発生量が少ないので、二～三割の混入にとどめるべきである。

添加物はフスマ、コーンブランが発生量が多く、米ヌカ、麦ヌカは発生量が少ない。

②培地の調製と詰め込み

培地基材と添加物の配合比は、スギオガコ：フスマ：コーンブラン＝一〇：三：〇・五で、培地の水分率は六五％に調整する。一リットル当たり三七〇グラムに相当する培地を八〇〇ミリリットルや八五〇ミリリットルのPPビンにそれぞれ四八〇グラムと五一〇グラム詰め込み、袋の場合は大きさに応じて一～二・五キロ詰め込む。培地の水分率は六〇％を切ると菌糸が薄回りになり、七〇％以上になると底に水がたまり、菌が回らなくなる。発生量やキノコの大きさも六五％が最もよい。

ふたはガタが少なく密着していることが大切で、夏期にはメンコをはさむほうが雑菌予防になる。

③培地の殺菌

高圧の場合は一・四キロ／平方センチ、一二一℃になってから一時間くらい、常圧の場合は九八℃になってから五時間くらい殺菌する。殺菌が済んで冷却室に取り込む場合は、雑菌の汚染防止上、冷却室の消毒と、釜から出す温度をできるだけ下げてから出し、「戻り空気」がはいらないように気を付ける。

(2) 種菌の接種と培養

①種菌の接種

殺菌後一昼夜冷却し、培地の温度が二〇℃以下になってから接種する。種菌は消毒した室内で殺菌したサジや接種機により培地表面や穴に一ビン当たり約一五ミリリットルを素早く接種する。とくに種菌は接種後、三〇～四〇日の若いもので、雑菌の汚染のないものを使用すべきである。その見分け方として、寒天培地やワックスマン培地に分離して汚染がないことを確認してから使用するのがよい。また、自家種菌より種菌メーカーのもののほうが安全である。また、ビンの移動時にはふたがガタガタしないように注意して運搬することが必要である。

②培養室の条件と構造

培養室は断熱構造で空調機や熱交換機、加湿器を備える。温度は二三℃、湿度六五～七〇％、光は初期～中期は暗黒、後期に二〇〇ルクス。CO_2濃度は

図2　ビン栽培の様子

○・二水分以下、二時間に一○分くらいの換気が必要である。培養期間はビンで三五～四○日、袋で四五～五○日である。

③培養と培養室の管理

初期は活着と菌糸の伸長が遅いので、ビンに空調の風が当たらないようにビニールをかける。中期以降はビンや袋の中の温度が最適温度より上がらないように調節し、CO_2濃度が○・二%以下になるよう換気に注意する。

雑菌汚染の予防のため、雑菌の付いたビンは除去したり、一カ月に一回くらい室内の消毒をする必要がある。

(3) 発生操作と発生

①発生室の条件と構造

発生室も培養室と同様、断熱構造で空調機や熱交換機、加湿器を備えるとともに棚も必要である。温度は一五～一七℃、湿度八五～九○水分、光は二○○ルクス、換気はCO_2濃度が○・二水分以下になるように調節する。

②発生操作

培養後、キノコの発芽をそろえるために菌かきを行なう。菌かき方法には全かきで、培地を深めにかき取るほうが芽が大きく、雑菌の付着も少ない。

③芽出しと発生管理

菌かき後、注水はせず、新聞紙または有孔ポリをかけて芽出しする。芽は七～一○日で発芽する。芽が新聞紙などにつかえるほど大きくなったら新聞紙などを取り除く。その後七～一○日でキノコが収穫できる。

雑菌汚染の予防のため、新聞紙は一回ずつ取り替えたり、入れ替え時に室内の消毒（ベンレート一○○○倍液、オスバン二五○倍液）を行なったり、土足厳禁を励行する。

(4) 収穫と出荷・販売

①収穫・包装・出荷

傘の直径が四～五センチで収穫する。トレイや袋に一○○グラムまたは二○○グラムのキノコを入れて包装し、一箱三○～四○パック（袋）詰めで出荷する。

②販売方法と工夫

一般には生で一本ずつに分けて、または数本の株状で販売している。そのほか、加工品として水煮、醤油煮、レトルトカレー、生またはゆでて冷凍したものが販売されている。また、小さなキノコばかり集めてお徳用として半値ぐらいで販売している例もある。

3 野外栽培

ヨーロッパでは袋で培養し、その培地をビニールハウス内の土中に埋めて発生収穫する方法（マッシュルームの栽培からきたものだと思うが）が行なわれている。日本ではエノキタケなどビン栽培の歴史が長く、また一連の工程が機械化されているためビン栽培が主に行なわれている。

(1) 埋め込み栽培

袋に培地を詰めて培養し（四〇～五〇日）、完熟させた（六〇日）後ビニールハウス内で袋から出して土に埋めて、散水し、秋に発生・収穫する方法である。一時期に集中して発生し大株のキノコが得られる。

(2) 棚栽培

袋に培地を詰めて培養し、完熟させた後、ビニールハウス内の棚に培地を展開（中ぶたなどは取るが、袋は残しておく）し、菌かき、散水して、秋に発生・収穫する方法である。培地の乾燥は袋の上げ下ろしで対処する。

菌床シイタケ栽培者は即エリンギに作目転換ができるため、棚栽培を採用している。

（澤　章三）

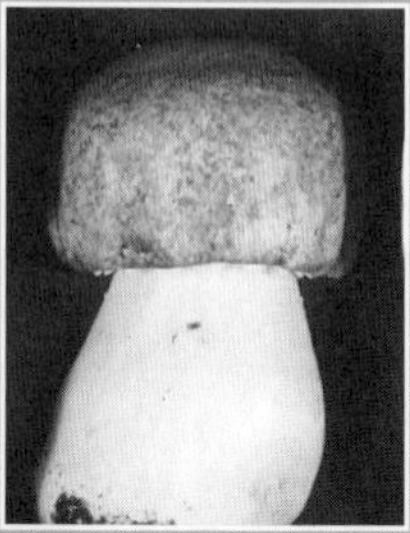

ヒメマツタケ（アガリクスタケ）

（ハラタケ科ハラタケ属）

名称		ヒメマツタケ(ハラタケ科ハラタケ属)
別名		カワリハラタケ、アガリクスタケ、神仙茸、仙生露
機能性、薬効等		抗腫瘍作用、抗ガン作用、コレステロール低下作用、鎮痛作用。食用としても多用途あり
生態	自然分布	ブラジル原産
	自然発生時期	—
生理	菌糸伸長温度	伸長範囲10～30℃以上、最適温度30℃
	菌糸伸長湿度	70～80%
	子実体発生温度	詳細不明。栽培試験例24℃
	子実体発生湿度	90%以上
	CO_2濃度・光線	通気性がよく、照度10ルクス程度
栽培	栽培方法	菌床栽培。1kgフィルター付き袋。発生時ピートモス覆土
	適応樹種	—
	培地材料	基材：バーク堆肥、ピートモス 栄養材：フスマ、トウモロコシヌカ
	品種と種菌形状	菌床：菌床種菌
	栽培所要期間	菌床：1kg培地で2～3カ月培養。収穫期間2カ月
	年間発生回数	菌床：1培地当たり3回
	収穫物の規格	膜切れ前の収穫。生食もしくは乾燥利用

1 ヒメマツタケの特徴

(1) 野生での分布、形態の特徴

ヒメマツタケは一九六五年にブラジルで発見され、日本に導入されたキノコである。形態は日本のハラタケによく似ていて、当初カワリハラタケと名付けられたが、現在はヒメマツタケ、アガリクスタケのほうがとおりがよい。もともと、堆肥などでよく繁殖する腐生性キノコであるが、最近は菌床栽培法が開発されつつある。

(2) 利用と成分、機能性

ヒメマツタケはボリュームがあり、柄の歯ざわりもよくて和洋、中華料理のいずれにも合う。ややにおいに癖があるが、気になる場合には重曹や米のとぎ汁を用いてゆでることでアク抜きができる。直火焼き、ホイル焼き、天ぷら、バター炒め、煮付け、シチュー、グラタン、鍋物、サラダ、和え物、五

図1　栽培工程

培地調製 → 容器詰め → 殺菌 → 放冷 → 接種 → 培養 → 発生処理 → 覆土 → 原基形成 → 一番収穫 → 二番収穫 → 廃床処理

培地調製～殺菌：1日　放冷～接種：1日　接種～発生処理：2～3カ月　覆土～一番収穫：20日　一番収穫～二番収穫：1カ月

目飯、吸い物、味噌汁など、幅広く利用できる。しかし、生食用ではキノコの変化が速いため一般の流通にはのりにくく、一部業務用に利用される程度である。

それに対して、乾燥物は薬理効果を期待した製品原料として利用が進んでいる。薬理効果としては、抗腫瘍、抗ガン、コレステロール低下、鎮痛といった作用が知られている。中国からの乾燥物の輸入量も多い。

図2　ピートモス覆土を行なった状態

2　栽培の実際

ヒメマツタケの菌床栽培については報告例がほとんどなく、この技術的内容は不明な部分が多い。ここでは筆者が試みた試験にもとづいて概略を取りまとめたが、まだ改善すべき事項が残されている点を付記しておく。

(1)　材料と種菌の準備

培地基材はバーク堆肥とピートモスである。バーク堆肥はpHが七・四と中性であるので、酸性の強いピートモスpH三・九を容積比で二分の一加えてpHを五台に調整する。栄養材はフスマとトウモロコシヌカを半々にして用いる。容器は重量一・二キロ用のフィルター付き袋を使用。

種菌は種菌メーカーからまだ一般向けに市販されていないので、菌株を保有するメーカーや研究機関に相談して分譲を受けるとよい。発生操作では消石灰でpH五台に調整したピートモスで覆土する。

(2) 培地の調製と接種

①培地の調製

前述のバーク堆肥とピートモスの混合物を基材に栄養材を容積比で一〇対三に配合する。実験では一〇対一または二でもキノコが得られたが、発生個数、重量の点では三が最も多かった。水分率は握ってやや水がにじむ程度（六五％）に調整する。

②容器詰め

培地重量一キロ程度を袋に詰め、口を二重に折ってクリップで止める。この場合、種菌は混合接種の方法を取るため培地の成形や接種孔をあける必要はない。容器に詰めた後はただちに殺菌にかける。

③殺菌、放冷

この培地では、通常のオガコ培地に比べて微生物量が多いので徹底した殺菌が求められる。できれば高圧殺菌法としたいし、培地量を大きくすると殺菌不良にもなりやすいので注意する。殺菌後は培地がまだ熱いうちに取り出して、清潔な状態で一晩放冷する。

④接種、種菌

この培地では接種後の菌糸の活着が遅いので、接種は表面に散布する方法よりも培地内部に混合する方法が適している。接種量は一袋に対してよくほぐした種菌大サジ二杯程度とし、サジで培地内部に混ぜ込んでから表面を平らにしておく。

種菌は場合によっては自家培養する必要がある。筆者の例では、前述の培地二五〇ccを高圧殺菌の後に寒天培地で培養した菌糸を接種し、二二℃で四五日あるいは九八日培養したもので発生が得られている。東京農大の報告では八〇〇ccの堆肥を高圧殺菌して用い、二八±二℃で三〇日培養で使用した例がある。また、麦芽エキス寒天培地で培養した菌糸は薄くて接種後の発菌が遅いが、バーク堆肥培地で培養した菌糸は再生力が強く伸びも速い状態である。

(3) 培養と発生・収穫

①培　養

最適培養条件についてはまだ検討不足であるが、試験例では一キロの袋培地を二二℃で六五日と一〇一日の培養で比較したところ、前者がキノコの発生個数、重量ともに良好であった。この培養の外観は、菌糸が全体にまん延してからさらに熟成が進み、培地がやや収縮し始めた状態のものである。培養日数については、培地組成や培養温度によって大きく左右される。

②発生操作

覆土材料としてはピートモスを用いたが、これは水につけ、ピートモス二〇リットル当たり四〇グラムの消石灰を混ぜてpH五・五に調整する。培地は袋に入れたままで、前述のピートモスをよく絞って表面に厚さ五～六センチに覆土する。発生温度は二四℃であるが、乾燥しやすいので超音波加湿機で保湿する。光線は一〇ルクス程度である。この状態で管理すると、覆土内に薄く菌糸が伸長し表面近くに原基が形成されて約二〇日で一回目の収穫となっている。栄養材一〇対三の培地ではこの後一〇～一五日おきに三回目まで発生していた。

図3　収穫時の状態

図4　収穫物の形状

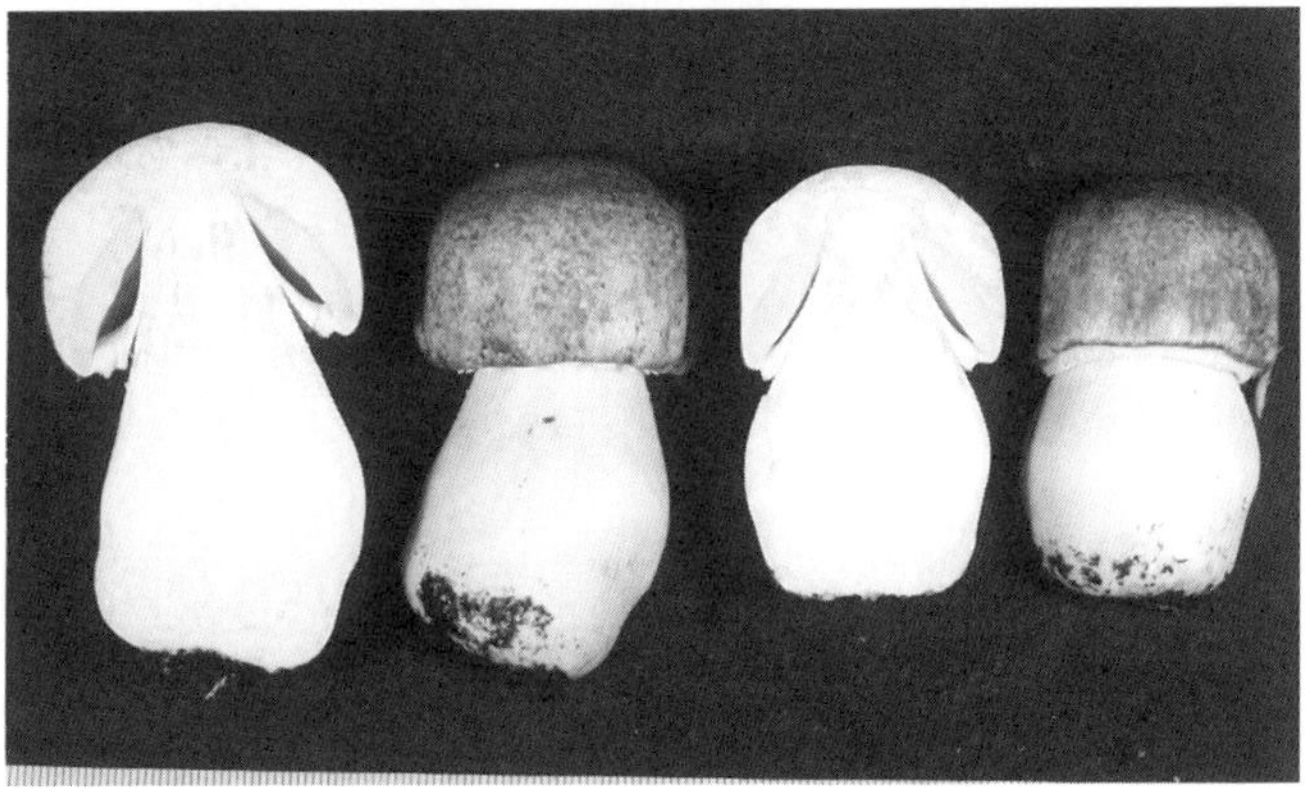

なお、ピートモスを殺菌して用いると、覆土内への菌糸のまん延が著しく、キノコは発生しない。

③収　穫

収穫は膜切れ前に行なう必要がある。発生温度が高いためにキノコの生長が速く、膜が切れると一晩でひだは黒変して食用には不向きとなる。このため日に二回程度の収穫が必要である。収穫後も低温保存をしないとひだの開きと変色が進みやすい。試験の結果では、キノコの個重はつぼみで一二～六〇グラム、平均二八グラムである。収穫量は三回発生の合計で、一キロ袋当たり七個、約二〇〇グラムである。収穫量は袋によるバラツキがやや多いことと、発生後半になるとキノコの個重は小さくなる傾向が認められる。

（小出博志）

マンネンタケ
（マンネンタケ科マンネンタケ属）

名　称		マンネンタケ(マンネンタケ科マンネンタケ属)
別　名		万年茸、幸茸、吉祥茸、福草、門出茸、霊芝、神芝
機能性、薬効等		抗腫瘍作用、抗ガン作用、血糖·血圧·コレステロール降下作用、鎮痛作用。健胃、強壮、消炎、利尿、益胃
生態	自然分布	北半球の温帯、広葉樹の根株白色腐朽菌
	自然発生時期	6〜9月、成熟期は8〜9月
生理	菌糸伸長温度	伸長範囲10〜38℃、最適温度30℃
	菌糸伸長湿度	70〜80%
	子実体発生温度	発生範囲20〜30℃、最適温度25〜28℃
	子実体発生湿度	75〜85%
	CO_2濃度・光線	通風のよい明るい環境。直射日光は避ける
栽培	栽培方法	原木栽培、短木断面栽培、殺菌原木栽培、菌床栽培
	適応樹種	原木：ナラ類、クヌギ、ウメ、サクラ
	培地材料	オガコ：広葉樹　栄養材：米ヌカ、フスマ、トウモロコシヌカ
	品種と種菌形状	原木：種駒またはオガコ菌　その他：オガコ菌
	栽培所要期間	原木：４年　短木、殺菌原木：３年　菌床：１年
	年間発生回数	原木：年１回×３年　短木、殺菌原木：年１回×２年
	収穫物の規格	とくになし

1 マンネンタケの特徴

(1) キノコとしての特徴

①野生での分布、形態の特徴

自然分布の範囲は、北半球の温帯一円と広い。発生個所は広葉樹の根際や切り株、弱った木の樹幹などで、六〜九月の高温期に発生する。六月ごろの幼菌は先端が黄白色の棍棒状で、ある高さに達すると水平方向に曲がって傘が形成され、古い部分から褐色に変わる。マンネンタケの形は変化に富むが、多くはたまじゃくし型で柄の片側に傘が付く。傘の裏面は管孔で、成熟すると茶褐色の胞子が厚く傘の表面を覆う。マンネンタケは一年生であるが、肉がコルク質のために乾燥しておけば長期間の保存ができる。色は茶褐色、紫褐色、黒褐色で、全面が硬い殻皮に覆われ、表面はニスを塗ったような光沢を有する美しいキノコである。

②利用と成分、機能性

図1　栽培工程

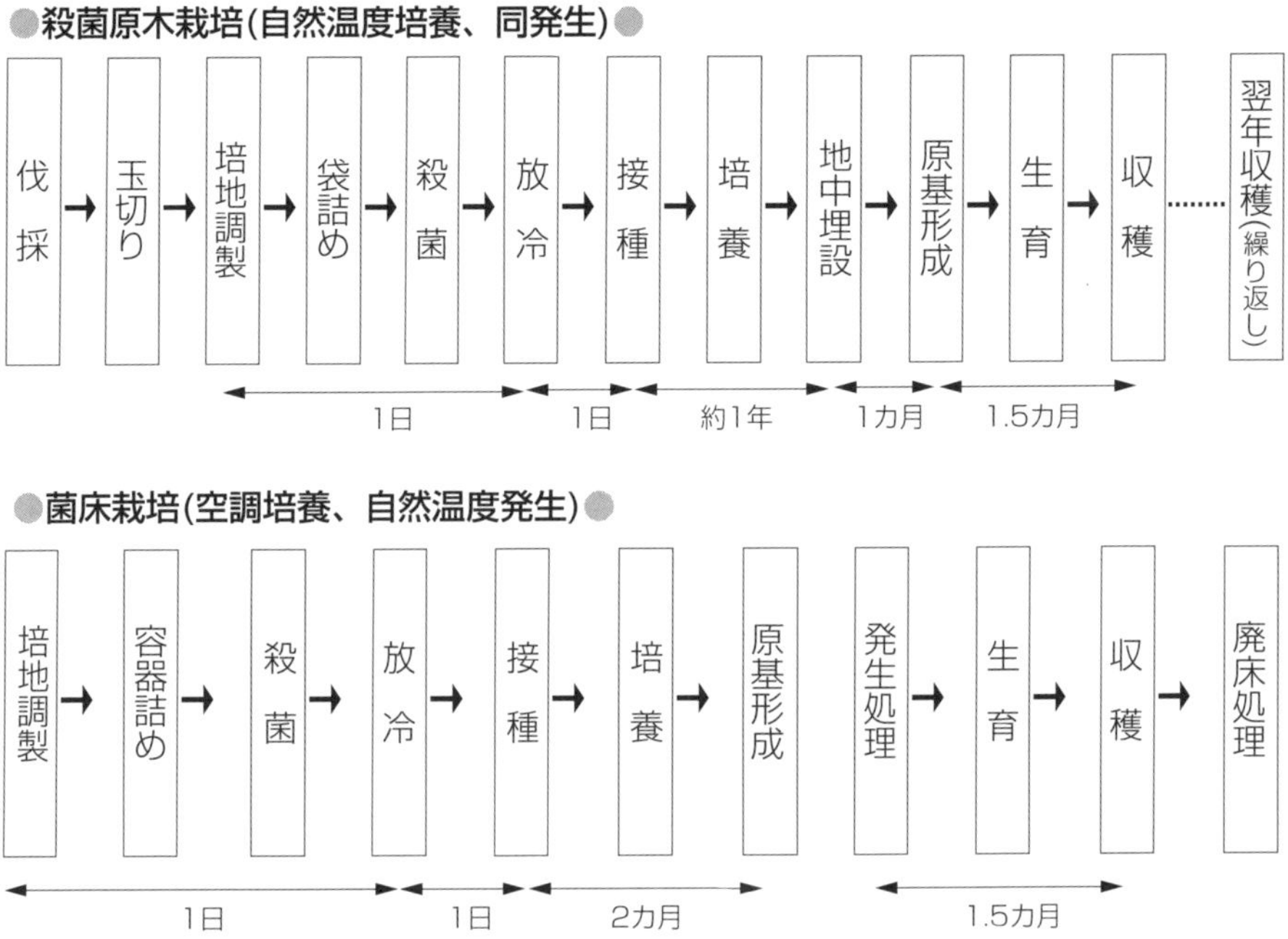

日本や中国では古くから観賞用として珍重されてきたが、薬効のあることが知られ一次は栽培ブームとなった時期もあった。薬効については抗腫瘍、抗ガン、血糖降下、血圧降下などが知られ、せんじたり粉末で服用されている。

韓国では柄を切った傘だけのものが市場に多量に出荷されており、高麗人参と肩を並べて扱われていた。これらは普段お茶代わりに飲用されているとのことで、日本でもこのような需要が拡大すれば栽培量は伸びるものと思われる。なお、マンネンタケの廃ホダがクワガタムシの産卵床として適するという、ペット業者からの引き合いがあったことも付記しておこう。

(2) 生育に適した環境と栽培法

栽培は菌糸の繁殖力が旺盛なことから、原木あるいは菌床でいたって容易に行なうことができる。ただし、菌床栽培のキノコは傘ができない角状のものや質の軟らかいものができやすい。観賞用には二股、三股、角状と多様な形状のキノコが喜ばれ置き物などに加工される。薬原料では管孔が十分に成熟し、傘の長径が一〇センチ以上のものが要求されており、この点では原木栽培物が適している。

マンネンタケの栽培法については、普通原木栽培、短木断面栽培、殺菌原木栽培および菌床栽培がある。ここでは殺菌原木栽培と菌床栽培を主に述べることとする。

(3) 経営のねらいと栽培法の選び方

キノコの用途が観賞用および薬原料ということから、空調施設による周年栽培の例はほとんどなく、夏を中心とした季節栽培が主である。経営的には薬原料として契約栽培を行なうところではかなり大規模の経営があるというが、多くは野菜農家などの小規模複合経営にとどまっている。かつて長野県でブームになった折には、畑地にトンネルハウスを設け殺菌原木による生産が多く見られたが、最近では数える程度に縮小している。

2 培地材料と種菌の準備

(1) 殺菌原木栽培

原木樹種はナラ類、クヌギ、アベマキ、ウメ、サクラ、ニセアカシアなどの広葉樹が使用できる。径級は六〜一五センチが適当であるが、太いものは割って使用できる。長さは二・五キロ用の袋では一五〜二〇センチとする。原木水分は生の状態でよく、乾いている場合は浸水して十分に水を吸わせてから用いる。

また、袋の底と原木の上面に数センチのオガコ培地を充てんしておくと、種菌の使用量が少量で済み、接種後の菌糸の活着や伸長も良好になるので励行したい。

種菌は、種菌メーカーから数品種が市販されているが、この栽培法ではオガコ種菌を使用する。

(2) 菌床栽培

オガコはブナもしくは一般広葉樹を使用する。栄養材は米ヌカ、フスマ、トウモロコシヌカなどの一般的なものでよい。水は飲用にできるものとする。発生するキノコの大きさは培地の大きさとも関係するため、容器の選択ではこの点も考慮する。ビンでは容量一〇〇〇〜一五〇〇cc、袋では培地重量一・二キロ用、箱では四キロ程度の大きさが適当である。種菌は殺菌原木栽培と同様である。

3 栽培の実際

●殺菌原木栽培●

(1) 原木の準備と接種

①袋詰め

短く切った原木を袋の大きさに合わせて一〜数本を縦または横に詰める。このときにささくれで袋に穴をあけないよう注意する。同時にオガコ培地を袋の底と原木上面に数センチ充てんする。培地は広葉樹オガコと栄養材を容積比（菌床栽培と同じもの）で一〇対二程度に混ぜ、水は手で強く握ったときに少しにじむ程度（六五％）に調製する。栓はフィルター付き袋では口を二重に折ってクリップ止めとする。筒口を付けてキャップ栓、綿栓とする方法もあるが、綿栓では蒸気でぬれないようにカバーを工夫する。

②殺菌、放冷

殺菌は高圧、常圧どちらでもよいが、原木は熱が上がりにくいので菌床以上に時間をかける必要がある。殺菌不足の場合には原木表面にトリコデルマが発菌してくるので、予備的に殺菌を試して有効時間を把握するとよい。釜への収容は、袋培地をコンテナに入れて棚に差す方式あるいは深いコンテナに入れて重ねる方式になるが、双方ともビンに比較して収容率が低い。殺菌後は熱いうちに釜から取り出して、余熱で容器の外周を乾かすとともに、できるだけ清潔な状態で一晩放冷する。

図2　殺菌原木栽培での発生の様子

③接　種

キノコ専用の接種施設が利用できれば清潔な作業ができるが、これがない場合には室内にビニール製の接種カバーを吊り外気やほこりを避けてこの中で行なう。カバー内は、霧噴きで水を噴霧してほこりを静める。接種は、清潔な衣類で手指をよく洗ったり、器具をアルコール消毒や滅菌し、害菌がはいらないように行なう。接種量は大サジ二～三杯で、培地上面全体と一部を側面から底に落とす。作業は二人で当たり、口の開放時間を極力短くすることが大切である。

(2) 培　養

マンネンタケの発生処理（埋め込み）は、通常梅雨入り前の五月末から六月初めに行なう。このため、自然温度培養では春先に接種をし、一年間培養をして翌年の梅雨前に発生させるパターンが確実である。

培養方法は、風通しのよい日陰下で棚差しの形とする。接種直後は培地の凍結、夏は三〇℃以上の高温で菌糸が衰弱するので注意する。夏季に走りのキノコが生長して袋を破ると、培地の過乾から害菌汚染になるので取り除いておく。なお、菌糸がまん延してからの袋の口の開閉はあまり心配がない。

空調培養で期間を短縮することも可能であるが、原木では菌床に比べ腐朽が進みにくいので六カ月以上培養するほうがよい。温度を高くすると培養初期の害菌汚染を受けやすいので二〇～二二℃程度に抑えておく。

図3　菌床栽培での発生の様子

(3) 発生と収穫・販売

①発生処理

前述の時期になったら、袋から取り出して、五~一〇センチ地上に出して立てて土に埋め込む。このころになるとオガコと原木はがっしりと固まって一体化しているが、無理にはがす必要はない。キノコが接触すると癒着するので、二〇センチ程度の間隔をあける。

発生場所は温度が十分上がるように畑地や裸地を選定するとともに、パイプハウスを設けて青い防水シートなどで覆って保温する。

キノコの柄は暗いと徒長し明るいと短くなり、傘は光の方向に生長するという性質を知って日陰調節を行なう必要がある。

また、ハウス内の湿度が高いとクラッドボトリウムなどの寄生性害菌が多発するので、湿度は八〇%以下、温度三〇℃前後を目安に管理する。

②収穫・調製

六月に芽切ったキノコは二カ月近くかかってお盆過ぎに成熟する。傘の先端の黄白部まで褐色になり、裏の子実層が成熟して表面に厚く胞子がたまるころが収穫時期となる。収穫は子実層を傷付けないようにもぎ取って、土や胞子をよく水洗いしてから乾燥する。この時点ではキノコは色のさめた状態であるが、これをPP袋に入れて蒸気で蒸すと光沢が出てくる。蒸す時間によって色の濃淡の差が生じ、長くするほど黒ずんでくる。収穫量は一本のホダ木から一~数本が得られ、個重は長径一〇センチのもので二五グラム（乾燥物）程度である。保存は火力乾燥をしてからビニール袋内に密封する。乾燥が不十分だと虫害を受けてボロボロになる。

③出荷と販売方法

収穫されたキノコは個々に選別して販売されるが、柄を付ける場合と傘のみの場合がある。観賞用にはホダ木から発生している状態のものが好まれている。

●菌床栽培●

(1) 培地の準備・接種・培養

①培地調製・殺菌・接種

配合量は、容積比でオガコ一〇対栄

養材二程度とし、水分率は六五～七〇%とする。容器への詰め方はビン、袋、箱ともに通常の方法でよい。殺菌、放冷も通常の方法で問題ない。

接種は殺菌原木栽培に準じて慎重に行なう。

②培　養

空調培養が基本となるが、温度二〇～二二℃で二カ月程度で発生処理できるようになる。菌糸が培地全体にまん延してからさらに熟成が進むと、培地表面に黄白色の原基が形成されてくるが、これが発生のタイミングとなる。自然温度培養も可能であるが、温度の経過により培養期間に差が生じることは否めない。

(2) 発生処理と収穫

①発生処理

キノコの収穫は前項と同様に自然発生期に行なうことができるので、この時期に合わせて培養を完了させる。原基が見えたら、ビンの栓や袋、箱の包皮を開いてキノコの生長をはかる。容器内で生長させるため、棚差しまたは地表での平並べで管理する。

発生舎はパイプハウスを青い防水シートで覆うなどとし、十分に温度を上げるとともに菌床面に鹿沼土などを入れて保湿すると傘の発達がよくなる。

空調施設を利用し、温度二五℃、湿度七五～八五%、明るい光線下で管理しても収穫は得られるが、あまり実例はない。

収穫は殺菌原木栽培と同様に行なう。

その他の栽培

シイタケで行なう普通原木栽培法でも可能であるが、発生処理は翌年の夏前で、横並べにホダ木を半分土に埋めて行なう。

ヒラタケでみられる短木断面栽培法に準じてもよい。この方法では菌糸のまん延が得られれば当年発生も可能である。

（小出博志）

フクロタケ
（ウラベニガサ科フクロタケ属）

名称		フクロタケ（ウラベニガサ科フクロタケ属）
別名		中国名：草菇，しなしめじ
機能性，薬効等		—
生態	自然発生分布	世界的に分布（中心は熱帯）
	自然発生時期	夏〜秋
生理	菌糸伸長温度	20〜40℃、最適30〜35℃
	菌糸伸長湿度	70〜80%
	子実体発生温度	—
	子実体発生湿度	80〜90%
	CO_2濃度・光線	CO_2濃度3,000ppm以下、300ルクス前後
栽培	栽培方法	ベッド栽培
	適応樹種	—
	培地材料	稲ワラ、麦ワラ
	品種と種菌形状	品種名：なし　種菌形状：穀粒種菌
	栽培所要期間	高温期：種菌接種からキノコ発生まで2週間
	年間発生回数	キノコの発生が始まると次から次と発生
	収穫物の規格	つぼの膜が切れないうちに収穫

1 フクロタケの特徴

(1) キノコとしての特徴

フクロタケは、木材の中で生活するキノコの仲間ではなく、稲ワラ、麦ワラなどに繁殖する菌である。

わが国にも自生するが、稲ワラを積み上げて堆肥の状態となった場所に発

図1　収穫したフクロタケ

図2　栽培工程

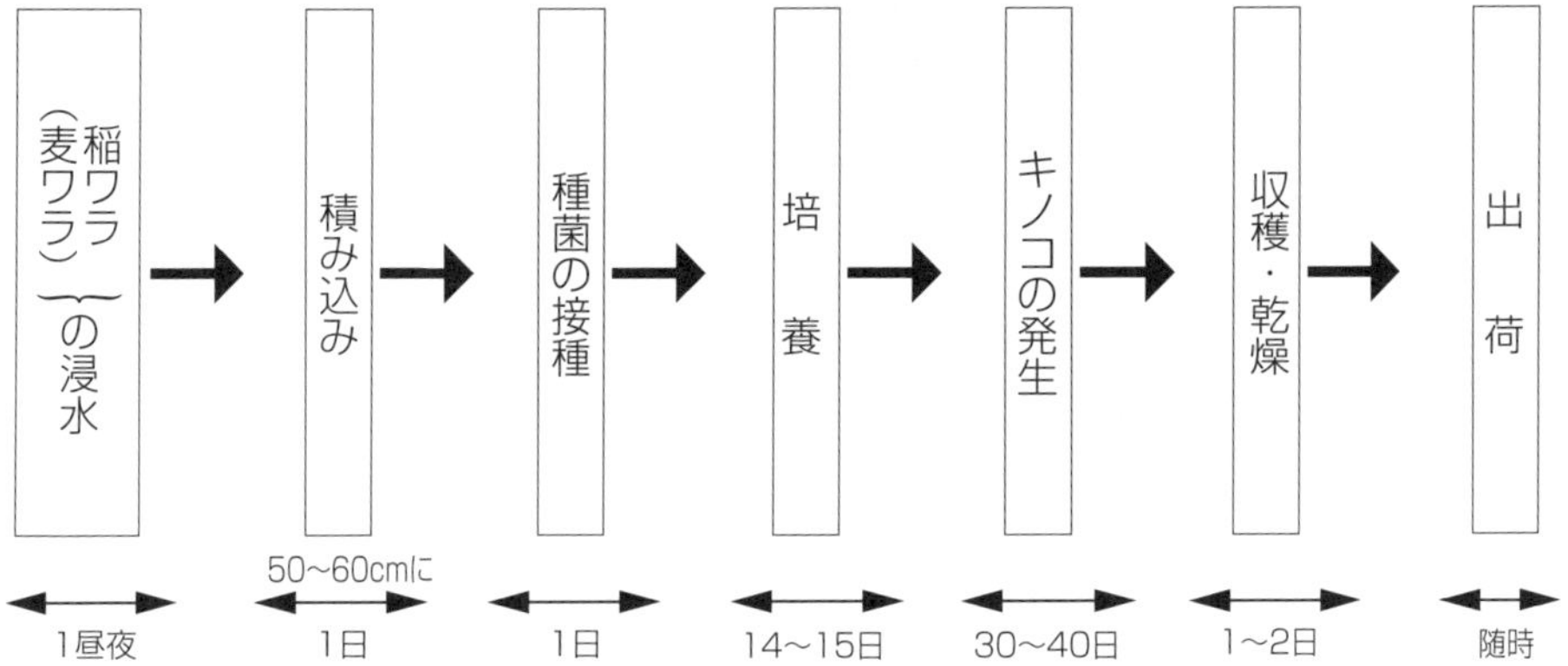

生する。

中華料理には不可欠のキノコであるが、国内生産はきわめて少なく、ほとんどが東南アジアからの輸入品である。

キノコの形状は、傘の大きさが五～一三センチであり、菌柄（茎）は下方になるにつれて太くなり、地際の部分に大きなつぼがある。この特徴からフクロタケと名付けられた。

キノコの発生は、つぼみのときは全体が外皮に覆われているが、生長するにつれて、傘と柄が現われるが、外皮はそのままつぼとして地際に残る。

(2) 生育に適した環境と栽培法

フクロタケの生育温度は、シイタケやナメコなど栽培キノコと比べても最も高い。フクロタケは、高温を好むのでわが国で栽培する場合は、夏から秋の時期に栽培するのが無難である。他の時期に栽培する場合には、ハウス内で暖房を行ないながらの栽培となる。

栽培を始めてから二週間程度でキノコが発生してくるので、他のキノコと比べて培養期間も短く、栽培方法も難しいキノコではないが、国内で生では流通していないので、まず販売先を考えてから栽培するようにすることが重要である。

キノコの発生量は、栽培材料の重さの一〇～一二％、乾燥品にすると、生重量の一〇～一二％である。

2 栽培の実際

(1) 栽培材料

栽培に用いる材料は、稲ワラ、麦ワラが主として用いられるが、高温の地域では、サトウキビの搾り粕やバナナの枯れ葉なども用いられている。

稲ワラ　収穫した後、乾燥しておいたものがよく、長い間野積みになっていた稲ワラは、ワラの成分が分解していたり、他の菌が繁殖していたりするので好ましくない。稲ワラを加工した俵やムシロなども利用できる。

麦ワラ　稲ワラよりも腐りにくいため発生量は落ちるが、反面発生期間が長くなるという利点もある。

添加養分　稲ワラや麦ワラの中に早く繁殖させるようにするため、米ヌカ・フスマなどを養分として重量の一〇%を加える。また、pH調整のため石灰を少量加える。

図3　亜熱帯地方でのフクロタケの自然栽培

(2) 床づくりから伏せ込みまで

稲ワラ一〇〇〇キロ当たりの栽培面積は、約一〇平方メートルを必要とするので、材料の重さを考えて床面積を決定する。栽培床は長さ約一メートル、幅約五〇センチ、高さは五〇～九〇センチとするが、夏季に野外栽培する場合は五〇センチ程度の高さが管理上楽である。

稲ワラは小束のまま一昼夜水につけておいて積み込む方法と、約二〇センチに切ってから一昼夜浸水して積み込む方法がある。

小束のまま浸水した場合は、地際のほうを外にして踏み固めながら積み込む。刻んだ稲ワラの培地は、浸水後十分踏み固めながら積み込む。積み込んだ培地（床）はいずれの方法で行なっても、均一な密度になるようにすることが大切である。

(3) 種菌の接種

積み込んだ培地（稲ワラ）が二～三日して、水になじんでしっとりしてきたら、種菌を接種する。種菌は一〇～二〇センチに一カ所の割合とし、一カ所当たりの接種量は、約五グラムが標準であり、種菌の接種は多めのほうがその後の管理が楽である。種菌接種の深さは、床の面から五～一〇センチにする。接種が終わったら種菌の活着を促進するため、コモやムシロで覆って管理する。

フクロタケの菌糸生長最適温度が約三〇℃という高温なので、培地の水分が蒸発して乾燥しやすいので、とくに菌の活着伸長期は十分な水分管理を行なうことが必要である。

(4) 発生と収穫

①発　生

種菌接種後約二週間すると、キノコの発生期を迎える。キノコの発生温度は、菌糸の生長温度よりも少し低い（二五～三〇℃）温度なので、発生適温に温度を調節して管理する。キノコの発生が始まったら培地（床）を覆っていたコモなどは取り除いてキノコの収穫に備える。

キノコは、次から次へと発生してくるので、よく巡回してキノコの生長を観察する。

②キノコの収穫

外皮が切れないつぼみのうちに収穫する。外皮が切れ傘が現われると、商品価値が下がり有利販売することができなくなる。

③乾　燥

わが国では、生のキノコは市場に出荷されていないので、収穫したキノコは乾燥する。乾燥の仕方は、丸のままの乾燥と二つ割り、四つ割りにして乾燥する方法がある。また、天日乾燥と火力乾燥の方法があるが、効率的に良質のものを生産するためには、乾燥機による火力乾燥で行なうのがよい。

乾燥の温度は、生のキノコの水分が多いときには、水分を蒸発させてから温度を上げる。乾燥温度は五〇℃を標準とし、キノコが八〇％乾いてきたらキノコを手で押しつぶして平らにし、最後に五五℃まで上げて仕上げる。

乾燥したキノコは、肉の色が白いものが良質で、肉の色が褐色のものは商品価値が低い。

（大森清寿）

ブナハリタケ
（エゾハリタケ科ブナハリタケ属）

名　称		ブナハリタケ（エゾハリタケ科ブナハリタケ属）
別　名		カミハリタケ（方言：カヌカ、カノコ、ブナカノコなど）
機能性、薬効等		—
生態	自然発生分布	日本、カシミール（ブナ、カエデなどの枯れ木の幹）
	自然発生時期	9月中旬から10月中旬
生理	菌糸伸長温度	最適温度22～25℃
	菌糸伸長湿度	—
	子実体発生温度	最適温度15～18℃
	子実体発生湿度	90%以上
	CO_2濃度・光線	—
栽培	栽培方法	原木栽培
	適応樹種	ブナ、トチ、カエデ、サクラなど　直径：8～20㎝ 長さ：1m
	培地材料	—
	品種と種菌形状	品種比較については未整理　駒菌・オガコ菌
	栽培所要期間	原木：初回発生まで2年、一代5～6年（シーズン）
	年間発生回数	原木：秋1回
	収穫物の規格	—

1 ブナハリタケの特徴

(1) キノコとしての特徴

野生のものは東日本のブナ帯を中心に分布し、東北地方では昔からカヌカ、ブナカノコなどと呼ばれ利用されてきた。キノコは白色、傘は半円形で柄はなく、下面には長さ三～一〇ミリの針が垂れ下がる。独特の果実のような甘い芳香を持ち、肉質は柔軟で水分に富み、乾燥すると革質となる。九月中旬から十月中旬に、ブナ、カエデなどの風倒木に折り重なって発生する白色腐朽菌で、菌糸は部分的にオレンジ色をしている。キノコと同様、この腐朽部からも芳香を発する。料理法としては味噌と合わせるなどして炒め物にされることが多く、香りが強すぎる場合は一度ゆでこぼしてから調理する。

(2) 生育に適した環境と栽培法

野生ではブナ帯のキノコであることを

図1　栽培工程

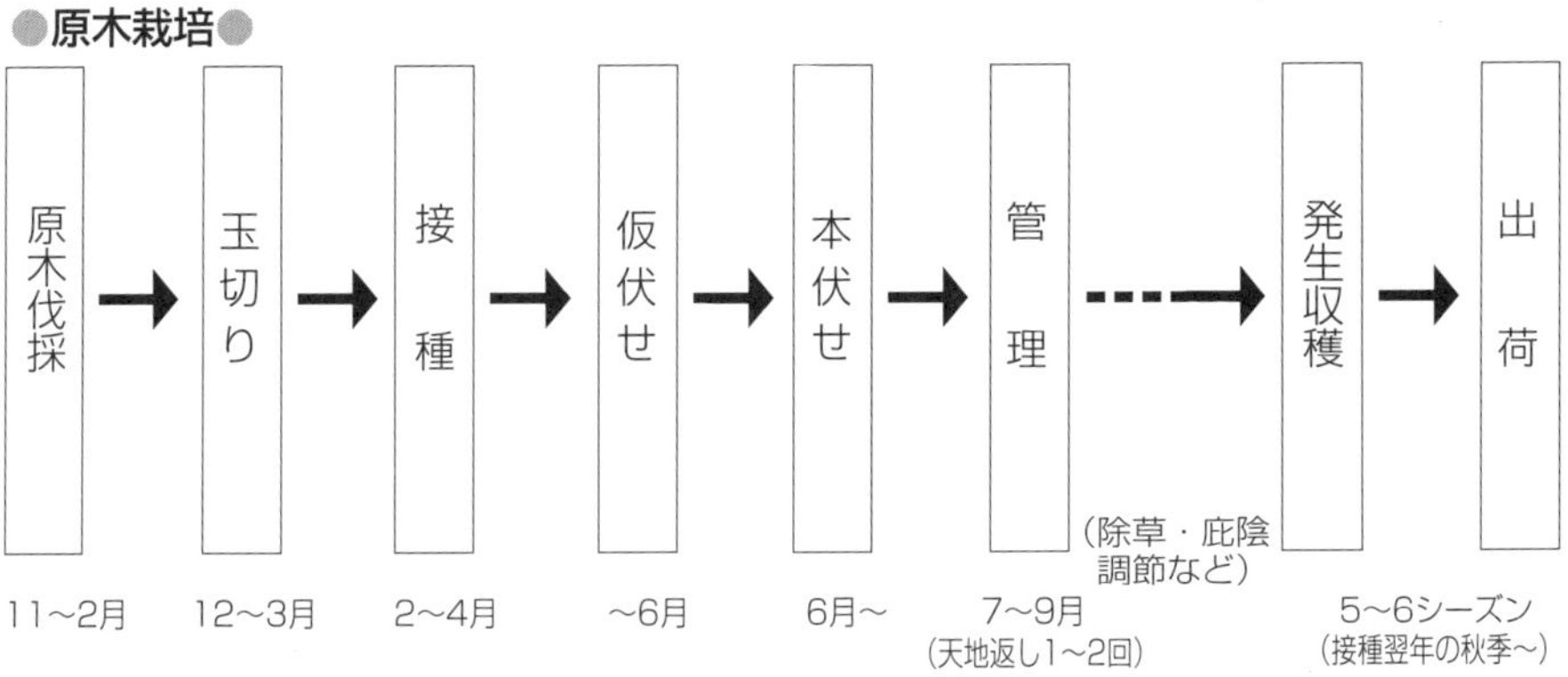

冒頭でも述べたが、比較的湿潤な環境を好み、とくに発生時期には高い空中湿度が必要となる。栽培方法としては、ナメコに準じた原木栽培が最も適しており、菌床栽培も可能ではあるが、一般的な方法では発生したキノコが奇形となりやすく、収量も望めない。

図2　原木栽培での発生の様子（ブナ原木使用）

(3) 経営のねらいと栽培法の選び方

利用されている地域が限られているため、一般にはまだなじみの薄いキノコである。また、原木自然栽培なので周年発生も困難なため、季節の地域特産品あるいは郷土料理の食材として地場消費、観光用消費をねらって複合経営の中に組み込まれれば、需要も期待できる。

2　栽培方法

(1) 培地材料と種菌の準備

①原木の条件と準備

広葉樹の白色腐朽菌であり、樹種としてはブナ、カエデが適しているが、サクラ、コナラ、ミズナラなども使用可能である。ただし、サクラ、ナラ類は収量が不安定となりやすい。また、原木は冬季伐採したものを使用するが、シイタケ用のように枯れ込ませて乾燥したものでは極端に活着率が低下するため、むしろ生木接種のほうがよい。

接種は木口にひび割れができ始めるころまでに行ない、春伐採では伐採後二週間〜一カ月程度が目安となろう。

②種　菌

オガコ種菌と駒種菌があるが、活着率はオガコ種菌のほうが高く、初期の発生量も多い傾向にある。ブナハリタケは腐朽力が強いため、駒種菌は使用適期を過ぎるとスポンジ状に軟化し、発菌力が急に低下するので、これを取り扱う種菌メーカーも含め駒種菌の状態にはとくに注意を要する。

(2) 栽培の実際

基本的にはナメコの原木栽培に準じて行なうことができる。

平場では湿度のとれるスギ林内も伏せ込み場として利用でき、通常は接地伏せとする。原木と原木の間を原木一本分程度あけて伏せ込むと後で収穫しやすくなる。

発生は接種の翌年から始まり、状態にもよるが五〜六シーズン、原木一代で材積一立方メートル当たり六〇〜一二〇キロの収穫が見込める。発生の時期は種菌の系統、その年の気候によっても左右されるが、ナメコよりは早く、九月上旬から十月中旬で、降雨後の二〜三日の間に集中発生することが多く、適期に収穫するためには注意が必要である。収穫適期の目安は、傘の裏の針が伸びそろったころとなる。遅れると商品価値もなく、日持ちも悪くなってしまう。

（渡部正明）

ササクレヒトヨタケ
（ヒトヨタケ科ヒトヨタケ属）

名　称		ササクレヒトヨタケ（ヒトヨタケ科ヒトヨタケ属）
別　名		インキダゲ、マグソキノコ
機能性、薬効等		－
生態	自然分布	世界的に分布、地上に発生する
	自然発生時期	春～秋
生理	菌糸伸長温度	－
	菌糸伸長湿度	－
	子実体発生温度	－
	子実体発生湿度	－
	CO_2濃度・光線	－
栽培	栽培方法	堆肥栽培
	適応樹種	－
	培地材料	広葉樹バーク堆肥、フスマ、オカラ、粉炭、炭酸カルシウム
	種菌形状	バーク堆肥種菌
	栽培所要期間	60～80日
	年間発生回数	4～6回
	収穫物の規格	つぼみ

1 ササクレヒトヨタケの特徴

(1) キノコとしての特徴

①野生での分布、形態の特徴

春から秋にかけて草地、畑地、道ばたなどに群生または束生する。分布はほとんど世界的である。傘は直径三～五センチ、高さ五～一〇センチで傘が開く前は柄の半ば以上がかぶさっており、初めは円柱形または長卵形で後に鐘形となる。傘は淡灰黄色～淡褐色のささくれ様の鱗片で覆われている。柄は一五～二五センチで、動きやすいつば（手で動かすことができる）がある。ひだは初め白色であるが次第に淡紅色から黒色となりインク状となって溶ける。味はこくがあり、和風、洋風いずれにも合う。煮びたし、シチュー、ゆでてマヨネーズ和えもおいしい。

図1　栽培工程

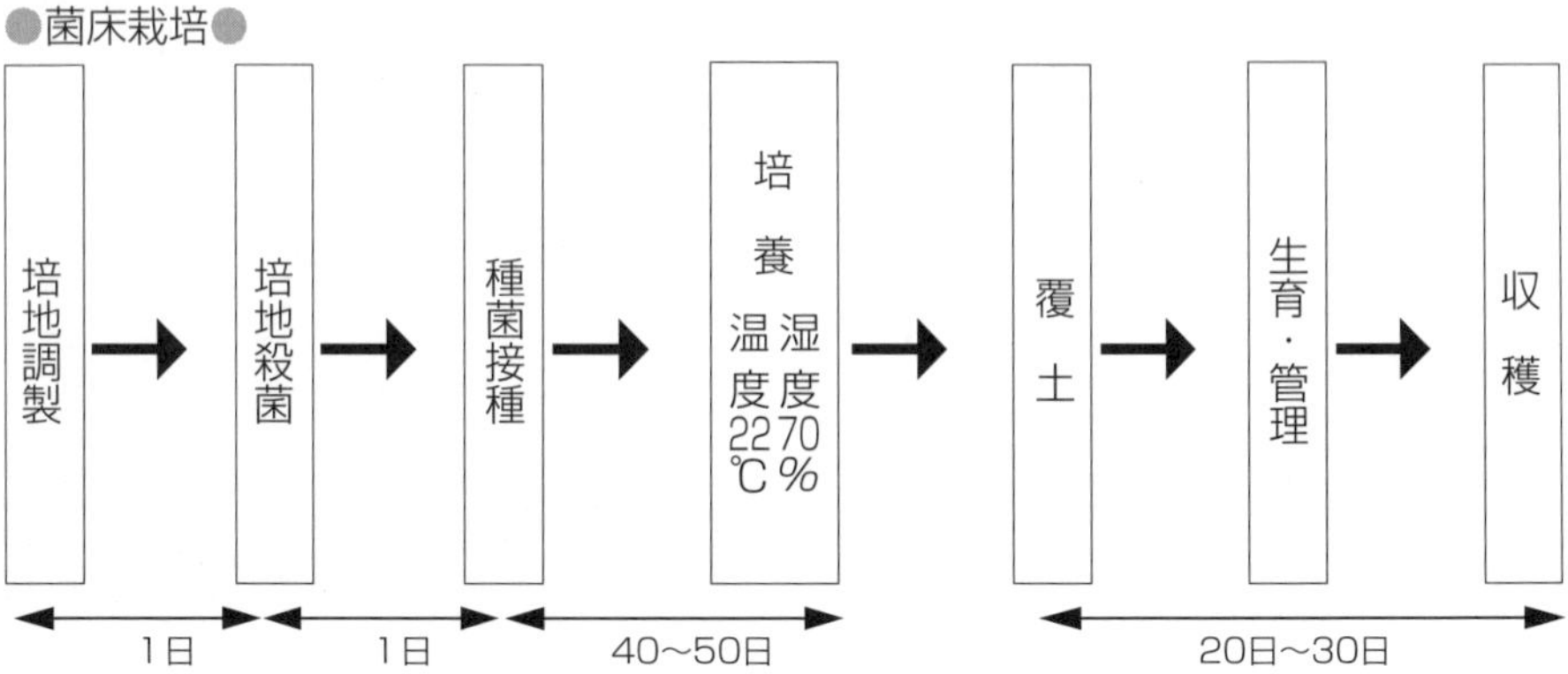

(2) 生育に適した環境と栽培法

培地基材としてバーク堆肥を使った袋栽培、ビン栽培がある。温度コントロールのできる施設があれば周年栽培ができるが、梅雨期から秋季までは野外発生も可能である。施設に経費をかけないで栽培するには野外栽培がよい。

(3) 経営のねらい

ササクレヒトヨタケは一般にはなじみが薄いこと、二日程度と日持ちがしないことからレストランなどとの契約栽培が望ましい。

2 栽培方法

(1) 培地材料と種菌の準備

①材料の準備

培地基材としては完熟した広葉樹バーク堆肥を用意する。栄養材としてはフスマ、オカラ、培地調整剤として粉炭、炭酸カルシウム、覆土用として園芸用粒状培土か小粒の赤玉土を準備する。

②種　菌

種菌は現在販売されてないためPDA寒天培地に子実体から組織片を分離し、接種源にして自分でつくるか、種菌業者に製造を依頼する。

(2) 栽培の実際

①培地の調製

広葉樹バーク堆肥にフスマとオカラを等量混合したものを一〇対二の割合で加え、これに粉炭を五％添加する。培地のpHを炭酸カルシウムで七・〇前後に調整した後、水分率を六五％前後に調整し、フィルター付きPP袋に一〜二・五キロずつ詰める。

②培地の殺菌

培地の殺菌は、常圧釜ならば培地内温度が九八℃になってから五〜六時間、高圧釜の場合は六〇〜七〇分行なう。

③種菌の接種と培養

種菌の接種は清潔な場所で、バーク

堆肥種菌を一袋当たり五〇～一〇〇ミリリットル接種する。

培養は二二～二三℃の培養室で四〇～五〇日行なう。湿度は七〇％前後に保ち、三～四時間に一度換気する。

④発生操作

培養が終わったら袋を培地の上三センチ程度の幅で残し上部を切り取る。ここに湿らせた園芸用粒状培土か小粒の赤玉土を一センチ程度の厚さに覆土する。生育室は温度二二±二℃、湿度九〇±五％に保つ。

空調施設がない場合は雨が当たらないように簡単な小屋がけを行ない、ある程度空中湿度を保つことができれば梅雨期から秋季にかけて野外で栽培ができる。温度が高くなりすぎないように日覆いをする。空中湿度が高くなるように、地表面（床）への散水とビニール囲いをすることがポイントになる。

⑤収穫と出荷・販売

収穫・包装・出荷　収穫は傘が開かないうちに行なう。遅れると傘が開き溶け出す。根元の土をよく落としトレイに詰め、ラップ包装する。日持ちがしないため、収穫後は必ず五℃以下で保冷する。

販売方法と工夫　ササクレヒトヨタケは一般市場ではなじみがないため、レストラン（キノコ料理専門店、自然食料理店など）などとの契約販売が必要である。

なお、この栽培は麒麟麦酒株式会社が栽培の特許を保有している。

（青野　茂）

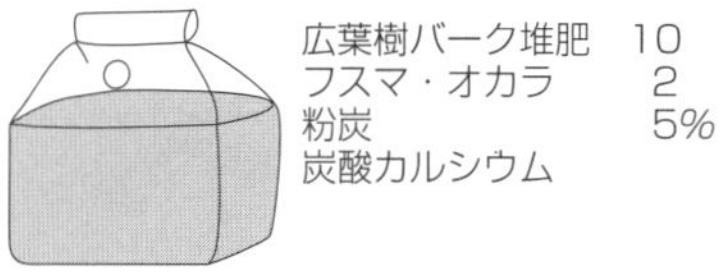

図2　フィルター付きPP袋に1～2.5kgずつ詰める

図3　培養後、袋の上を切り覆土する

図4　覆土したところ

図5　収穫期

ナラタケ

（キシメジ科マツオウジ属）

名称		ナラタケ　（キシメジ科マツオウジ属）
別名		ボリボリ、サワモタセ、ナラブサ、密環菌（中国）、ハニーマッシュルーム（米英）
機能性、薬効等		抗ウイルス成分
生態	自然分布	全世界に分布。針葉樹・広葉樹の生幹・枯幹の根際は根上、切り株あるいは草地に群生する
	自然発生時期	—
生理	菌糸伸長温度	5〜32℃までは伸長可能、菌糸・菌糸束とも20〜25℃が最適
	菌糸伸長湿度	（不明）
	子実体発生温度	12〜20℃発生可能
	子実体発生湿度	範囲は未検討だが、栽培においては菌床面を乾燥させないようにする
	CO_2濃度・光線	菌糸束は好気性。光は菌糸生長、菌糸束形成を抑制する
栽培	栽培方法	菌床栽培
	適応樹種	—
	培地材料	培地基材：広葉樹オガコ、カラマツオガコ、ニンジン粕、栄養材：米ヌカ、フスマ
	品種と種菌形状	BO-01とBO-02　オガコ種菌
	栽培所要期間	約2カ月
	年間発生回数	周年栽培
	収穫物の規格	とくになし

1 ナラタケの特徴

ナラタケは、ほぼ全世界に分布しており、最近、多くの種類の生物学的種（生殖的に隔離された種）の集まりであることが明らかにされ、日本では八種以上、世界的には三〇種以上が報告されている。キノコの発生時期や発生場

図1　栽培中のナラタケ
（ツバナラタケ栽培品種：BO-02）

所は広範囲におよび、また日本では昔から各地で食べられているので、ボリボリ、モダシ、ナラブサなど地方名は一〇〇以上にもおよぶ。歯切れ、舌ざわりがよく、ほのかに甘い香りがある。その一方で、林業的には樹木の根系を侵して枯死させる病原菌とされている。

2 栽培方法

(1) 栽培方法

現在、栽培方法が確立しているのはツバナラタケ（別名オニナラタケ）で、ビンや袋を用いた菌床栽培が可能であ

図2　栽培工程

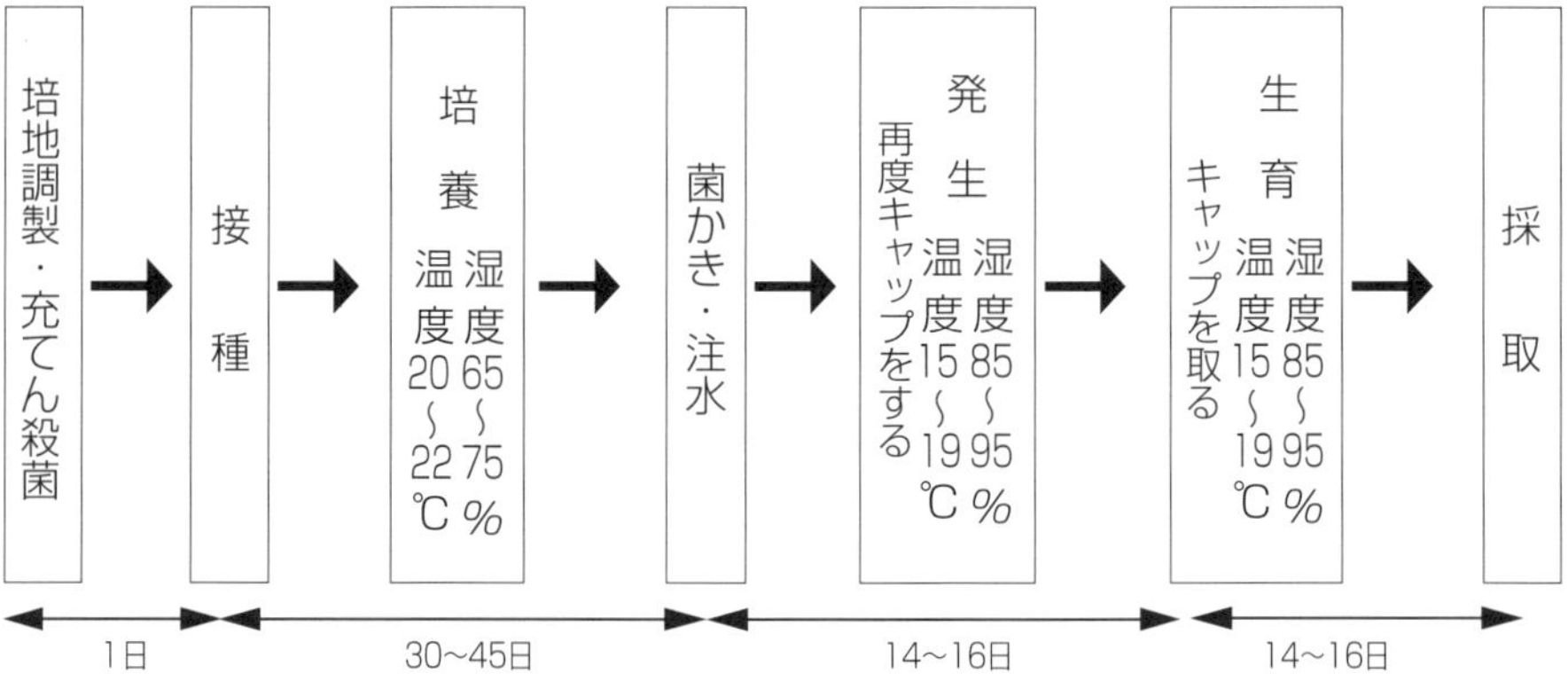

図3　栽培中のナラタケ
（ツバナラタケ栽培品種：BO-01）

図4　ナラタケ栽培のポイント

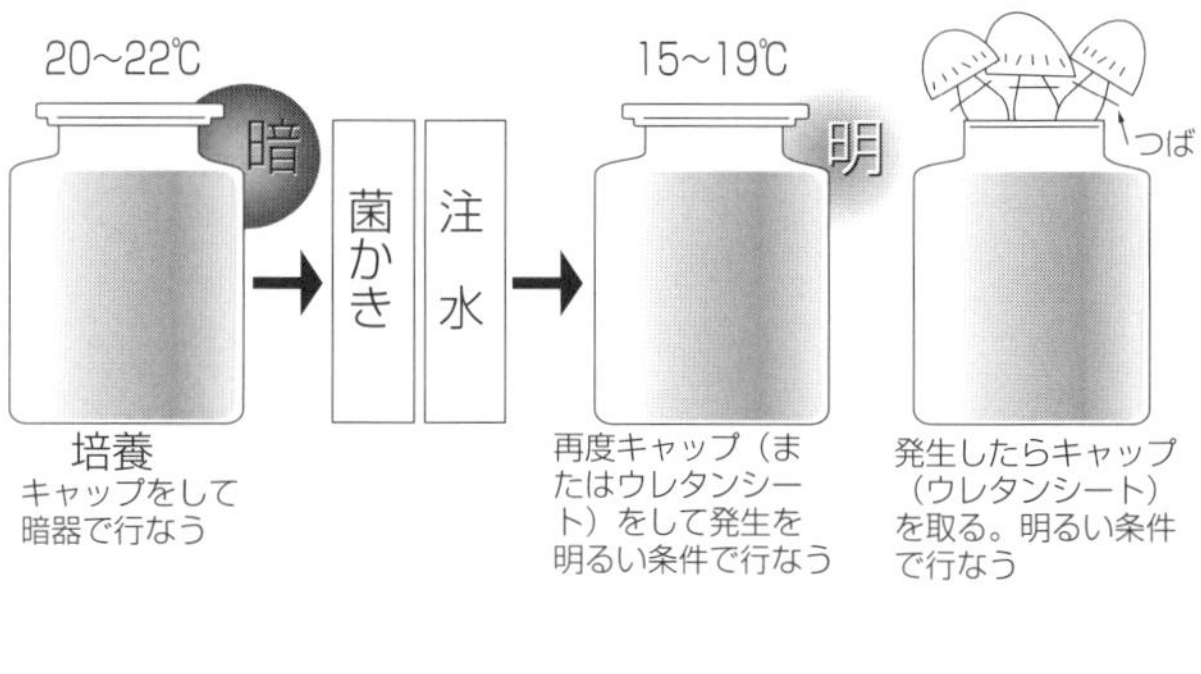

図5　ナラタケの根状菌糸束

る。

栽培方法は、他の栽培キノコと同様、オガコと米ヌカなどの栄養源を混合した培地を用い、一サイクル約二カ月でキノコが得られる。ほかに培地材料にニンジン粕（ニンジンジュースの搾り粕）を用いる方法もある。ナラタケは菌糸生長が始まるまでに時間がかかるため、培養初期の雑菌混入汚染を防ぐような注意が必要である。さらに、発生操作開始からキノコの収穫までに約一カ月を要するので、菌床表面が乾燥しないように、発生・生育室の温度、湿度を適正に管理することが重要である。

(2) 廃培地の処理

ナラタケは樹木の病原菌であるため、その廃培地の処理方法が重要である。廃培地処理の方法としては、殺菌すればヒラタケやタモギタケ栽培の培地基材として再利用することが可能であり、省資源や生産コストの低減という観点からも望ましい。

(3) 販売方法

出荷方法は、現在（野生の）ナラタケが販売されている形態、すなわち水煮の袋詰めやビン詰めの製品と差別化し、他の栽培キノコのように生鮮食品として販売することが可能である。

（宜寿次盛生）

トンビマイタケ

（タコウキン科トンビマイタケ属）

名　称		トンビマイタケ（タコウキン科トンビマイタケ属）
別　名		方言：トンビタケ、ブナマイタケ、トビタケ、ナツマイタケ、ドヨウマイタケ
機能性、薬効等		大腸ガン抑制効果
生態	自然分布	地域：冷温帯地域。樹種：ブナ。発生部位：材上性
	自然発生時期	夏～初秋
生理	菌糸伸長温度	伸長範囲：5～30℃　最適温度：25℃
	菌糸伸長湿度	－
	子実体発生温度	20～25℃
	子実体発生湿度	90％以上
	CO_2濃度・光線	－
栽培	栽培方法	菌床および殺菌原木による露地栽培
	適応樹種	ブナ、コナラ、ミズナラなどの広葉樹
	培地材料	培地基材：広葉樹オガコ　栄養材：フスマ
	品種と種菌形状	種菌メーカー等から販売　種菌形状：オガコ菌
	栽培所要期間	菌床：3年
	年間発生回数	夏1回
	収穫物の規格	肉質が軟らかく、傘が完全に開く前が収穫適期

1　トンビマイタケの特徴

(1)　キノコとしての特徴

①野生での分布、形態の特徴

トンビマイタケは、木材腐朽菌の一種で、日本、ヨーロッパ、北アメリカ、東南アジアの冷温帯地域に広く見られる。国内では、北は北海道から南は九州にいたるまでのブナ帯に広く分布している。キノコは、夏から初秋にかけて、ブナの根元に発生する。その形は、マイタケに似ており、太く短い柄で、何枚もの大きな傘の集団からなり、全体の直径は三〇センチ以上に達する大形で複雑な形のキノコである。表面は薄い褐色から濃茶褐色で、管孔《かんこう》面はクリーム色から白色。肉は白色で、肉質は繊維質でやや強靱。触れるとすぐに黒変する。

②利用と成分、機能性

硬いマイタケとしてのイメージがあるトンビマイタケは、サルノコシカケの

図1　栽培工程

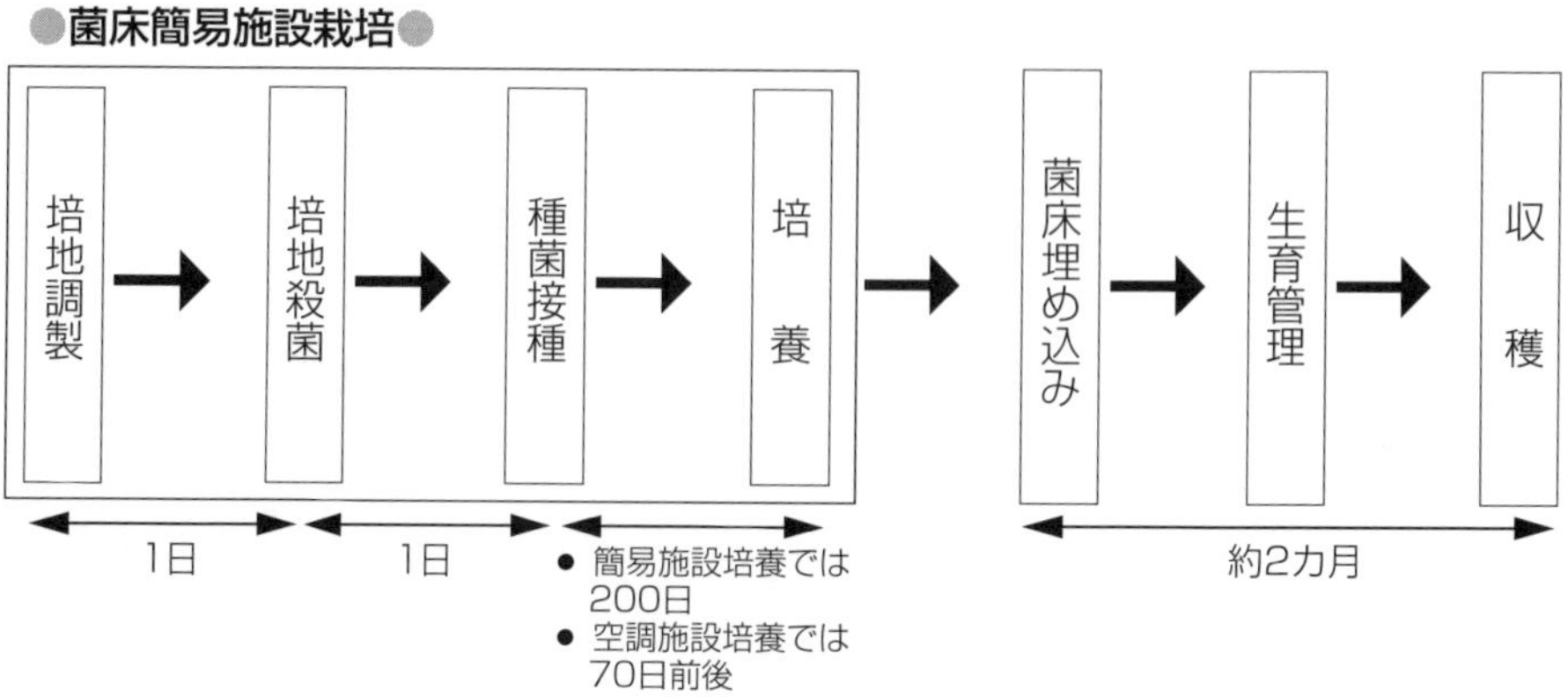

図2　発生時期の異なる数種のキノコを組み合わせた路地栽培の一例

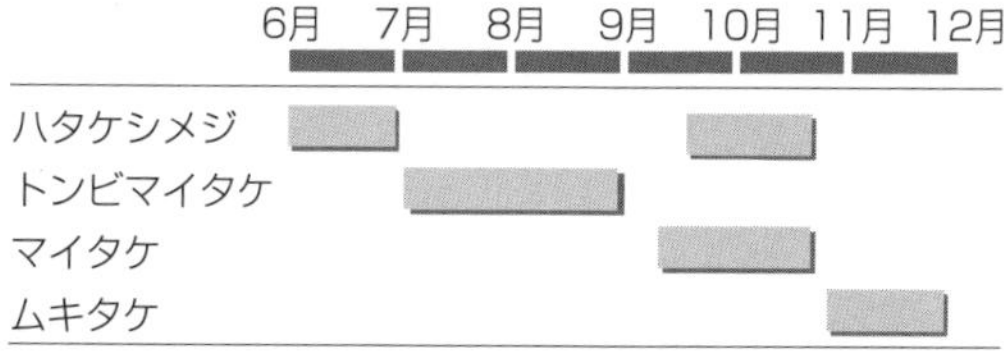

注）　ハタケシメジは伏せ込み時期を変えて、年2回発生できる

仲間で、生長するにつれ木のように硬くなるキノコである。料理には、傘ができる前の軟らかいものが用いられる。

佃煮や味噌づけで食べる産地もあるが、揚げ物や炒め物が最も好まれる料理法として知られている。また、硬くなったものは、乾燥し煎じてお茶としても飲用されている。

トンビマイタケは、東北地方で古くから糖尿病およびガンの民間療法薬として用いられてきた。ガンのもとを断つ効果があるとの実験結果もあり、ガン予防に力を発揮する可能性が示されている。

(2) 生育に適した環境と栽培方法

①生育環境と条件

トンビマイタケの発生は、主に真夏の暑い盛りが中心となる。したがって、キノコの生育には二〇〜二五℃前後の温度を要求し、九〇％以上の湿度が必要となる。

②どんな栽培方法があるか

菌床による空調施設栽培と露地栽培が考えられる。空調施設栽培は、生育環境が高温・多湿となり、トンビマイタケの発生と同時に病害菌の生息密度も高まる。したがって、発生不良や生育停止など種々の問題が生じ、採算ベースにのりにくい。

一方、菌床による露地栽培は、形状面からみて大形あるいは株状で大量に自然発生するため扱いやすいうえ、天然ものに近い形質のキノコが収穫できるため、商品価値も比較的高く、適していると考えられる。

(3) 経営のねらい

現在、露地栽培はマイタケを中心に行なわれているが、自然発生のため収穫が秋季に集中し、収入もその期間のみとなる。そこで、自然発生期の異なるキノコを組み合わせることで、秋だけでなく春から連続的な収入を得ることができる。また、トンビマイタケは、露地で発生させると大形株となり、天然物に近いキノコが収穫でき、商品価値も高くなる。ただし、季節発生で生産量が限られ、なじみの薄いキノコであるため、観光地や地域における特産品として地場売りが有利と思われる。

2 栽培の実際

(1) 培地の準備

①培地の調製と接種

ブナ、ナラなどの広葉樹オガコが適している。栄養源は主にフスマを用いるが、米ヌカなどでもかまわない。オガコとフスマの混合割合は、容積比で一〇対一が適当である。オガコとフスマを十分にかく拌した後、水分率六八%前後に調整する。他の菌床栽培キノコと異なり、培地水分率は高めに調整することがトンビマイタケ培地作製のポイントとなる。

培地の充てんには、袋に穴をあけ除菌フィルターを貼付したものや、除菌フィルターとキャップをセットにして袋に取り付ける形式のものを用いる。トンビマイタケは、ほかのキノコに比べて乾燥に弱いので、不織布製材質のフィルターで通気量の少ないものが最も適している。培地の充てん量は、二・五キロ前後とし、直径一五ミリ前後の穴を数カ所あける。

②培地の殺菌

殺菌法には、常圧殺菌と高圧殺菌とがある。常圧殺菌法では培地内温度が九八℃前後になってから五時間前後で蒸気を止め、殺菌を終了する。また、高圧殺菌法は、培地内温度が一二一℃前後になってから四五分で蒸気を止め殺菌を終了する。培地が二五℃以下になるまで冷却する。その際、急激な冷却は、培地の収縮・硬化を引き起こすため注意が必要である。

③種菌の接種

トンビマイタケは、接種後の菌糸の活着・伸長が遅いため一袋当たり二〇cc以上と多めに接種する。接種後は袋を折り込み、フィルター部分が隠れるように（フィルターの通気能を発揮させない）セロハンテープなどで仮止めをしておく。

(2) 培養

①簡易施設培養

パイプハウスなどによる簡易な施設を用いて培養を行なう。温度調節などの加温処理を行なわないため、接種は土中埋設前年の十一月から十二月までに行なう。ハウスの内張りおよび外張りには、遮光ネットや寒冷紗を用いてハウス内部および培地表面に直接直射日光が当たらないようにする。

温度・湿度は、自然条件に左右されるが、種菌が発菌し菌糸が培地肩口まで伸長した時点でセロハンテープをはぎ取り、フィルターの機能を発揮させる。培養は、培地表面が茶褐色になるまで行なう。また、キノコの芽が出てきたら、直ちに埋め込まなければならない。培地上でキノコが生育してしまうと、培地が軟化し、埋設後の菌床が腐りやすくなるので注意する。

図3　培養した菌床を密着させて並べ覆土する

図4　寒冷紗でトンネル被覆する

②空調施設培養

室内温度は二二℃に設定し、培養を行なう。湿度は六五～七〇%とし、光条件は完全暗黒下とする。簡易施設培養と同様、菌糸が肩口まで伸長したら、セロハンテープをはぎ取りフィルターの機能が発揮できるよう対応する。

(3) 発生操作と発生

露地栽培は、自然条件を利用するため生産コストは低くなるが、気象条件に影響を受けやすいため、管理方法が比較的難しいといえる。

①埋設操作

菌床の土中埋設は遅くとも六月までに行なう。埋設地の水はけ具合によっても異なるが、菌床の三分の一が埋まる深さの溝を掘り、袋から取り出した個々の菌床を密着させて並べ、その上に覆土する（図3）。密着させることにより、大形株状のトンビマイタケが発生する。畑地を利用する場合は、直射日光による高温防止や乾燥などの被害を避けるため、菌床伏せ込み個所に寒冷紗のトンネル被覆が必要となる（図

4）。

②発生管理

被覆資材としては、遮光率八五％程度で、黒かシルバーの遮光ネットがよい。その年の気象条件にあった管理が必要で、とくに菌床埋設上部の土壌温度が三〇℃以上になり、乾燥が激しい場合は、被覆材の開閉や覆土の厚さ、かん水などによって温度と水分の調整をはかる必要がある。

図5　夏場に収穫できるトンビマイタケ

③栽培管理の注意点

培地表面が茶褐色になり、キノコの芽が出る前が埋設適期といえる。袋内でキノコが発生した培地は、菌床が軟らかくなり、腐れの原因となりやすい。また土中埋設の際、菌床を培養時とは上下逆さに埋設したほうが収量性がよいようである。

次に、生育過程での管理ポイントは、キノコに直接風が当たると黒くなりやすく生長がストップするため、風雨が直接キノコに当たらない被覆管理が重要である。土中埋設により、トンビマイタケは収量、品質面から見ると三年目までの収穫が可能である。三カ年の合計発生量は、菌床重量の三〇％となる。

(4) 収穫と出荷・販売

①収穫・包装・出荷

トンビマイタケは、露地栽培で自然発生すると、大形あるいは株状となり、天然物に近いキノコが収穫できるため、商品価値も比較的高くなる。一方、キノコに触れるとすぐに黒変するという欠点も持ち合わせ、生長するにつれ木のように硬化するので、食べごろが短いキノコである。したがって、パック詰めでの販売というよりはむしろ株状での箱詰め販売が有利となる。

②販売方法と工夫

季節発生により生産が限られることから、観光地や地域特産品としての地場売りが有利と思われ、それらを踏まえてより合理的な栽培方法を早期に開発し実用化をはからなければならない。

また、地方によってはなじみの薄いキノコであるため、料理方法や機能性を一般消費者にＰＲしながら、トンビマイタケの消費拡大をはかる必要がある。

（菅原冬樹）

ヌメリスギタケ

（モエギタケ科スギタケ属）

名称		ヌメリスギタケ（モエギタケ科スギタケ属）
別名		トチナメコ、イボナメコ、アラナメコ、ノビルチョウハツ、ヤナギナメコ　中国名：黄傘
機能性、薬効等		鉄分、ナイアシンが多い
生態	自然分布	里山から深山まで広く分布　広葉樹の倒木上、枯れ木に束生
	自然発生時期	9～11月および4～5月
生理	菌糸伸長温度	5～35℃で生長、20～30℃適、25℃前後最適
	菌糸伸長湿度	60～75%適、70%最適
	子実体発生温度	14～20℃で発生、14～17℃最適
	子実体発生湿度	80%以上で発生、95%以上最適
	CO_2濃度・光線	CO_2：普通換気　光：菌糸伸長＝暗黒下　発生＝700～1,200ルクス
栽培	栽培方法	原木栽培、菌床栽培
	適応樹種	原木栽培：ユリノキ、フウ、モミジバフウ、コナラ、クヌギ　直径20cm前後、長さ40cm短木
	培地材料	菌床栽培：スギオガコ、コーンコブミール、コットンハル、米ヌカ
	品種と種菌形状	原木栽培、菌床栽培ともにオガコ菌
	栽培所要期間	原木栽培：9カ月～4年　菌床栽培：90日（培養60日、発生30日）
	年間発生回数	原木栽培：2回（秋、春）　菌床栽培：周年
	収穫物の規格	膜切れ前、柄の根元3割カット

1 ヌメリスギタケの特徴

(1) キノコとしての特徴

わが国では里山から深山まで分布する木材腐朽菌であり、倒木や立ち枯れた木に発生している。全体的に黄色味をおびており、傘径一～七センチ、柄長三～九センチ、傘、柄に特徴的なヌメリがある。傘、柄ともに褐色の鱗片がある。胞子は褐色で、ひだは薄茶～黒褐色である。良好な食感で古くから食用にされてきた。独特のヌメリと、シャキシャキ感が特徴である。

(2) 生育に適した環境と栽培法

菌糸体は温度二〇～三〇℃でよく生育し、一四～一八℃でキノコがよく育つ。菌床空調栽培と原木栽培（短木断面栽培）が行なわれている。菌床栽培では、傘径と比較して柄が長く、柄のヌメリは少ない。原木栽培では、傘の大きい大形のキノコが得られる。空調

図1　栽培工程

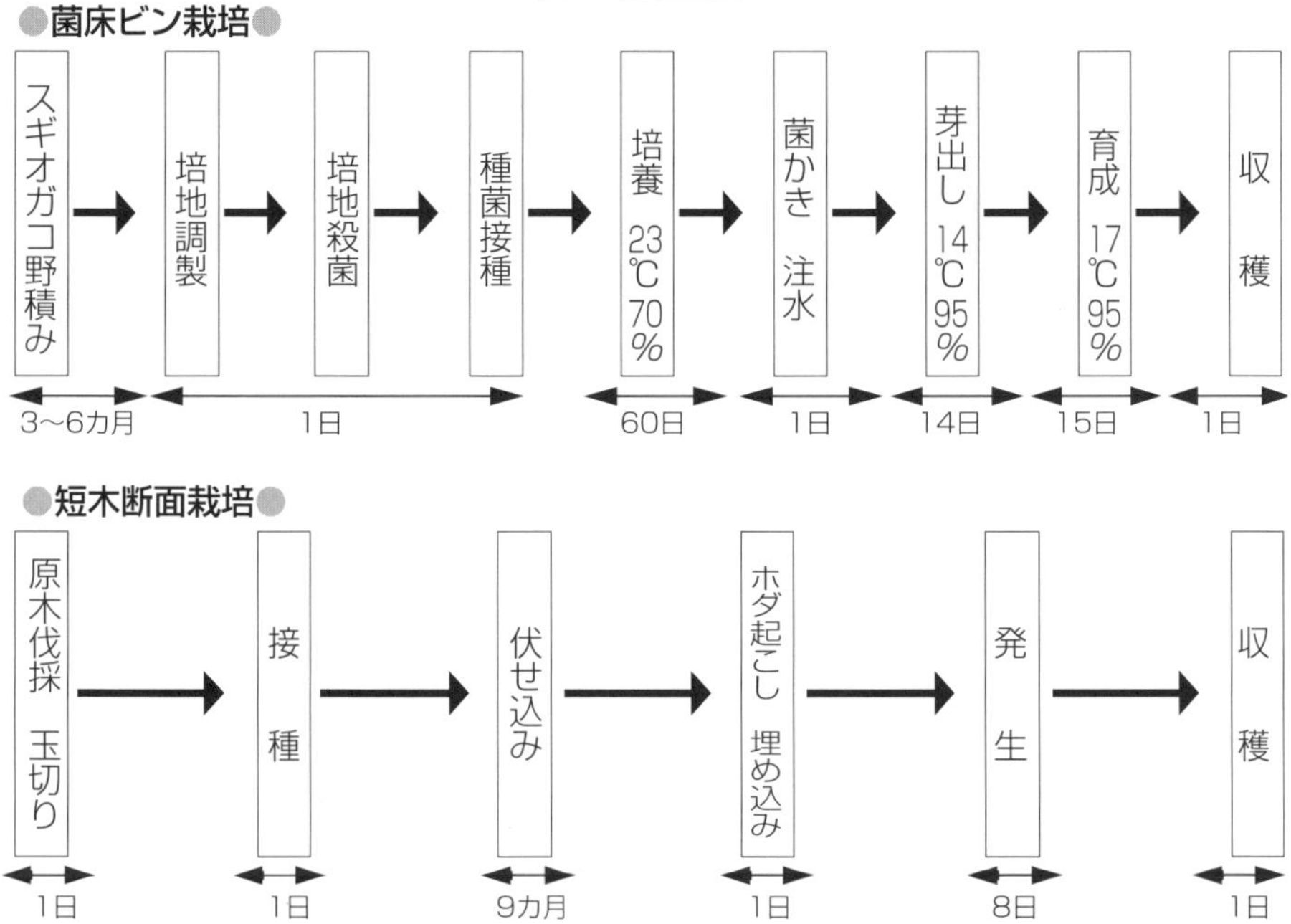

図3　菌床栽培培地での発生

図2　菌床栽培の培地（種菌とも）

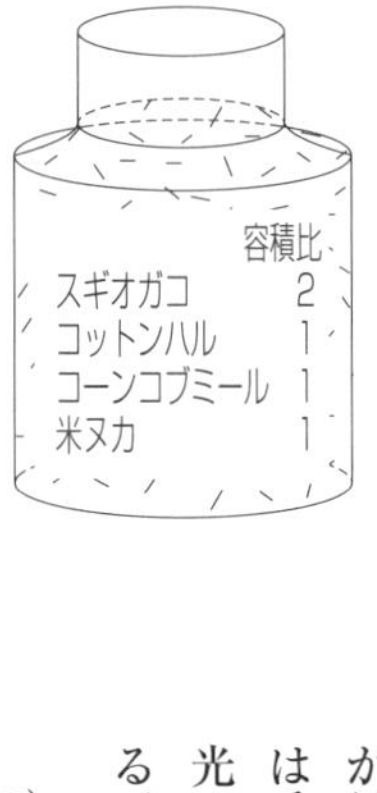

栽培は周年的な生産が目的で、原木栽培は季節感を楽しむ観光農園に向いている。

(3) 経営のねらいと栽培法の選び方

商品化されて間もないキノコなので、取り組む場合は単品目の専業経営より、菌床栽培で栽培条件が共通する部分が多いブナシメジとの複合栽培がよいと考えられる。

原木栽培では、観光農園などで原木による季節栽培（露地栽培での収穫は五月と十一月の年二シー

図4　ヌメリスギタケ短木断面栽培

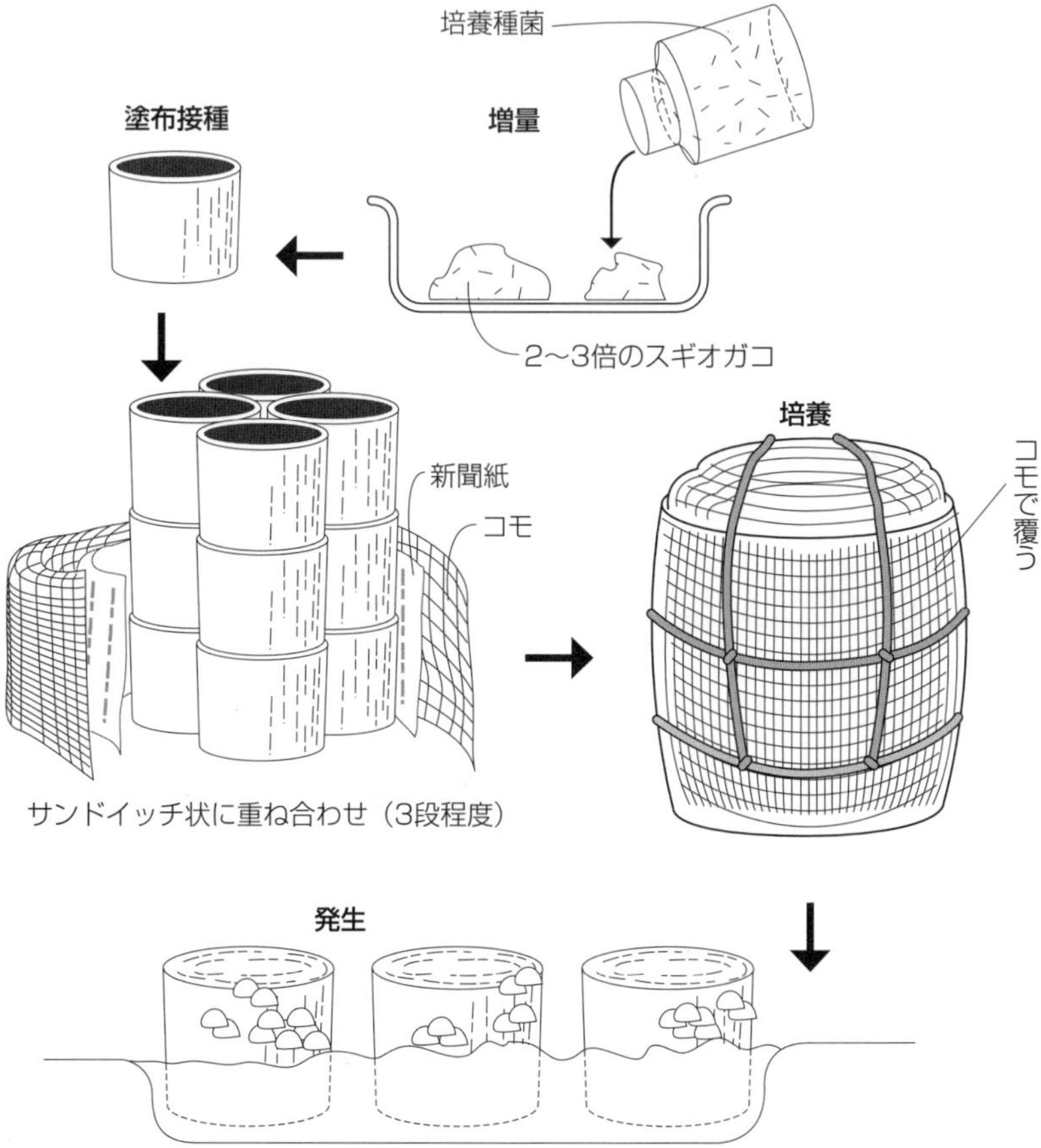

ズン）がよい。

2 培地材料と種菌の準備

(1) 菌床栽培

培地材料はスギオガコ、栄養材にはコーンコブミール、コットンハル、米ヌカを使う（図2）。ブナシメジとの複合栽培ではさらに大豆皮、オカラ、フスマなどを使用する、ブナシメジ培地でもよい。

種菌は、図2の組成培地で約四〇日培養した培養オガ菌を使用する。ビン栽培と袋栽培がある。

(2) 短木断面栽培

原木樹種は、材質の軟らかなものがよく、ユリノキ、フウ、モミジバフウなどが最も適している。コナラ、クヌギでもよい。厳寒期に伐採し、水分四〇%以上の乾燥しない段階で四〇センチ程度に玉切りした短木を使用する。直径二〇センチ前後が望ましい。

種菌は種駒菌（五〇〇個入り）とオガコ菌（一五〇〇ミリリットル）が販売されており、オガコ菌はスギオガコで二～三倍に増量する。

3 栽培の実際

(1) 菌床栽培

①培地の準備

スギオガコは三～六カ月雨ざらしで堆積し、抗菌物質を溶脱したものがよい。コーンコブミール、コットンハル、米ヌカなどはできるだけ新鮮なものを使用し、これらを容積比で二：一：一：一（重量率、二〇・五：八・一：一一・〇：一一・八％）に混合し、八五〇ミリリットルのPP製ビンに五五〇グラムずつ詰める。ビン肩口がしっかり詰まるよう注意する。ビンは一本でも三本でもよい。キャップはウレタンフィルター付きのものがよい。

殺菌は高圧釜で六〇分行ない、クリーンな部屋で一夜放冷する。

②種菌の接種と培養

種菌は前記培養オガ菌を一ビン当たり約一五グラムずつ接種する。培養は二二～二三℃、湿度六五～七〇％下で行なうが、適正な換気をとる必要がある。培養初期は菌活着の妨げにならないように風量を抑えるが、中期はCO_2濃度が高くなりすぎないように十分な換気が必要である。

③発生操作と発生

発生処理は、菌かき、注水によって行なう。菌かきはぶっかき法を用い、注水は新鮮な水（水道水、地下水）を一ビン当たり約一五～三〇ミリリットルずつ行なう。ビン口まで（約四〇～四五ミリリットル）注水し、三時間後に排水してもよい。

発生室は一四～一七℃とし、湿度は、柄が硬くなりすぎないように九五％以上

図5　短木断面栽培での接種直後

図6　接種後コモで覆って培養

図7　短木断面栽培でヌメリスギタケが発生したところ

とする。空調機の風量が強い夏場など、通常の加湿器と床置き式加湿器の併用も考慮する必要がある。

芽出しのために菌かき処理後五日は菌床表面が乾かないよう、キャップをかぶせておくか、目の小さい穴あきシートを被せておく。

④収穫と出荷

開傘後は品傷みが早くなるので、収穫はキノコの膜切れ前（傘径一五〜二〇ミリ）に行なう。柄は根元から三割程度をカットする。包装は束にせず、一本ずつ切り離してトレイに並べ、フィルムパックする。

(2) 短木断面栽培

①原木と種菌接種

短木断面を新鮮水でよく洗い、種菌をスギオガコで二〜三倍に増量し、原種菌とよく混合して厚さ五ミリ程度（木口が隠れるくらい）塗りつける。この接種面をサンドイッチ状に挟むように次の短木を重ね、その上断面に塗りつける。最上段（三段程度）はぬらした新聞紙で覆う。

②培養と収穫

直射日光の当たらない林内などに、重ね合わせた数列の接種木を集め、一平方メートルずつコモで上面、側面を覆い、縄などで縛っておく。晴天が続くときなどは乾きすぎないよう散水などを心がける。散水は、コモの上から中の原木が十分ぬれるように行なう。九月中旬になったら、短木はそれぞれに離して、一本ずつ三分の一程度を土中に埋める。これも直射日光の当たらない林内など、乾かない場所で行なう。乾燥地や直射日光のはいるところでは、風よけやネットによる遮光を工夫する。

十一月上旬にはキノコの発生が見られるので、開傘前に、傘のヌメリの中にゴミがはいり込まないように注意して収穫する。根元は三割程度切り離し、一本ずつ離して包装するのが望ましい。

季節料理用として、料理店などへ直接出荷する。

（金子周平）

ウスヒラタケ
（ヒラタケ科ヒラタケ属）

名　称		ウスヒラタケ（ヒラタケ科ヒラタケ属）
別　名		ヒマラヤヒラタケ、中国名：肺形側耳
機能性、薬効等		食用としての利用のみ
生態	自然分布	地域：日本、ヨーロッパ、北米　樹種：広葉樹 発生部位：枯れ木、倒木
	自然発生時期	春〜秋
生理	菌糸伸長温度	伸長範囲 5〜36℃、最適温度25〜30℃
	菌糸伸長湿度	ー
	子実体発生温度	最適温度14〜21℃
	子実体発生湿度	ー
	CO_2濃度・光線	ー
栽培	栽培方法	原木栽培、菌床栽培
	適応樹種	原木栽培……樹種：広葉樹
	培地材料	菌床栽培……培地基材：堆積スギオガコ、栄養材：米ヌカ、オカラ、大豆皮等
	品種と種菌形状	オガコ菌
	栽培所要期間	原木……6カ月〜1年 菌床……約30日
	年間発生回数	原木……夏〜秋1回 菌床……1サイクル約30日 1回採り
	収穫物の規格	とくに規定はないが、長径が4〜5ｃｍに達したころ、株採り

1 ウスヒラタケの特徴

(1) 分布と形態

ウスヒラタケは日本、ヨーロッパ、北アメリカに広く分布するが詳細については不明である。このキノコは一般に小形で肉が薄く、傘は直径二〜八センチ、貝殻形〜半円形で、色は初め淡灰色またはやや褐色で、後、白〜淡黄色となるか、または初めからほぼ白色である。柄は長さ〇・五〜一・五センチ、幅四〜七ミリであるが、ときにはほとんど認められない。肉は傘の中央部で厚さほぼ一〜三ミリ、ひだは幅二〜四ミリ、密〜やや疎、初め白色、後古くなるとクリーム〜レモン色をおびる。胞子は円柱形、六〜一〇×三〜四マイクロミリ。春〜秋、広葉樹の枯れ木や倒木、落枝などに群生または単生する。

ウスヒラタケは形態的にヒラタケによく似ているため、ヒラタケとの区別

図1　栽培工程

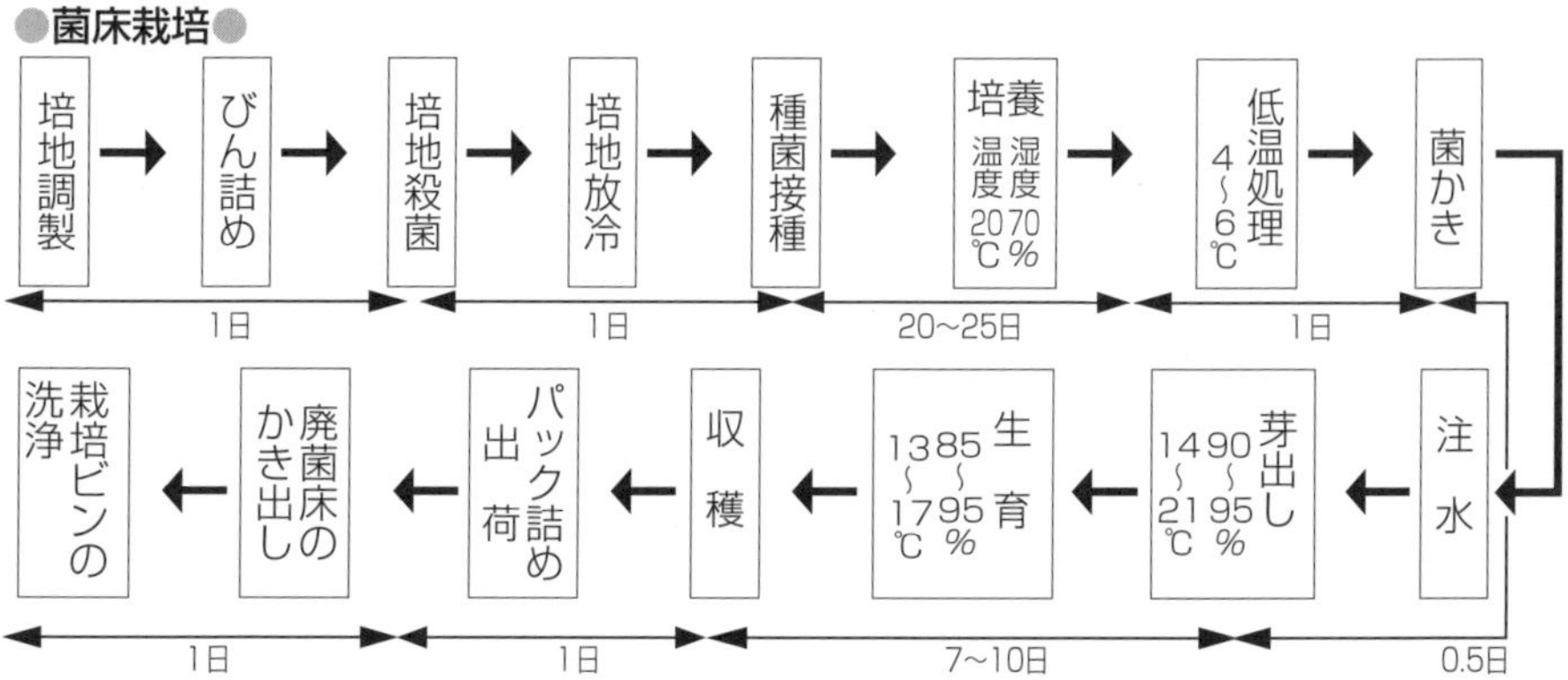

は難しい。

外国から導入されヒマラヤヒラタケとして栽培されているキノコはウスヒラタケである。

(2) 生　理

菌糸の生育は、温度五～三六℃で認められるが、最適な菌糸生育温度は菌株により異なり、二五～三〇℃である。野生菌のキノコの最適発生温度は一七～二一℃付近であった。

(3) 栽培方法と経営

栽培は原木・菌床いずれでも可能であり、基本的にはヒラタケと同様の方法で行なう。国内ではビン栽培が一般的で、培養に約二〇日、芽出し・生育に約七日を要し、接種から収穫までの栽培は三〇日弱ときわめて短いのが特徴である。

ウスヒラタケはヒラタケの栽培施設や資材を利用して栽培できる。そこで、ヒラタケを栽培しながら複合的に栽培している例が多い。

また、ウスヒラタケは高温でよくキノコを発生させることから、エノキタケやブナシメジ栽培の夏場の複合作目としてその栽培が増えつつある。

2 菌床栽培

(1) 培地材料

培地に用いるオガコは、針葉樹・広葉樹どちらでもよいが、針葉樹のオガコは半年間ほど屋外に堆積したものを用いるようにする。一般的には堆積したスギのオガコが使用されている。添加する栄養材は米ヌカ、乾燥オカラ、大豆皮などが適している。栽培容器は内容量八〇〇～一〇〇〇ミリリットルのポリプロピレン製ビンを用いる。

(2) 種　菌

『きのこ種菌一覧』（全国食用きのこ種菌協会）に記載されている種菌の販売はないが、種苗法にもとづき品種登録された品種がある。そのうち長野県野菜花き試験場で育成された「大室1号」は、長野県内に限り利用が可能である。

(3) 培地の調製・殺菌・接種

①培地の調製・殺菌

オガコに培地重量の一五～二〇％の分量の栄養材を添加してよくかく拌した後、培地水分率が六三～六五％となるよう水を加え、さらによくかく拌する。菌株により栄養材の種類や混合割合に工夫が必要であり、またそれによって培地の水分を調節しなければならない。培地の詰め込み量は使用するオガコの粒子の大きさや栄養材の種類や混合割合によって異なるが、八〇〇ミリリットルビン一本に四五〇～五〇〇グラムとする。

八〇〇ミリリットルビン一本当たり、米ヌカ二〇グラム、大豆皮四〇グラム、乾燥オカラ二〇グラムを添加し、水分率を六五％に調整した培地を四六〇グラム詰めてヒマラヤヒラタケを栽培すると、一ビン当たり九五グラムのキノコの収量が得られる。

殺菌方法には圧力を加え一一五～一二〇℃で六〇分間殺菌する高圧殺菌と、常圧で九八～一〇〇℃、五～七時間殺菌する常圧殺菌とがある。

②種菌の接種

殺菌された培地は放冷室で培地温度が二〇℃に下がるまで冷却させた後、種菌を接種する。

(4) 培　養

培養室の温度は二〇℃前後で管理するのが好ましい。室温が二〇℃を超えるとビン内温度が三〇℃を超えることがあり、菌糸体が弱り、キノコの生育不良を起こしやすい。湿度は七〇％になるよう管理し、室内のCO_2濃度は〇・四％以下を維持するよう換気を行なう。

ウスヒラタケの最適芽出し温度は一四～二一℃付近にあるため、菌株によっては培養中にキノコが発生することがあり、それを避けるため培養後期に二八℃くらいまで温度を高くすることも効果がある。

(5) 発生と生育

①発生操作

ビン全体に菌がまん延したら、菌かきを行なう。菌かき後、ただちにビン

図2　ウスラヒラタケ野生菌株のビン栽培

図3　ウスラヒラタケ芽出しの状態

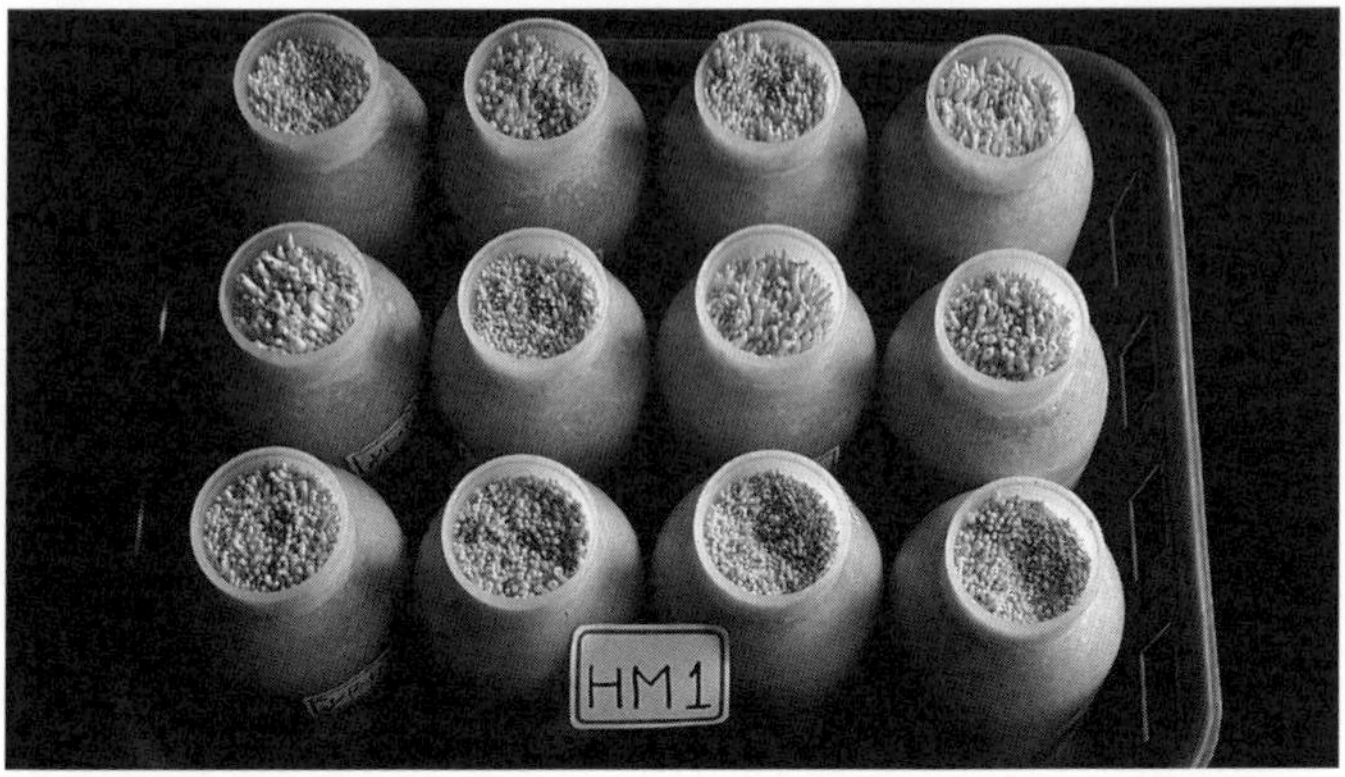

の口まで一杯になるように水を入れ、三～五時間経過後排水する。菌かきを行なう前に四～六℃で約一日の低温処理を行ない原基の形成をそろえる方法もある。

②芽出し

菌かき、注水が終わると芽出し室に搬入し、ビンの上を有孔ポリフィルムで覆う。最適芽出し温度は菌株により異なるので、栽培する菌株に適する温度（一四～二一℃）に設定し、湿度は九〇～九五％に保ち、CO_2濃度は〇・一％以下にするため十分に換気する。芽出し中の照度は一〇〇ルクス程度とする。以上のように管理すると菌かき後三～四日で原基が形成される。

③生　育

キノコが有孔ポリフィルムに接触する前にフィルムをはずして生育室へ移す。生育室の温度は一三～一七℃になるように調節する。生育温度が高いとキノコの生育が速く、柄が長くなり傘の色が淡くなる傾向があるので、目的とする形状に合わせて、それぞれの菌株に適した生育温度に設定する。湿度はキノコの水分率が高くなりすぎないよう八五～九五％に調節する。CO_2濃度は〇・一％以下になるように換気する。高濃度のCO_2はキノコの柄を徒長させ、傘の形成を抑制し、キノコの奇形や柄長の不ぞろいを招く。光は二〇〇ルクス以上とする。

(6) 収穫と出荷

傘の直径が四～五センチになったとき収穫する。収穫時期は菌かきから七～一〇日後である。生育温度が高いと生育が速くなるので、収穫適期を逃さないように注意することが重要である。適期を過ぎると傘が反り、キノコの形が漏斗形となり、傘の縁がもろく壊れやすくなる。オガコのついている株の末端を切除し、秤量したうえでトレイに入れ、ラップ包装するのが一般的である。

市場への出荷のほか、量販店や観光地のみやげ物店の直販コーナーを利用する。

3 原木栽培

(1) 原　木

キノコの発生量を重視しなければ、ほとんどの広葉樹が利用できる。

秋十一月から春三月ごろまでに直径約一五センチ以上の原木を伐採し、長さ一二～一五センチに玉切りして、材が乾燥しないうちに接種を行なう。

(2) 接　種

原木の断面にオガコ種菌を接種するが、接種後の移動が困難なため仮伏せをする場所で行なう。まず新鮮なオガコ一〇、米ヌカ五、種菌三（体積比）の割合でよく混ぜ合わせ、さらに水一〇の割合で加えてよくかく拌して混合種菌をつくる。水の量は、軽く握って指の間から水が少しにじみ出る程度。原木の上面に混合種菌を約一センチの厚さに塗り、その上に断面の一致する玉切り原木を重ね、次々と混合種菌をサンドイッチ状に五段ぐらい積み重ねる。

(3) 仮伏せ

接種したホダ木はワラやコモで覆い、ときどき散水して、原木の乾燥を防ぐ。冬季には凍結を防ぐためにビニールで覆って保温し、春・夏季には遮光ネットなどで庇陰して高温・多湿にならないように留意しながら、ホダ化を促す。

(4) 伏せ込み

七月にはいったらホダ木を一本一本にばらし、断面が二～三センチ出るように土中に埋め込む。原木の上面に切りワラを薄くかぶせて乾燥を防ぎ、遮光ネットなどで庇陰してときどき散水しながらキノコの発生を待つ。

(5) 発生と収穫

ウスヒラタケの発生適温は菌株により異なり、早いもので七月下旬、遅いもので九月下旬からキノコの発生が始まり、発生のピークは九月上旬～十月中旬ごろとなる。

キノコが発生し始めたら、一日おきくらいに少量ずつ散水して湿気を保つようにすると、たくさん発生する。

傘の径が四～五センチになったころ、根元からもぎとって収穫する。

（赤松やすみ）

ヤマブシタケ

（サンゴハリタケ科サンゴハリタケ属）

名　称		ヤマブシタケ（サンゴハリタケ科サンゴハリタケ属）
別　名		ジョウゴタケ、ウサギタケ、ハリセンボンなど
機能性，薬効等		神経細胞生長因子の生合成を促進する物質ヘリセノン類やエリナシン類を含む
生態	自然分布	暖温帯～冷温帯
	自然発生時期	秋9月下旬～11月下旬
生理	菌糸伸長温度	伸長範囲5～30℃、最適温度25～26℃
	菌糸伸長湿度	－
	子実体発生温度	8～18℃
	子実体発生湿度	－
	CO_2濃度・光線	－
栽培	栽培方法	菌床栽培（空調栽培、簡易施設栽培）
	適応樹種	－
	培地材料	菌床栽培：広葉樹オガコ、フスマ、トウモロコシヌカなど
	品種と種菌形状	－
	栽培所要期間	菌床栽培：30日～60日程度
	年間発生回数	菌床栽培：1サイクル1回
	収穫物の規格	－

1 ヤマブシタケの特徴

(1) ヤマブシタケの分布と特徴

ヤマブシタケは、傘をつくらず、長さ数センチ程度の針を垂れ下がらせる白くて球状のキノコである。

九月から十月にかけて、ブナ、ミズナラなどの広葉樹の倒木や、立ち枯れた木の幹、高い梢に発生する。山伏が胸にかけているふさに似ているところから、この名前がついたといわれている。

味、香りは淡白・温和で、軽く湯通しして二杯酢、三杯酢、ホワイトソースなどで和え物にすると風味が損なわれずおいしい。そのほか、お吸い物、すきやき、炒め物などにも適する。中国では古くから食用、薬用として人気がある。

近年、キノコ類は免疫力を高める成分を含み、健康食品としても見直されている。ヤマブシタケは、神経細胞生

図1　栽培工程

菌床栽培

培地調製	→	ビン詰め	→	殺菌	→	冷却	→	接種	→	培養	→	発生	→	収穫	→	出荷
オガコ10に対し栄養材2 水 62～63%		800ccビンに培地 550～600g				一昼夜		種菌接種量 15cc程度		温度 18～20℃ 20～30日		温度 10～12℃ 湿度 90%以上		褐色に変色する前		調製・包装

長因子（NGF）合成促進物質を含むことがわかっており、アルツハイマー病の予防に役立つ機能性食品としても注目されてきた。

(2) 菌の性質と栽培方式

①ヤマブシタケ菌の性質

菌糸体の伸長は、二五℃付近で最大になる。また、菌糸体の伸長を最大にするオガコ培地の水分率は、六二～六三%であり、一般の栽培キノコよりやや低い。キノコの発生温度の適温は、キノコの形状を整えるため一〇～一二℃程度が妥当である。

②栽培方式

培養期間が二〇～三〇日間と短くてよく、基本的には空調施設を利用した集約的な栽培体系に適する。しかし、キノコの形状などの品質を多少犠牲にすれば、簡易な施設による粗放的な方式でも十分可能である。原木栽培でも長さ一メートル、直径一〇センチ程度の原木を使って、ナメコ、クリタケと同様の方法で発生を確認している。しかし、ほとんどの原木で一本当たり一〇〇グラム以下の収量であった。

野性味のあるキノコなので、秋の野生キノコの時期に地域の特産品としての販売に向いている。

2 空調施設栽培

(1) 培地の調製・殺菌・接種

①培地の調製

オガコはブナが最適であるが、大部分の広葉樹も利用できる。スギでも加水堆積したものであれば、広葉樹に比較して大きな収量減はない。栄養材は、トウモロコシヌカ系（コーンブラン、スーパーブラン）が適する。米ヌカ、フスマは、多く混用すると収量減となる。

オガコと栄養材の混合は容積比で一〇対二が標準である。水分率は湿量基準で六二～六三%程度のやや少なめがよい。

図2　発生状況（ビン栽培）

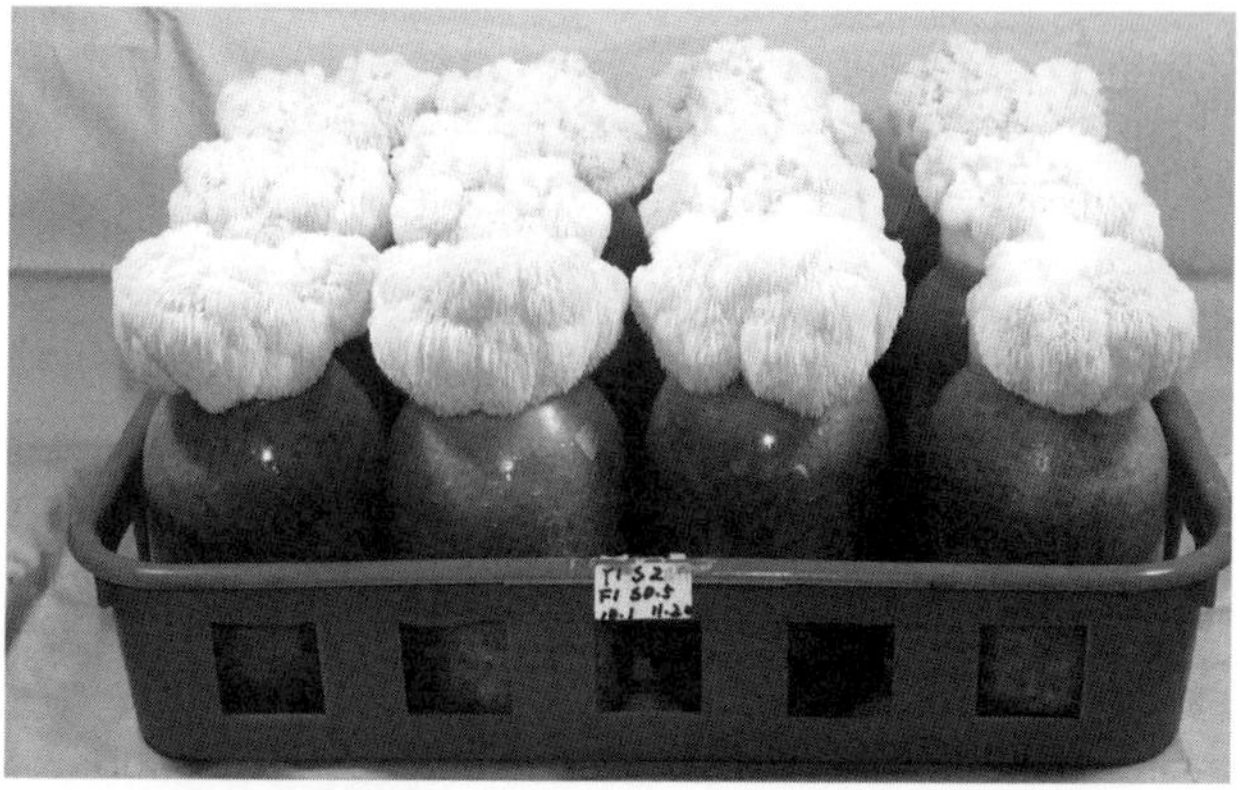

ビンは、口径五二ミリで容量八〇〇～八五〇cc程度のブナシメジ用などでよい。一ビン当たり五五〇～六〇〇グラム程度が標準で、中央には一五～二〇ミリ程度の接種孔をビンの底まであけておく。

②殺菌・冷却

詰め終えた培地は直ちに殺菌を行なう。殺菌には水蒸気が用いられ、培地温度が一〇〇℃付近で三時間行なう常圧殺菌と、圧力容器で一二〇℃まで上げる高圧殺菌のどちらでもよい。

殺菌の完了した培地は余熱のあるうちに殺菌釜から取り出し、ビン外周や栓を乾燥させるとともに、清潔な場所で二〇℃以下に冷却する。

③種菌接種

種菌は八〇〇ccビンで二〇日間程度培養し、菌糸がビン全体にまん延した直後の新しいものを使用する。害菌の混入していないことを確認して、最上部表面をかき出して捨て、その下の部分から接種源を取る。接種量は、一五cc程度あれば十分である。

(2) 培養と発生

①培　養

培養温度は、空調施設で人工調節する場合、一八～二〇℃である。培養中の発熱や害菌対策上から、菌糸伸長量が最大になる二五～二六℃より低く設定するのが標準である。培養期間は、二〇～三〇日間程度が妥当である。

②発　生

ヤマブシタケは、培養段階で菌糸が培地内にまん延していくと同時に、接種面から上方にマット状の菌塊が発達しキノコとなる。培養したまま放置するとキノコが容易にビンの栓を持ち上げてしまう。したがって、マット状の菌塊がビン栓を持ち上げる直前が、発生にかける適期である。

菌塊がビンの栓を持ち上げてしまった場合は、菌塊をいったんはぎ取って、発生にかけたほうが、形状のよいキノコが収穫できる。

発生室は、加湿器により空中湿度を九〇％以上に保つ。温度は、一〇～一二℃程度の低温にすると、キノコの針が発達し、ヤマブシタケ本来の形状が得られる。一四～一五℃では、収穫までに要する期間は数日短くなるが、キノコの針が形成されにくく、サンゴ様のキノコの発生比率が高くなる。光は、数十ルクス程度で十分である。順調に発生すれば、発生処理日から収穫まで二〇～二五日程度である。収量は、八〇〇cc一ビン当たり一二〇グラム程度である。二番収穫も可能であるが激減するため、一回取りが妥当である。

(3) 収穫・出荷

幼子実体は、薄いピンク色を呈するが、生長にしたがい白色となる。さらに白色から薄い褐色を呈するようになるため、針が形成し白色のうちに収穫する。全体としては、球状になるため、一玉ごとに収穫して、イチゴパックやトレイなどに詰めて販売する方法がある。

3 簡易施設栽培

短期間で子実体をつくるキノコなので、必ずしも冷暖房の完備していないパイプハウスなどの簡易施設でも、若干の効率と品質は低下するが十分に生産可能である。

栽培方法は、空調施設栽培に基本的に準ずるが、発生室の温度が一〇～一二℃に抑えられない場合は、針が十分に発達しないこともある。発生時期としては、晩秋、少し寒く感じられるころが最も適する。

（増野和彦）

キヌガサタケ

（スッポンタケ科キヌガサタケ属）

名　称		キヌガサタケ（スッポンタケ科キヌガサタケ属）
別　名		方言：つゆざえもん、ゆうれいたけ等 中国名：竹蓀 、竹笙
利用方法		主に中華料理の食材（傘と袋を取り除いて、柄と菌網を食する）
機能性、薬効等		抗腫瘍成分、アルツハイマー病治療薬成分の含有報告あり
生態	自然分布	地域：熱帯中心に日本、中国等 発生位置：主に竹林の地上
	自然発生時期	梅雨期～秋
生理	菌糸伸長温度	伸長範囲：10～30℃　最適温度：25～30℃
	菌糸伸長湿度	最適湿度：70%前後
	子実体発生温度	発生範囲：18～24℃
	子実体発生湿度	最適湿度：80～90%
栽培	栽培方法	菌床栽培（土中埋設法）
	主要培地材料	培地基材：コナラオガコ　栄養材：フスマ 添加剤：鹿沼土
	埋込材料	桐生砂、赤玉土、鹿沼土等（覆土厚3～5cm）
	栽培所要期間	約9～10ヵ月
	培養温度・湿度	温度：22℃　湿度：70%
	生育温度・湿度	温度：18～22℃　湿度：70～80%
	発生温度・湿度	温度：20～24℃　湿度：80～90%
	年間発生回数	1回
	収穫時期・方法	収穫は朝行ない、すぐ傘と根元の袋を取り除いて水洗する

1 キヌガサタケの特徴

(1) 分布と特徴

キヌガサタケは、熱帯を中心に日本全土、中国、北米、オーストラリアなどに分布し、日本では梅雨期から秋に

図1　発生状況

図2　栽培工程

菌床栽培

培地調製 → 培地殺菌 → 種菌接種 → 培　養 → 菌床埋設 → 生育・管理 → 収　穫

1日 / 1日 / 90〜120日 / 約180日

図3　キヌガサタケの生長

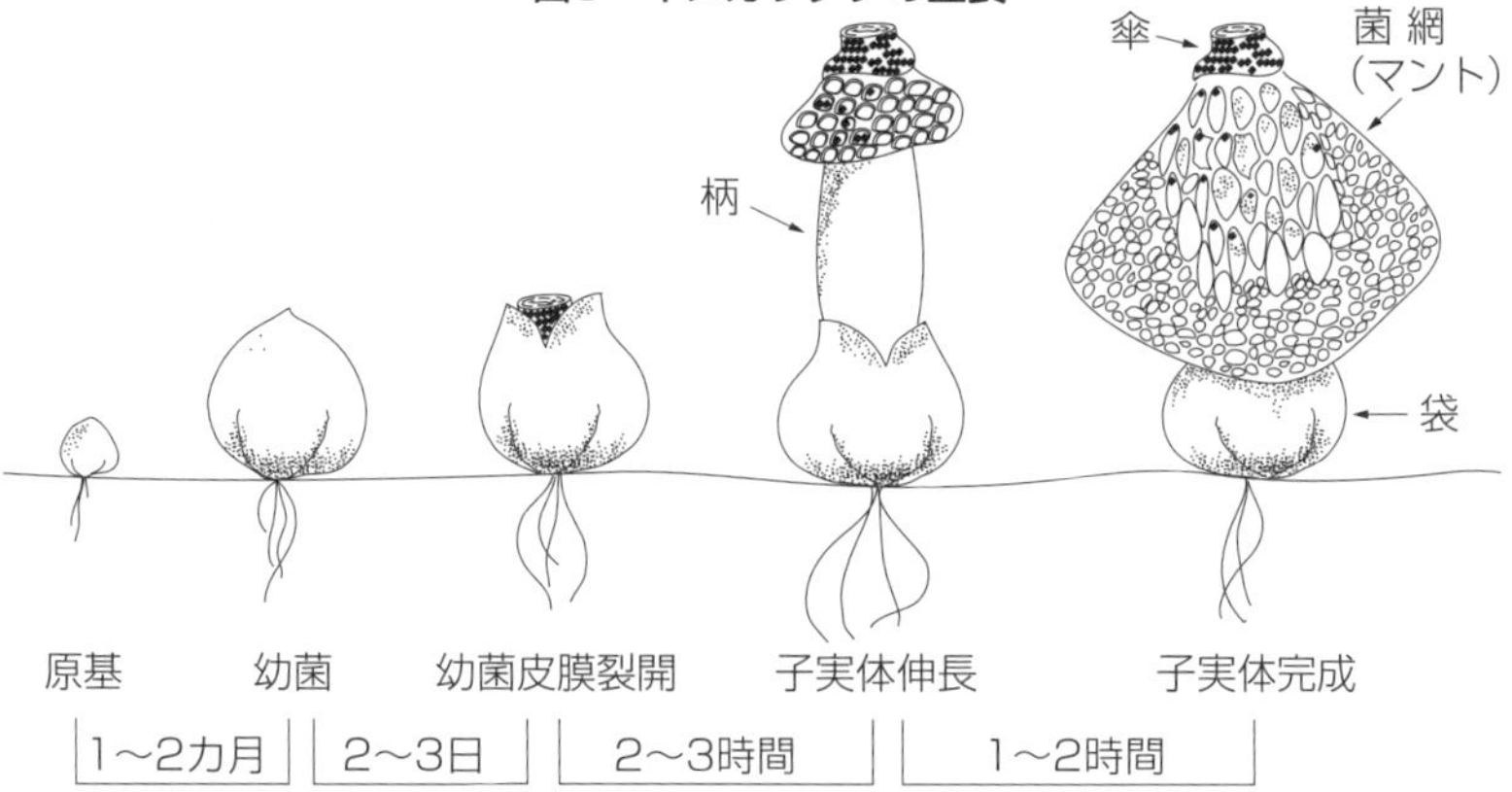

かけて、主に竹林周辺の地上に発生する腐生性のキノコである。

幼菌は白色の卵形で、基部に太い根状菌糸束を有し、図3のような過程を経て生長する。皮膜が裂開すると数時間で柄と菌網が伸長し、レース織りの白いドレスをまとったような、いわゆる「きのこの女王」の姿になる。

中華料理の高級食材として珍重されているほか、薬効成分としては、抗腫瘍作用を示す成分やアルツハイマー病治療薬の成分（NGF合成促進物質）も含有されているとの報告がある。

栽培法については、現在確立に向けた取り組みが展開されているところであるが、現時点では、菌床による土中埋設法が最も現実的で有望な方法と思われるため、ここではその方法について概要を紹介する。

2 培地材料と種菌の準備

(1) 培地材料

培地基材は、自生地に多いモウソウチクを使う必要はなく、一般的なコナラやブナのオガコで十分である。栄養材としてはフスマが適しており、また、オガコの単独使用よりも、鹿沼土や桐生砂を添加したほうが菌糸のまん延は速くなる。

(2) 種菌の準備

種菌は市販されていないため、野生のキヌガサタケの胞子や子実体組織から菌を分離培養して、接種予定日までに十分に菌糸をまん延させた種菌をつくっておく必要がある。キヌガサタケは、腐生性のキノコの中でもとくに菌糸の伸長が遅いので、八五〇ccPP製ビンで種菌をつくるとしても、菌糸まん延に最低二カ月はかかるものと考えて準備したほうがよい。

3 栽培法と課題

(1) 栽培方法

現在主に行なわれている方法は、まず培地材料をコナラオガコ対フスマ対鹿沼土＝五対一対五（重量比）の割合で混合し、培地水分率を六五％に調整してPP袋に一キロずつ詰め込み、一二〇℃で一時間高圧蒸気殺菌する。そして、冷却後に約二〇グラムずつ種菌を接種して、温度二二℃、湿度七〇％の暗黒下で培養を行ない、菌床全体に十分に菌糸がまん延した段階で、桐生砂、赤玉土などの園芸用土の中に菌床を埋め込み、キノコの発生を待つという方法である。

なお、キノコは、朝に伸長して夕方にはしおれてしまうことが多いので、収穫はキノコが元気な朝のうちに行ない、すぐ傘と根元の袋を取り除いて水洗し、冷凍もしくは乾燥して保存するとよい。乾燥は、天日乾燥もしくは送風式の乾燥機で行なう。乾燥機だと若干茶色味をおびてしまう。

(2) 安定栽培への課題

現時点においては、前述の栽培法が最も期待できる方法であるが、栽培期間が約九～一〇カ月もの長期を要し、発生にムラがあり量も安定しないなど、まだ栽培上の問題点も少なくないため、販売法、料理法など収穫後の諸課題の検討とともに、今後もより安定的で生産性の高い栽培技術の開発をすすめていく必要がある。なお、販売では、中華料理店や直売所への販売、また中国産（乾燥品）との差別化をはかるために生（冷凍）での流通なども考えている。

（塩田敦史）

ムラサキシメジ
（キシメジ科ムラサキシメジ属）

名　称		ムラサキシメジ（キシメジ科ムラサキシメジ属）
別　名		コノハカブリ（長野）、シバタケ、シバモタシ、バクロウタケ（秋田）、バクロウモタシ（岩手）、フジタケ（兵庫）
機能性、薬効等		脚気の予防
生態	自然分布	北半球一帯とオーストラリアに分布。落葉広葉樹林、シイ林、針葉樹林、竹林などの林床に発生
	自然発生時期	10月下旬～12月
生理	菌糸伸長温度	最適温度20～25℃
	菌糸伸長湿度	－
	子実体発生温度	－
	子実体発生湿度	－
	CO_2濃度・光線	－
栽培	栽培方法	菌床の埋め込みによる林地栽培
	適応樹種	コナラを主とする落葉広葉樹林やスギ林などの林床
	培地材料	バーク堆肥10：フスマ1（バーク堆肥の増量材として廃ホダや広葉樹のオガコを等量程度添加してもよい）
	品種と種菌形状	－
	栽培所要期間	培養60～90日。夏までに埋め込めば当年の秋に、秋に埋め込めば翌年の秋に発生
	年間発生回数	秋1回
	収穫物の規格	とくに規定はなし

1 ムラサキシメジの特徴

(1) キノコとしての特徴

十月下旬～十二月ごろ、森林や薮などの落葉上に発生する。傘は直径五～一〇センチ程度で、初めはまんじゅう形、成熟すると平らになり、しばしば縁部が反り返る。色は全体が鮮やかな紫色、傘の中央から次第に色あせ、汚黄色～褐色をおびてくる。

ほかのキノコが少なくなる晩秋に発生すること、色で他種との区別が容易であることから、野生の食用キノコとして全国的に親しまれている。ヨーロッパでも古くから食用にされ市場で売られている。中国では脚気の予防薬として用いられてきた。多少土臭いものもある。

(2) 生育に適した環境と条件

落葉を分解するキノコで、落葉が厚く堆積した日陰を好む。極端に乾燥す

図1　発生状況

る土地や湿地は好まない。

室内栽培

今のところ、安定した栽培方法は確立していない。

菌床埋め込みによる露地栽培

菌糸をまん延させた菌床を接種源として、林床へ埋め込むことで、周りの落葉層へ人為的にシロを定着させる。バーク堆肥を合わせて埋め込むことで、シロの定着が促進されキノコの収量が増加する。現在、いくつかの県の研究機関で試験が進められている。

(3) 経営のねらいと栽培法の選び方

菌床埋め込みによる露地栽培は低コストで簡易な栽培方法であり、農林家の複合経営として地場消費向きである。他の露地栽培のキノコよりも遅い時期に発生するため、異なるキノコと組み合わせて栽培することで収穫労力の分散が可能である。

2 栽培の実際

培地材料はバーク堆肥、フスマ。栽培方法は研究段階で、種菌は流通していないため、キノコから菌糸を分離、培養して種菌をつくらなければならない。

(1) 培地の準備

バーク堆肥、フスマを一〇対一（容積比）の割合で混合する。その際にバーク堆肥の増量材として廃ホダや広葉樹のオガコを等量程度添加してもよい。水分を約六五％に調整した培地を、PP袋に詰め、高圧で殺菌する。

(2) 種菌の接種と培養

種菌の接種法は、他の菌床栽培と同様に行なう。培養温度は二三℃程度。二キロの培地の場合二～三カ月で菌糸はまん延する。

なお、三〇℃を超えると生長が停止する。

(3) 埋め込みと発生

①埋め込み作業

培地全体に菌糸が十分まん延したら、林床に大きめの穴を掘り、栽培袋から取り出した菌床を入れて、すき間にバーク堆肥を詰める。菌床上面もバーク堆肥を数センチの厚さで覆う。

②発　生

シロが定着すると、バーク堆肥あるいは落葉上に二〇～五〇センチの幅で、白色～淡紫色の菌糸（シロ）が埋設個所を中心としてリング状に現われる。

キノコは、シロの先端よりも一〇センチ程度内側から埋め込み地点にかけて群生または散生する。

シロは一年間に一メートルほど移動する。十分な落葉やバーク堆肥が存在すれば、一回の埋め込み作業で、数年間の収穫が期待できる。

茨城県林業技術センターが行なった栽培試験では、一・六キロの菌床を約二〇リットルのバーク堆肥とともに雑木林へ埋め込んだ場合、一年目に一床当たり約四五〇グラムの収量が得られた。環境の異なる埋め込み場所で比べると、雑木林＞スギ林＞ヒノキ林＞草地の順でシロの定着がよく、収量が多かった。一度定着させたシロをどのように維持するか、何年間キノコの発生が続き、どのくらいの収量が得られるかなどは、今後の研究課題として残されている。

（宮本敏澄／綿引健夫）

図2　菌床の埋め込み方法

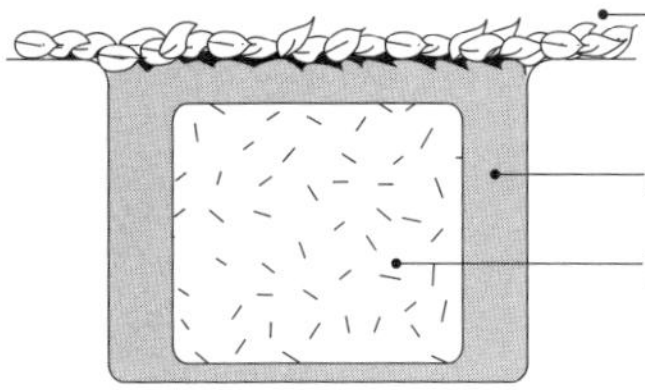

ホンシメジ
（キシメジ科シメジ属）

名　称		ホンシメジ（キシメジ科シメジ属）
別　名		ダイコクシメジ
機能性、薬効等		不明
生態	自然分布	日本全土のアカマツ、コナラなどの林地上に発生
	自然発生時期	10月（暖かい地方では10～11月）
生理	菌糸伸長温度	5～30℃、最適温度25℃
	菌糸伸長湿度	菌床栽培時40%以上、最適湿度55%
	子実体発生温度	13～17℃、最適温度15℃
	子実体発生湿度	菌床栽培時85～100%、最適湿度90%
	CO_2濃度・光線	培養時CO_2 2,000ppm以下、光線不要 発生時CO_2 1,200ppm以下、光線要
栽培	栽培方法	菌床栽培
	適応樹種	－
	栽培材料	大麦、ライ麦などの麦粒、広葉樹オガコ、塩類を混合した添加剤、覆土用ピート
	品種と種菌形状	品種は未固定　一般のオガコ種菌に類した種菌を使用
	栽培所要期間	85～90日
	年間発生回数	周年
	収穫物の規格	なし

1 ホンシメジの特徴

(1) キノコとしての特徴

ホンシメジはマツタケやトリュフと同じ菌根性のキノコで、全国のアカマツ林やコナラ林の地上に発生する。秋のアカマツ林での発生は、マツタケより少し遅い。傘の上面は淡褐色～濃灰

図1　野生のホンシメジ

図2　栽培工程

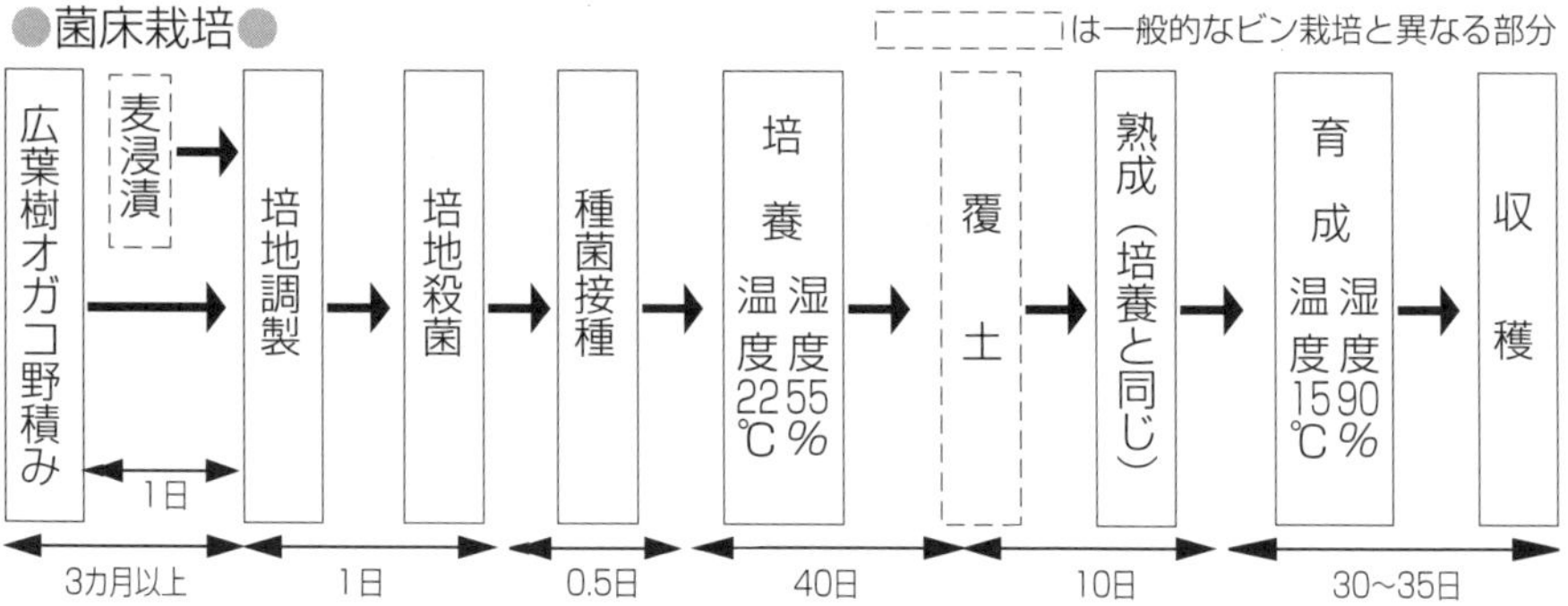

色で、数本〜一〇本くらいが株状に発生することが多い。近縁で腐生性ではあるが地上に発生するハタケシメジとは、ホンシメジの柄が純白である点で区別できる。柄下部が膨らんでいるため、ダイコクシメジとも呼ばれるが、ときにほとんど膨らみのない個体も見られる。「香り松茸、味しめじ」といわれるシメジはこのホンシメジのことで、わが国を代表する味のよいキノコである。マツタケ同様、近年の発生量は激減しており、天然物が一般市場に出回ることはほとんどない。

(2) 生育に適した環境と栽培法

天然のホンシメジは、アカマツ林の場合、樹齢一五〜二〇年ごろから発生し始め、かなり老齢の林になっても発生する。林内での発生位置は年々少しずつ移動するが、ときに少し離れたところで発生を始めることもあり、マツタケのように大きな輪を描いて出ることはない。

菌根性キノコであるため、自然界ではアカマツやコナラなどの根に菌根という共生組織を形成し、それを経由して樹木の生産した養分を得ているものと考えられる。そのため、ホンシメジを栽培するには、森林の樹木や鉢植えの苗木と一緒に育てる方法と、樹木から得ている養分の代わりをする材料を用いて菌床（ビン）栽培する方法が考えられる。

①林地栽培

若い林を手入れしてホンシメジに適した環境をつくることにより、ホンシメジの生息場所（シロ）を増やしたり、発生量を増す自然に近い栽培法である。まだホンシメジだけを対象とした手入れ法は確立していないが、マツタケのための若齢林施業がホンシメジにも有効であることが示されているので、具体的な作業方法はマツタケを参照されたい。

手入れによって林内の環境が適正に保たれていれば、自然にホンシメジが

図3　ホンシメジに適した栽培ビンと培地の充てん法

図4　菌糸が全体に回ったころ、ピートモスで覆土する

発生してくるが、整備された林地に培養した菌糸を接種すればより確実にシロをつくれることが報告されている。林地接種の種菌には、後に述べる菌床栽培と同様の方法で培養された菌糸塊を使用する。これを二〜四月ごろ林地に埋めると、そこに伸びてきたマツの根に菌根が形成され、早い場合はその年の秋にキノコが発生する。接種部周辺の先住微生物の生長を抑え、かつ、ホンシメジには影響が少なく、人体にも比較的安全とされるベンレートなどの薬剤を混合した土や、加熱殺菌した土を種菌の外周に施用することにより、接種の成功率（活着率）を向上させる技術も開発されている。

②鉢栽培

栄養供給源となる樹木の苗を鉢植えし、ホンシメジの培養菌糸を接種してキノコを発生させる。アカマツの若木の枝を取り木すると、ほぼ一〇〇％の確率で根に雑キノコの付いていない苗木が得られる。その苗木とホンシメジの菌糸塊を一緒に鉢に植え込むと、約一年でキノコが発生することが確認されている。

③菌床栽培

普通のキノコ栽培施設を用いた、樹木を必要としない栽培法。培地の主原料として粒状の麦を用いることにより、ほかのキノコとほとんど変わらない方法で栽培が可能である。

(3) 経営のねらいと栽培法の選び方

林地栽培では、収穫時期が限られ、発生量が天候に左右される欠点がある。しかし、得られるキノコは天然物と同じであるから、地元や地方市場では有利に販売できるだろう。菌床栽培では季節を問わず収穫できるが、生産コストが高いので、消費者がイメージするキノコの価格帯を超える価格でいかに販売するかが大きな課題である。

2 菌床栽培の実際

前述の三種の栽培法のうち、ここでは最も早く実用域に達した菌床栽培について述べる。

(1) 培地材料と種菌の準備

培地には、麦粒、オガコ、添加液を体積比二対三対二で混合したものを用いる。麦は精麦した大麦（押麦）やライ麦がよいが、大量生産にはもっと安価な材料を探す必要がある。オガコは広葉樹（樹種は問わない）で、三カ月以上野積みしたものがよい。

市販の種菌が入手できないときは、オガコの比率を少し高くした培地で培養したものを用いる。

(2) 培地の準備

麦に添加液を加え（表1）、一夜吸水させる。オガコと混合し、水分率が六〇～六五％（湿量基準）になるよう水を加えて、図3のような広口の栽培びん約二分の一～三分の二の高さまで充てんする。一杯に詰めても発生量は増えず、培養期間は長くなる。この培地は、殺菌前に接種孔をあけておけないので、図3にあるような棒を数本立て、通常の高圧滅菌を行なう。

(3) 種菌の接種と培養

放冷後、培地中の棒を抜き、種菌を接種する。菌糸伸長の最適温度は二五度であるが、菌糸の生育にともなう発熱と雑菌の繁殖防止を考慮して、二〇～二二℃で培養する。培地が高栄養で、雑菌が繁殖しやすいので、湿度は六〇％以下に保つ。酸素の要求性が高いので、よく換気する。

接種後四〇日で菌糸が全体に回るので、このころ、炭酸カルシウムでpH五・〇

写真5　2.3リットル容器での発生状況

表1　添加液の組成（1リットル当たり）

組成分	分量
クエン酸	0.5g
りん酸1カリウム	0.1g
硫酸マグネシウム	0.2g
アセチルアセトン	5μl
塩化第2鉄	50mg
硫酸マンガン	0.03mg
硫酸銅	1.5mg
硫酸コバルト	0.3mg
硫酸ニッケル	0.1mg
硫酸亜鉛	1.0mg

約900mlの水にこの順で溶かす。最後に5%水酸化カリウム水溶液でpH5.2～5.4とし、水を加えて全量を1リットルとする。アセチルアセトン～硫酸亜鉛を100倍濃度で溶かした液は室温で保存できる

〜五・五に調整して滅菌したピートモスを厚さ一センチほど加える。再びふたをして、一〇日間培養（熟成）する。

(4) 発生と収穫

①発生操作と発生

培養終了後、一五℃、湿度九〇％の発生室に移す。芽出し操作は不要。小さなキノコが覆土上に現われたとき、ふたを取り去る。

②収穫・販売

発生室に移動後三〇〜三五日で収穫できる。傘の下面が水平になる直前が収穫適期である。キノコが大きくなり始めてからの生長が速いので、収穫時期に注意する。収穫は一回、収量は一一〇〇ミリリットルの培地で一四〇グラム、五〇〇ミリリットル培地で六〇グラム程度である。収穫後の日持ちは比較的良好である。

(5) 改良点

以上の栽培法には問題点も残っている。安価な材料の利用、オガコ培地のようにあらかじめ接種孔をあけておける培地の調製、新しい覆土材料の探索あるいは覆土を要しない品種の開発などにより、より有利な栽培が可能となろう。

（太田　明）

ショウロ

（ショウロ科ショウロ属）

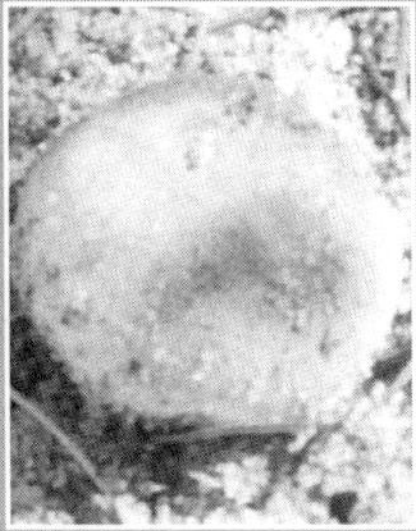

名　称		ショウロ（ショウロ科ショウロ属）
別　名		松露、ツンボタケ、ホド
機能性、薬効等		ー
生態	自然分布	日本等北半球一帯に分布。主として海岸のクロマツ林に発生し、地中にキノコを形成する
	自然発生時期	春（3～4月）と晩秋（11月）の2回
生理	菌糸伸長温度	5～35℃（20～30℃が最適）
	水分条件	乾湿の激しい条件に耐え得る
	子実体発生温度	地域によって異なる（7～10℃、16℃前後等）
	子実体発生湿度	発生前10日の雨量が40mmを超すと豊作になる
	その他の条件	海岸の砂浜を好む
栽培	栽培方法	林地栽培（環境整備による発生促進）
	適応宿主	クロマツ
	接種源	胞子、感染苗
	品種等	商品性に影響する品種系統は確認されていない
	栽培所要期間	未発生林では施業開始後2～3年で発生開始。発生林に施業した場合は翌年から増産効果が見込める
	年間発生回数	年2回
	収穫物の規格	肉の白いものが食用。成熟し色づいたものは商品価値がない

1 ショウロの特徴

(1) キノコとしての特徴

①野生での分布、形態の特徴

ショウロは、主として海岸の若いクロマツ林に生え、年二回、早春と晩秋の寒い時期に地中にキノコをつくる。

図1　発生状況

キノコは直径一・五〜三・〇センチくらいの卵形ないし扁球形で、若いうちは白色だが、傷付くと淡赤褐色に、成熟すると黄褐色になる。

②利用と成分

ショウロは古くから食用にされてきた。松葉に似た香りとシャリシャリした独特の歯切れがあり、吸い物や茶碗蒸しなどに使われる。現在も料亭などから需要があるが、一般家庭では消費量は少ない。食用になるのは肉が白い若いものだけである。

(2) 生育に適した環境と栽培法

①生育環境と条件

ショウロは砂浜の若いクロマツ林、それもクロマツ以外の木がない林を好む。落ち葉がたまって砂が動かなくな

図2　ショウロを発生させるためのクロマツ林の手入れ

1. 自然状態の林

ショウロは砂が動くような林に生えるので、すでにショウロが発生している場合でも、自然状態で林を放っておくと落ち葉がたまったり低木が茂ったりしてショウロが生えなくなることが多い

2. 林の手入れ

マツ以外の植物を全部刈る。落ち葉や腐植を全部取って砂をむき出しにする

深さ10㎝ほど砂を耕したり、粉末木炭（緑化用に売っている。高価なので、入手できるなら屑炭でもよい）をまくことも有効

3. 2年目以降の手入れ

ほかのキノコよりこまめな手入れが必要である

2年目以降、生えてくる新芽や雑草は毎年刈り取る

落ち葉がたまって砂が動かなくなってきたら、かき取って砂が動くようにする

胞子をまいたり感染苗を植えると早く増える

るとすぐに生えなくなる。

② 栽培法　現在は野生キノコの採取が主だが、林の手入れをしないと採れなくなる。栽培する場合は、消費が少なく、専業経営には適さないので、副業あるいは自家消費用として、海岸のクロマツ林を利用した林地栽培を行なう。

2 栽培の実際

(1) 林の手入れ

適地　基本的には発生している林を対象とする。きれいな砂浜の若いクロマツの純林が適する。未発生林や苗畑、鉢植えでも同じ方法でキノコを発生させた例もある。

手入れ　雑木や雑草をすべて伐採し、砂が見えるまで腐植をかき取り、砂を一〇センチほどの深さまで耕して通気をよくする。

一メートル四方に五〇グラムぐらい炭をまいたり、胞子の接種（黄褐色になったショウロを集め、深さ五センチくらいのところに埋め込んだり、きれいな水と一緒にミキサーで砕いてまく）を行なうことも増産に効果がある。

感染苗木法　確実ではないがマツタケなどよりは成功しやすい。ショウロの生えているあたりにクロマツの苗木（植林用は一本三〇円くらいから。森林組合などから入手できる）を植える。二月くらいまでに植え、翌年の春に掘り取ると苗木にショウロ菌が感染している。この苗木をまだショウロの生えていない場所に移植する。うまくいけば、二年目くらいから苗木の周りでショウロが増え始める。二～三本寄せ植えすると早く生えやすい。

3 収穫と出荷・販売

地上に顔を出しているものがあるので、その周りを掘ると出てくる。食用になるのは肉の白いものだけで、肉が色づいたものは売り物にならないので注意する。木箱やプラスチックトレイに一〇～二〇個入れたものが流通している。出荷先は、青果卸売市場で扱っているが、一般的なものではないので、事前に取り扱っているか確認しておいたほうがよい。

（藤田　徹）

ハナイグチ

（イグチ科ヌメリイグチ属）

名称		ハナイグチ（イグチ科ヌメリイグチ属）
別名		ジコボウ、ラクヨウタケ、カラマツジコボウ
機能性、薬効等		中国山西省で生産される舒筋散の主要原料である
生態	自然分布	全国各地のカラマツ林
	自然発生時期	8〜10月
生理	菌糸伸長温度	伸長範囲4〜30℃、最適温度23〜25℃
	菌糸伸長湿度	70%以上
	子実体発生温度	発生範囲：10〜18℃
	子実体発生湿度	−
	CO_2濃度・光線	自然条件と同じ
栽培	栽培方法	林地栽培
	適応樹種	林地栽培：カラマツ，15年生以上
	培地材料	−
	品種と種菌形状	−
	栽培所要期間	施業後、キノコ発生まで2〜4年
	年間発生回数	秋1回
	収穫物の規格	膜切れ前から膜切れ直後

1 ハナイグチの特徴

カラマツ林に発生する代表的な食用キノコのひとつである。中部地方より北ではさまざまな地方名で呼ばれていることからも人気の高いキノコであることがうかがえる。傘は、湿っているときには著しいヌメリがあり、色は赤褐色から淡褐色。傘の裏面は管孔《かんこう》と呼ばれるスポンジ状の組織になっていて、色は初め鮮やかな黄色で傘が開ききると黄褐色となる。

採取されたキノコは、日持ちがあまりよくないため、自家消費されることが多いが、郷土料理の食材やビン詰めにしてみやげ物としても販売されている。

味や香りにはくせがない。傘のヌメリを生かした和風の料理にはよく合い、とくにキノコ汁や鍋物の具、山梨の代表的郷土料理のほうとうなどに好んで利用されている。これらのほかにも、ある程度傘の開いてしまったキノコは

図1　栽培工程

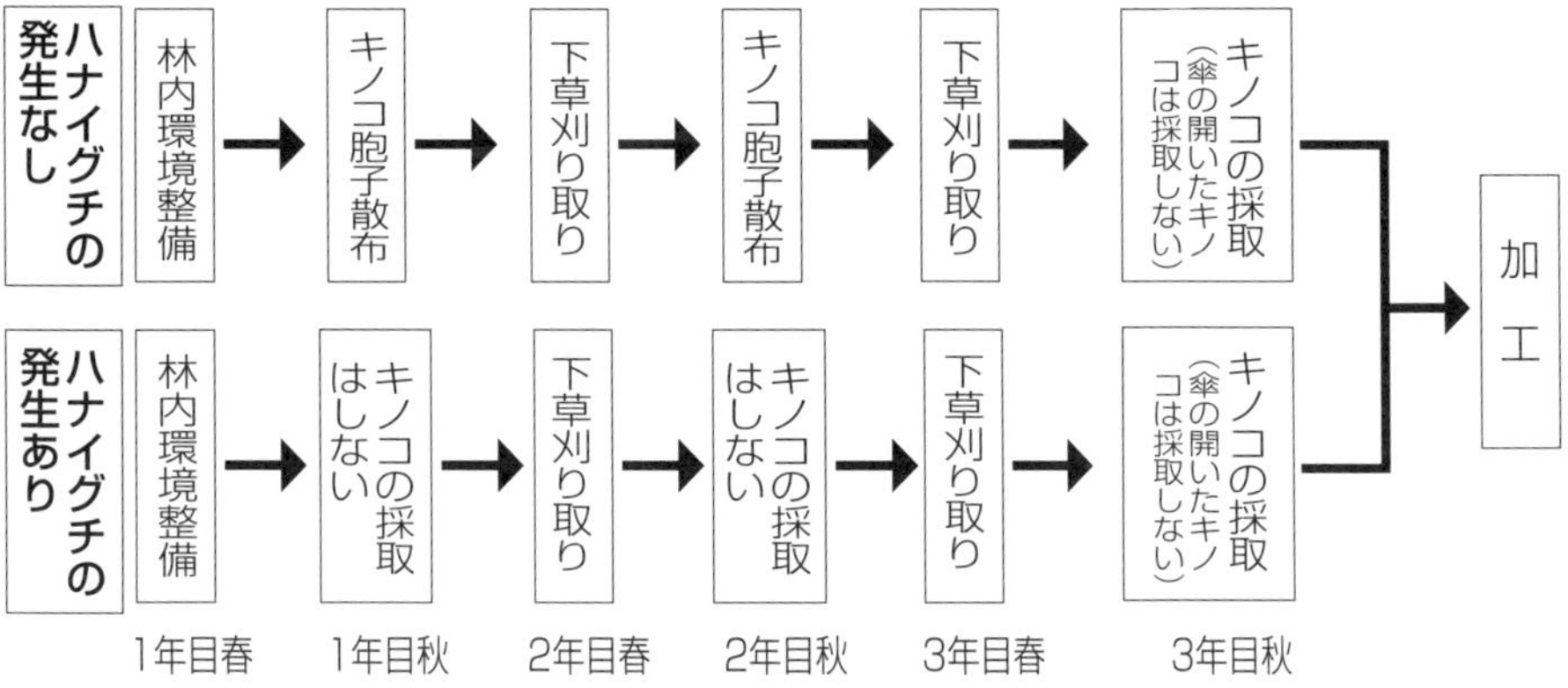

薄切りにして天ぷらにするとキノコの風味がいっそう引き立つ。

2 生育に適した環境と栽培法

(1) 生育環境と条件

ハナイグチは、カラマツの菌根菌である。そのため、施設を利用した人工栽培は成功していない。そこで、カラマツ林の環境改善施業によって増殖する方法が考案された。

林内で増殖をはかるためには、最低でも〇・三ヘクタール以上のカラマツ林が必要である。施業を開始するカラマツ林の樹齢は一五～二〇年生がよく、立木密度は一五〇〇本／ヘクタール程度はほしい。

このような林を選んだら、すでにハナイグチの発生がみられる林か、未発生の林かを確認する。両者は、施業の方法が若干異なる。

(2) 林の手入れ

①未発生林の手入れ

ハナイグチ未発生林では菌の定着をはかるために胞子散布を行なう。作業の手順は次のとおりである。まず三～五月にかけて林床の小かん木や大型の下草、厚く堆積した落ち葉などを除去する。秋まではこの状態で放置し、カラマツの細根の伸長を待つ。九～十月にかけて採取したハナイグチの管孔部分をミキサーなどで細かく砕き、それを河川水などで希釈し、ジョウロや動力噴霧機などで林床に散布する。希釈濃度の目安は、生の管孔部分三〇〇グラムに対して水一〇リットルとする。調製した胞子液の散布量は、一ヘクタール当たり二五〇～三〇〇リットルである。使用する管孔は傘が開ききったキノコから採取する。散布は降雨の直前あるいは夕方がよい。また、散布は二年以上継続して実施することが望ましい。

図2　環境整備前のカラマツ林

図3　環境整備後のカラマツ林

②発生している林の手入れ

すでにハナイグチの発生がみられる林では、三～五月に小かん木や大型の下草のみを除去する。また、一年目および二年目は、発生したキノコの採取は行なわず、胞子が自然に飛散するのを待つ。

③毎年の手入れ

施業を実施した林では、キノコの採取は、林内環境の整備後三年目から行なう。また、いずれの方法でも林内の小かん木類の整理は数年ごとに実施し、傘の開ききった商品価値の少ないキノコは採取せずにそのまま林内に置く。

3　経営のねらいと販売方法

ほかのキノコ類や山菜類などとの複合経営による地場消費（民宿などでの郷土料理用食材としての活用）や、観光キノコ園などでのキノコ狩り体験として活用できる。また、林内環境を整備する方法であることから、観光地の景観改善にも役立つことが考えられる。採れたキノコは、観光みやげ品（ビン詰め）などとしての利用も期待できる。

（柴田　尚）

付録1　キノコ栽培における病虫獣害

1．被害のあらまし

栽培を行なう中では、目的のキノコの発生が得られないとか、発生しても収量が伸びないといった障害がよくある。この原因を大別すると、①材料選択の不適、殺菌、接種の不良、培養、発生管理の不足などといった栽培技術に起因する障害、②使用キノコ菌系の劣化や変異、もしくは害菌汚染といった種菌そのものに起因する障害、③目的とするキノコ以外の微生物や虫類、獣類の関与による障害、などに分けることができる。これらは単独の障害として現われたり、結果的に害菌汚染症状になる場合もある。いずれにせよ障害が生じた場合には、原因を追及して問題点の把握と改善に努め、被害を再現しないことが求められる。表1には主な病虫獣害の一覧を示した。

表1　キノコ栽培での病虫獣害一覧

区分	部位	被害別	主に関係する種類
原木栽培	ホダ木	病害	材質腐朽型被害…木材腐朽菌、他の腐生菌…カワラタケ、ダイダイタケ、クロコブタケ、ほか 菌糸殺傷型被害…菌寄生菌：ヒポクレア・トリコデルマ菌群、ほか 複合型被害…材質腐朽型から菌糸殺傷型への菌種の遷移をともなう
		虫害	新ホダ木被害…カミキリムシ科、キクイムシ科、ナガキクイムシ科 完熟ホダ木被害…ゴミムシダマシ科、コガネムシ科、クワガタムシ科
		鳥獣害	リス、モモンガ、キツツキ
	子実体	病害	細菌類、変形菌類、ヒポクレア・トリコデルマ菌群
		虫害	トビムシ類、カメムシ類、ガ類、甲虫類、カ・ハエ類、ナメクジ、線虫
		鳥獣害	サル、カラス
菌床栽培	菌床	病害	腐生菌、菌寄生菌…細菌類、変形菌類、接合菌類、子のう菌類、不完全菌類
		虫害	キノコバエ、ダニ、トビムシ、線虫
	子実体	病害	細菌類、ケカビ属、ヒポクレア・トリコデルマ菌群、クラッドボトリウム属、バーチシリウム属、アクレモニウム属
		虫害	キノコバエ、ダニ、線虫

2．原木栽培の病虫獣害

（1）病害と防除

①「材質腐朽型被害」と「菌糸殺傷型被害」

ホダ木に生じる病害は、主に木材成分を腐朽、分解して間接的に障害を与えるがキノコの菌糸を殺傷するほどの力のない「材質腐朽型被害」とキノコの菌糸を直接攻撃して死滅させる「菌糸殺傷型被害」がある。前者は主に木材腐朽菌と他の腐生菌が含まれ、後者は菌寄生菌が該当するが、与える被害は後者がより甚大なものとなる。

②複合型被害

また、害菌の被害は単一の菌によってのみ起こされるものでなく、たとえばまず若いホダ木に好んで発生する木材腐朽性害菌が樹皮部などで繁殖し、次いでこれらの菌に菌寄生性害菌が寄生し樹皮部からホダ木内部にまで侵入して栽培キノコの菌糸までも死滅させるケースがある。これは材質腐朽型から菌糸殺傷型へと菌種の遷移が見られるタイプで、複合型被害といわれている。

③被害程度の観察

害菌類の被害程度を観察するには、腐朽型の害菌であればホダ木の樹皮を剥いで材表面に形成された帯線（黒色または褐色）や変色部の面積を測定することで判断できる。さらに詳しく観察するには材を切断し、横断面と縦断面の帯線、変色を調べるとよい。

殺傷型の害菌ではキノコの菌糸の生死が問題となるが、こ

表2　原木栽培害菌の生育温度

好温度別	害 菌 名	最適温度（℃）	生育温度範囲（℃）
好中温度	クロコブタケ	25～30	10～35
	カイガラタケ	25～30	8～38
	ネンドタケ	25	10～31
	カワラタケ	25～32	4～35
	スエヒロタケ	28～35	10～42
	アナタケ	25～40	15～45
	キウロコタケ	25～30	4～35
	アラゲキクラゲ	27	15～36
好高温度	アラゲカワラタケ	34～35	10～45
	ヒイロタケ	40	12～44

表3　原木栽培での病害の生態的防除法

工程別対策	対策のポイント	対象病害
適正原木の選択	キノコ菌糸の活力と子実体良好発生のために樹種、径級、年輪幅、樹皮の厚さ、肌目を吟味する	シトネタケ、ニマイカワタケ（シイタケ菌糸のまん延前に樹皮下で汚染が拡大する）
原木水分率の把握	伐採時期、葉枯らしの有無、玉切り時期により、仮伏せ以降の水分管理を調整する	ゴムタケ（生原木に発生しやすい）
種菌の吟味	優良種菌の見分け方を参照するとともに、保管方法、保管期間に留意して使用する	トリコデルマ（汚染種菌の使用により被害は甚大化する）
接種の適正化	接種時期の早期化、作業の清潔化、封ろうなどの励行。種菌は樹皮面に水平に、樹皮の傷口には多めに接種する	トリコデルマ、ほかの木材腐朽菌（汚染の機会を軽減）
仮伏せ管理の適正化	菌糸の活着や初期伸長をはかる温湿度管理の徹底。薬剤防除の適期でもある	トリコデルマ（高温・高湿下で の汚染被害が大きい）
本伏せ管理の適正化	ホダ場の選定、本伏せ時期、ホダ木の組み方と高さに注意する。連続使用ホダ場では病害虫類の密度が高くなる	
ホダ場の適正管理	発生害菌から環境改善対策を知る。日陰、通風、除草、防風垣、朽ち木・廃ホダ除去の徹底	カワラタケ、クロコブタケ、カイガラタケ（日陰不良）。ダイダイタケ、アナタケ（通風不良、過湿）。トリコデル マ（高温・高湿）
ホダ木の適正管理	天地返し、ホダ回し、樹皮の損傷回避、収穫後の養生などで菌糸活力を高める	

表4　原木栽培での虫害防除法

（1）生態的防除

	防除のポイント	対象虫害
新ホダ木	繁殖源、隠れ場所の除去。通風、採光などのホダ場環境の改善。ホダ木内部への菌糸まん延の早期化。成虫の捕殺とネット被覆	カミキリムシ科、キクイムシ科、ナガキクイムシ科(菌糸の未まん延部への加害)
完熟ホダ木	処女雌(性フェロモン)を用いて雄の成虫を誘因捕殺。ホダ木を1～2日間浸水して生息数を減少する(シイタケオオヒロズコガ)	ゴミムシダマシ科、コガネムシ科、クワガタムシ科(菌糸まん延部への加害)

（2）薬剤防除

	防除のポイント	対象虫害
新ホダ木	シイタケホダ木や日陰材の傘木へのスミパイン乳剤の散布(使用濃度に注意)。ビニールシートで密閉し臭化メチルくん蒸(温度の上げすぎに注意)	カミキリムシ類
完熟ホダ木	ＢＴ剤のふたへの塗布とホダ木への散布(キノコの発 生前に使用する)	シイタケオオヒロズコガ

れを見るには種駒やホダ木の材片の一部を取り出して寒天培地や殺菌水でしめらせた脱脂綿上（湿室培養）で培養し、菌糸の吹き出し方によって判断する。

④防除方法

防除の基本は、ホダ木内部のキノコ菌糸の活力を高めて抵抗力を持たせることにある。つまり、キノコ菌糸の繁殖に好適な環境条件を整えることで病害虫の繁殖を抑えるといった生態的防除法（表3）が優先されるもので、薬剤に頼った防除法は自然食品生産という点からも補助的手段にとどめることが大切である。

現在、原木栽培用に登録されている薬剤は二種類で、シイタケのほか一部がナメコ、ヒラタケに使用できる（表10）。栽培では仮伏せから梅雨空けころまでが最もトリコデルマの影響を受けやすい時期であるため、この時期に予防的に薬剤を用いることは否めない。しかしながら、子実体原基の見られるホダ木や発生中のホダ木、さらには浸水操作時に薬剤を用いることは厳に行なうべきではない。

（2）虫害と防除

①新ホダ木を加害する種類

ホダ木の害虫は、新ホダ木を加害する種類と完熟ホダ木を加害する種類に大別されている。新ホダ木を加害する種類は、原木伐採時から菌糸が材内にまん延する間に樹皮下および材部に穿入するもので、ほとんどがカミキリムシ科、キクイムシ科、ナガキクイムシ科に属する仲間である。これらの害虫はキノコの菌糸の活着やまん延を阻止し、菌糸を死滅させるとともに害菌の侵入を促進させるので軽視できない。

②完熟ホダ木を加害する種類

完熟ホダ木を加害する種類は、朽ち木につく昆虫のほか、落葉、腐植土、堆肥、腐敗果実、野生キノコなどにつく昆虫が関与しており膨大な数となる。実害の多いものとしては、ゴミムシダマシ科、コガネムシ科、クワガタムシ科に属する仲間である。これらの害虫は、菌糸や腐植部を食害するほか、材内部に空洞をあけるため樹皮の剥離や腐朽の促進、ホダ木の崩壊などをともなってホダ木の寿命を短縮させる。

③防除方法

キノコの害虫類では、廃ホダ、廃菌床、朽ち木、落葉、堆肥、古ワラ、屑キノコなどで繁殖しているので、これらの繁殖源や隠れ場所を除去してホダ場を清潔に保つとともに、通風、採光などのホダ場環境を改善するといった生態的防除法でかなり被害を軽減できる（表4）。

薬剤防除に関しては殺菌剤と同様の注意を要するが、現在シイタケ用に三種類の薬剤の登録がある（表10）。

（3）鳥獣害

原木栽培における鳥獣害としてはリス、モモンガ、キツツキといった例が知られている。これらは菌糸を食害するというよりは、ホダ木内部の幼虫などを捕食するといった二次的な害と考えられるが、詳細は不明である。

3. 菌床栽培の病虫害

（1）病害と防除

①被害と診断

菌床栽培では、キノコの菌糸の繁殖に最適な培地材料や水分率を調整するほか、殺菌をして無菌状態にするためあらゆる害菌が繁殖できる可能性がある。また、殺菌が不十分な場合には、材料中に含まれていた害菌が異常繁殖をし、きわめて早期に甚大な被害を引き起こすので、原木栽培にない大きな危険性をもった栽培法といえる。

菌床栽培に発生する病害は、菌床上に形成された分生胞子や胞子のうのほかに、透明容器では培地内部の害菌との拮抗症状（変色、ストップ症状）、まん延ムラなどによって把握することができる。これらの種類を調べるには、病害部を直接顕微鏡で観察したり、寒天培地に分離培養して観察する方法が取られている。

加害する害菌は、腐生性害菌と菌寄生性害菌に大別できる。

②腐生性害菌の被害

腐生性害菌の中にはいったん汚染しても培養を続けていると、キノコの菌糸が害菌を包み隠して正常な菌床と区別がつかなくなる場合がある。これを用いて発生させると顕著な汚染症状になったり、発生不良になることが多いので、汚染菌床は培養初期に識別することが大切である。

③菌寄生性害菌の被害

菌糸伸長の速いトリコデルマやグリオクラジウムの仲間が大きな被害を与えている。菌床栽培でよく用いられる二〇℃程度の培養温度では、キノコ菌糸の二～三倍の速さで伸長す

表5　菌床栽培での生態的病害防除方法

工程別対策	対策のポイント	対象病害とねらい
培地材料の吟味	種類に適合したオガコ樹種(とくに針広葉樹の別)、栄養材、添加剤、を組み合わせる。保存中の害菌、害虫にも注意	キノコ菌糸の健全な繁殖をはかる
培地調製の適正化	種類に適合した配合割合、水分率に調整。とくに栄養剤過多、水分の過不足に注意	同上
容器詰めの適正化	培地の詰め圧のチェック(上部は硬め、下部は軟らかめ)。調製後速やかに容器詰め、殺菌をする	細菌による培地の変質を防ぐ
容器の選択	栽培型と培地量の適合性、発生効率を考慮。容器本体の無菌性能、栓の通気性と除菌能力の検討	キノコ菌糸の活力を保持しつつ空中浮遊菌の影響回避
殺菌の徹底	培地が完全に殺菌できる温度と時間で行なう	殺菌不良では内部から細菌、トリコデルマが発菌する
放冷場所の無菌化	シイタケ種菌製造管理基準に準拠した施設のレイアウトと無菌管理を励行する	クモノスカビ、ペニシリウムなどの空中浮遊菌の回避
種菌の吟味	優良種菌を保管方法、期間に注意して使用。変質、汚染種菌はビンごと廃棄し使用しない	トリコデルマ汚染では被害が甚大化する
接種の清潔化	接種室の無菌化、作業の清潔化、器具の殺菌消毒に注意する	空中浮遊菌を始め最も害菌の影響を受けやすい工程
培養管理の適正化	キノコの培養に適する環境調節と害菌害虫防除対策を行なう	ケカビ、ペニシリウムなどのほか、キノコバエ、ダニによるトリコデルマ汚染回避
原基形成管理の適正化	完熟培地を用い、適切な環境調節を行なって円滑な原基形成を得る	未熟培地、過湿条件下では細菌、トリコデルマ、アクレモニウム、クラッドボトリウム汚染が生じやすい
生育管理の適正化	キノコの品質を向上させる環境調節と害菌害虫防除対策をはかる	生育室の長期連続使用による害菌害虫密度の増大回避
収穫後のキノコ適正管理、施設の清掃、消毒の徹底	適期収穫、水キノコの回避、収穫作業の清潔化、変質物の混入回避、密封包装の徹底、予冷、低温輸送による品質保持をはかる。放冷、接種室は日常的に無菌管理。培養、発生室等は空になる都度清掃消毒を励行	細菌、変形菌、トリコデルマ、アクレモニウムなどにより包装、出荷後も汚染あり。対策が悪いと最終的にダニ汚染になり駆除に難行する

るので、キノコ菌糸まん延前の汚染のほうが被害は拡大しやすい。とくに、種菌あるいは接種時の汚染では、害菌量の多少にかかわらず被害は壊滅的になる。このため、種菌中のトリコデルマ菌の有無の確認が種菌製造者に義務付けられているし、流通種菌の品質検査が国の種菌検査官によって実施されている。

④防除方法

菌床栽培では、いったん害菌汚染を受けると防除の方法はなく、被害の大きなものは廃棄するしかない。このため、培地内に害菌が侵入しないように常日頃、栽培環境、施設、技術の無菌性能を高めておく以外に適切な対策はない(表5)。

次に、菌床栽培用に登録されている薬剤は三種類あり、シイタケ、ナメコ、エノキタケ、ヒラタケ、マイタケに使用できる。使用方法

表6　菌床栽培での栽培施設の主な消毒法

消毒剤	消毒方法	使用場面
水洗い	水洗できる構造であれば水でよく洗浄し、乾かしてから使用する。内装や棚に木材を使用している場合は防腐剤を塗布	培養室、発生室
ホルマリン	10倍稀釈液を1m²当たり0.2～0.3リットル噴霧し半日密閉。におい抜きにはアンモニア50～100倍液を同量散布	培養室、発生室。生物全般に効果。金属の腐食に注意
ホルマリンのガスくん蒸	100m²当たり70ccを生石灰70gに注ぎ、さらに濃硫酸7ccを加えるとガス化する。過マンガン酸カリにホルマリンを徐々に注ぐだけでもよい。ガスマスク必着のこと	
ベノミル剤、オスパン液	ベノミル剤100倍液とオスバン液(逆性石鹸)100倍液を交互に散布するか、両液の混合液を散布する。オスパン液は細菌に効くが、同質の薬剤に5%ヒビテン液(一般消毒250倍)もある	施設全般。細菌、子のう菌(カビ)に効果
チアベンダゾール剤	50～100倍液を散布するか、室内1m²当たり0.5gをくん煙する	同上。子のう菌に効果

表7　菌床栽培での害虫の被害と間接的薬剤防除

対象害虫	被害の状況	防除方法
キノコバエ類	成虫が容器内に侵入して産卵、孵化した幼虫が菌床面を食害する。被害部は黄褐色に変色し硬化する。細菌汚染をともない、ほとんどキノコは発生しない	林内でのナメコ箱培養ではフィルム上にスミチオン2%粉剤を散布。室内の成虫駆除には家庭用の蚊取り線香、バルサンなどのくん煙剤を月1～2回用いる。殺虫プレートも使用する
ダニ類	成虫が容器内に侵入しトリコデルマ汚染を誘発する例、発生したキノコ上に多数集合して商品にならない例などがある。培養室内でダニの密度が高くなると帯状に成虫が移動して大きな害菌汚染を引き起こす	薬剤に耐性を持つ個体が出やすいため、専用の殺ダニ剤を2種類以上使って交互に消毒する必要がある。いったん大発生させると防除に長時間を要する
トビムシ類	まれに培養中の容器内に侵入して菌床面で繁殖する例がある	生態的防除でたりる
ナメクジ	林内培養や地中埋込発生などで見られる	水1リットルに塩50gを溶かして散布する。誘引捕殺剤を周辺にまく
線虫	菌床の地中埋込発生や害菌汚染の進んだビンなどの菌床面で見かける	汚染した土との接触を避ける。必要によっては殺菌土壌を用いる

は、培地調製時に規定の濃度で一回のみ培地に混和できる。この使用目的は、放冷および接種時に培地に混入するトリコデルマ菌を防除することにあり、培養中や発生中の汚染、あるいは発生処理時に予防的に表面散布するといった使い方はできない（表10）。

なお、キノコ栽培施設の消毒法についてもよく使われている方法を表6に示しておく。

（2）虫害と防除

菌床栽培での虫害は、菌床面の加害症状や幼虫、成虫の捕獲によって種類を判断する。現在のところキノコバエ類とダニ類が加害の中心であるが、菌床栽培では培養中や発生中に直接殺虫剤を培地に使用する方法はいっさい認められていない。防除については生態的に行なうか間接的な薬剤防

表8　キノコ（子実体）の病害と症状の特徴

病名	関係害菌	症状
〈シイタケ〉		
細菌病害	シュウドモナス·フルオレスセンス	柄、傘、ひだが褐変し、腐敗、異臭へとすすむ
トリコデルマ病	トリコデルマ·ビリデー	感染部は形状が不規則となり、褐変、腐敗、異臭へとすすむ
細菌性腐敗病	シュウドモナス属	出荷後の包装内で強い発酵臭を生じる
茎膨れ病	トリコデルマ属	柄の根元が異常に膨大する。高温性品種の浸水発生に多い
〈ヒラタケ〉		
黄褐色変色病	シュウドモナス·トラジー	幼菌の傘が黄褐色に変色し、隣接部に拡大する。やがて萎縮して株全体が枯死する
紫褐色斑紋病	シュウドモナス属	被害のすすみ方は黄褐色変色病と同じ。傘、柄の所々が赤紫色になり、やがて裂ける。末期は悪臭を放つ
腐敗病	細菌の仲間	傘の一部が淡褐色に変色し、やがて全体が灰黄褐色となり腐敗する
細菌性腐敗病	シュウドモナス属	出荷後の包装内で強い発酵臭を生じるもの
白こぶ病	線虫、他	ひだを中心に傘、柄で白いこぶ状の組織塊が個々あるいは多数生じる。こぶ内部の中室に線虫が生息している
イボ病	不明	傘表面の辺縁部の一部がイボ状に隆起。腐敗、悪臭はない
〈ナメコ〉		
腐敗病	細菌の仲間	幼菌の傘が灰褐色に変色し著しく粘液を増す。やがて幼菌全体が灰淡黄色となり、腐敗して崩れ、強い悪臭を放つ
黒変病	バーティシリウム属	感染した幼菌は生長が止まり、黒変、硬化する
褐斑病	変形菌の仲間	出荷後の包装内で濃褐色の斑紋を生じたり、穿孔を生じる
細菌性腐敗病	シュウドモナス属	出荷後の包装内で強い発酵臭を生じるもの
脱色変形症状	アクレモニウム属	2番発生以降に多く、傘の色が脱色され、薄く開きやすくなる。包装後は異常に速く黒変化がすすむ
〈エノキタケ〉		
立ち枯れ症状	クラッドボトリウム·バリウム	カビの白い菌糸が子実体を厚く覆い、やがて萎れて枯死する
黒腐れ症状	シュウドモナス·トラジー	原基、幼菌、成菌の根元が黒く腐れる
根腐れ病	クラッドボトリウム属	根元が犯されて子実体は生長停止、アメ色に変色する。やがて枯死して倒伏する
〈ブナシメジ〉		
立ち枯れ症状	クラッドボトリウム·バリウム	カビの白い菌糸が子実体を厚く覆い、やがて萎れて枯死する
〈マッシュルーム〉		
ミコゴン病	ミコゴン·ペルニシオサ	感染した子実体表面に暗褐色の液がにじみ出る。やがて奇形となり、特異な臭気を発して崩壊する
褐斑病	バーティシリウム属	傘、柄に褐色の斑点ができ、次第に広がり連なる。やがて斑点は灰白色になり、柄の表皮がはがれる
マミー病	細菌の仲間	柄が細長く伸び、傘が奇形化する。やがて生長が止まり、組織がスポンジ状になって枯死する
ウイルス病	ウイルスの仲間	傘が小さいまま開き、柄は細長く伸びる。ピンヘッドのころに感染すると柄が奇形化する
〈アラゲキクラゲ〉		
腐敗病	シュウドモナス属	収穫期の子実体がドロドロに溶け、不快臭を放つ

表9　キノコ（子実体）を加害する害虫

キノコの種類	主な害虫
生シイタケ	ヒメウスイロトビムシ、シイタケオオヒロズコガ、ニホンホソオオキノコムシ、セモンホソオオキノコムシ、ホソマダラホソカタムシ、シイタケトンボキノコバエ、ナカモンキノコバエ、シイタケガガンボ
乾シイタケ	コクガ、チビヒラタムシ、ノコギリヒラタムシ、ジンサンシバンムシ
ヒラタケ	オオキノコムシ、シベリアチビオオキノコムシ、ホソマダラホソカタムシ、モンキナガクチキムシ、ガガンボ科の一種
エノキタケ	セモンホソオオキノコムシ
ナメコ	ナカモンホソキノコバエ、ヤマトヒメホソキノコバエ、ナカモンナミキノコバエ
キクラゲ	マダラツツキノコムシ
ムキタケ	モンキナガクチキムシ
マツタケ	トビムシ類、甲虫類、カ、ハエ類の多くが知られている

除法（表7）しかない。

4. キノコ（子実体）の病虫獣害

（1）被害の診断法

子実体の病害は、生育中には奇形、変色、腐敗、異臭といった症状で把握できるほか、出荷後も包装内で変色、腐敗、異臭がすすむ場合が認められている。これまでに報告されている病害の関係種類と症状は表8のとおりである。また、子実体を加害する害虫を表9に示した。

（2）防除方法

現在、子実体に直接使用できる薬剤の登録はない。被害を受けた子実体は早いうちに除去して、ほかに拡大させない管理が大切である。また、作業者の手によって伝播する場合も少なくないので、汚染子実体の取り扱いは慎重に行なう。

ホダ場では、子実体が発生すると周辺で生息していた害虫類が集まり、食害、産卵をするので加害のすすまない若い時期に収穫したい。サルや鳥などの食害については、電気柵、爆音、異臭による忌避対策、あるいは捕殺も行なうが、効果は上がりにくいのが実情である。

培養未熟な原木や菌床を発生に用いると、原基形成の遅れや不整形子実体の形成が生じやすい。また、培養中に目立たなくても発生処理すると汚染が拡大する例も多い。完熟ホダ木や菌床の使用をはかるとともに、汚染のない培養を心がけるべきである。このためには、これまでに述べた栽培技術や無菌管理方法を駆使して、総合的に栽培水準を上げるしか手立てはない。

（小出博志）

表10　キノコ栽培用薬剤一覧

(1) 殺菌剤

[原木栽培]

薬剤名	作物名	適用病害名	希釈倍数	使用時期	使用回数	使用方法
チアベンダゾール系						
パンマッシュ	シイタケ	トリコデルマ菌によるホダ木の障害	1000倍	接種後～梅雨明け	3回以内	ホダ木散布
ビオガード液剤			100～200倍			
ベノミル系						
デュポンベンレート水和剤	シイタケ、ナメコ、ヒラタケ	同上	1000倍	収穫前30日まで	3回以内	ホダ木散布

[菌床栽培]

チアベンダゾール系						
パンマッシュ	ナメコ、ヒラタケ	トリコデルマ菌による生育障害	培地重量の0.02～0.03%	培地調製時	1回	培地混和
	シイタケ、エノキタケ		同 0.02%			
	マイタケ		同 0.05%			
ビオガード液剤	シイタケ		同 0.1%			
	ナメコ		同0.1～0.5%			
	マイタケ		同 0.3%			
	エノキタケ		同 0.05%			
	ヒラタケ		同0.1～0.05%			
ベノミル系						
デュポンベンレート水和剤	エノキタケ	同上	同 0.008%	培地調製時	1回	培地混和
	ナメコ、ヒラタケ		同 0.01～0.02%			
	シイタケ		同 0.02%			

注) 1. 使用回数は該当薬剤と同系統の薬剤の総使用回数を示す。
2. デュポンベンレート水和剤については平成13年12月で販売中止の予定。

(2) 殺虫剤

殺虫剤名	作物名	適用害虫名	希釈倍率	使用時期	使用方法
ＭＥＰ系					
スミパイン乳剤	シイタケ原木栽培	カミキリムシ類	傘木40倍、ホダ木350倍、同時も350倍	成虫発生期および産卵期(ホダ木伏せ込み期)	散布
ＢＴ剤系					
ゼンターリ顆粒水和剤	シイタケ原木栽培	シイタケオオヒロズコガ	形成種菌のふた 200倍	接種前1回	ふたに塗布
			ホダ木 1000倍	害菌発生初期、発生14日前まで 3回以内	散布

成分組成（可食部100g当たり）

（科学技術庁資源調査会編『五訂日本食品標準成分表』より）

ビタミン														脂肪酸			コレステロール	食物繊維			
A			D	E	K	B_1	B_2	ナイアシン	B_6	B_{12}	葉酸	パントテン酸	C	飽和	一価不飽和	多価不飽和		水溶性	不溶液	総量	
レチノール	カロテン	レチノール当量																			
μg	μg	μg	μg	mg	μg	mg	mg	mg	mg	μg	μg	mg	mg	g	g	g	mg	g	g	g	
0	0	0	1	0	0	0.24	0.17	6.8	0.12	(0)	75	1.40	1	0.02	0	0.08	0	0.4	3.5	3.9	栽
(0)	0	(0)	440	0	0	0.19	0.87	3.2	0.10	(0)	87	1.14	5	0.27	0.34	0.45	0	0	57.4	57.4	輸
0	0	0	970	0	0	0.12	0.70	2.2	0.10	(0)	76	1.37	2	–	–	–	(0)	19.3	49.4	68.7	輸
0	0	0	2	0	0	0.10	0.19	3.8	0.11	(0)	42	1.08	10	0.04	0.01	0.15	0	0.5	3.0	3.5	栽
0	0	0	17	0	0	0.50	1.40	16.8	0.45	(0)	240	7.93	0	0.37	0.06	1.42	0	3.0	38.0	41.0	栽
0	0	0	1	0	0	0.12	0.49	6.1	0.12	(0)	25	2.48	0	–	–	–	(0)	0.2	3.3	3.5	栽
0	0	0	2	0	0	0.16	0.16	6.6	0.08	(0)	28	0.86	7	0.05	0.02	0.24	0	0.3	3.4	3.7	栽
0	0	0	4	0	0	0.08	0.50	9.0	0.13	(0)	38	1.97	Tr	–	–	–	(0)	0.7	2.6	3.3	
0	0	0	2	0	0	0.17	0.33	12.0	0.12	(0)	80	1.32	0	–	–	–	(0)	0.2	3.1	3.3	栽
0	0	0	Tr	0	0	0.07	0.12	5.1	0.05	Tr	58	1.25	Tr	0.02	0.02	0.06	1	1.0	2.3	3.3	栽
0	0	0	1	0	0	0.16	0.34	5.9	0.08	(0)	19	1.77	1	–	–	–	(0)	0.3	2.2	2.5	栽
0	0	0	6	0	0	0.30	0.41	6.9	0.23	(0)	100	2.44	0	–	–	–	(0)	0.3	3.5	3.8	栽
0	0	0	2	Tr	0	0.14	0.28	8.1	0.18	(0)	80	1.61	0	–	–	–	(0)	0.3	4.0	4.3	栽
0	0	0	1	0	0	0.40	0.40	10.7	0.10	(0)	92	2.40	10	–	–	–	(0)	0.2	2.4	2.6	栽
0	0	0	3	0	0	0.25	0.49	9.1	0.07	(0)	60	0.79	0	–	–	–	(0)	0.3	2.4	2.7	栽
0	0	0	1	0	0	0.06	0.29	3.0	0.11	(0)	28	1.54	1	0.02	0	0.13	0	0.2	1.8	2.0	栽
0	0	0	4	0	0	0.10	0.10	8.0	0.15	(0)	63	1.91	2	–	–	–	(0)	0.3	4.4	4.7	(輸)
0	0	0	1	0	0	0.27	0.34	6.1	0.11	(0)	33	2.61	Tr	–	–	–	(0)	0.3	2.7	3.0	栽

付録2　キノコ類の一般

	廃棄率	エネルギー		水分	たんぱく質	脂質	炭水化物	灰分	無機質							
									ナトリウム	カリウム	カルシウム	マグネシウム	リン	鉄	亜鉛	銅
単位	%	Kcal	KJ	g	g	g	g	g	mg	mg	mg	mg	mg	mg	mg	mg
エノキタケ - 生 -	15	22	92	88.6	2.7	0.2	7.6	0.9	2	340	Tr	15	110	1.1	0.6	0.10
キクラゲ - 乾 -	0	167	699	14.9	7.9	2.1	71.1	4.0	59	1000	310	210	230	35.2	2.1	0.31
シロキクラゲ - 乾 -	0	162	678	14.6	4.9	0.7	74.5	5.3	28	1400	240	67	260	4.4	3.6	0.10
シイタケ - 生 -	25	18	75	91.0	3.0	0.4	4.9	0.7	2	280	3	14	73	0.3	0.4	0.05
シイタケ - 乾 -	20	182	761	9.7	19.3	3.7	63.4	3.9	6	2100	10	110	310	1.7	2.3	0.50
ハタケシメジ - 生 -	15	18	75	90.3	3.1	0.2	5.6	0.8	5	280	1	9	70	0.6	0.4	0.14
ブナシメジ - 生 -	10	18	75	90.8	2.7	0.6	5.0	0.9	3	380	1	11	100	0.4	0.5	0.06
ホンシメジ - 生 -	15	14	59	92.5	2.1	0.3	4.4	0.7	9	300	2	9	75	1.1	0.8	0.36
タモギタケ - 生 -	15	16	67	91.7	3.6	0.3	3.7	0.7	1	190	2	11	85	0.8	0.6	0.32
ナメコ - 生 -	0	15	63	92.4	1.7	0.2	5.2	0.5	3	230	4	10	66	0.7	0.5	0.11
ヌメリスギタケ - 生 -	8	15	63	92.6	2.3	0.4	4.1	0.6	1	260	1	9	65	0.6	0.4	0.19
ウスヒラタケ - 生 -	8	23	96	88.0	6.1	0.2	4.8	0.9	1	220	2	15	110	0.6	0.9	0.15
エリンギ - 生 -	8	24	100	87.5	3.6	0.5	7.4	1.0	2	460	1	15	120	0.3	0.7	0.15
ヒラタケ - 生 -	8	20	84	89.4	3.3	0.3	6.2	0.8	2	340	1	15	100	0.7	1.0	0.15
マイタケ - 生 -	10	16	67	92.3	3.7	0.7	2.7	0.6	1	330	1	12	130	0.5	0.8	0.27
マッシュルーム - 生 -	5	11	46	93.9	2.9	0.3	2.1	0.8	6	350	3	10	100	0.3	0.4	0.32
マツタケ - 生 -	3	23	96	88.3	2.0	0.6	8.2	0.9	2	410	6	8	40	1.3	0.8	0.24
ヤナギマツタケ - 生 -	10	13	54	92.8	2.4	0.1	4.0	0.7	1	360	Tr	13	110	0.5	0.6	0.20

注)1. 廃棄した値は柄の基部(いしずき)に当たる
2.（0）：含まれていないと推定されるもの　Tr：微量に含まれると推定されるもの
3. 栽：栽培品　輸：輸入栽培品　(輸)：輸入品を含む

付録3　経営指標例

1．乾シイタケ経営指標（原木栽培）（「平成12年度長野県きのこ基本計画」抜粋）

設定条件

1. 経営類型	乾シイタケ主体複合経営(70%)
2. 栽培条件	春発生80%、秋発生20%
3. 経営規模	年接種5,000本、稼働ホダ木18,000本 水田0.5ha、畑0.3ha
4. 家族労働力	1人
5. 主な施設、機械 ( )内取得価格	乾燥舎50m²(750千円)、乾燥機2台(1,276千円)、軽トラック1台(861千円×0.5)、ホダ木運搬車(380千円×0.8)、チェーンソー1台(105千円)、発電機1台(124千円)、ドリル(58千円)、その他一式 (100千円)
6. 原木調達	自己労働による立ち木購入、1本当たり50円
7. ホダ場借上料	年20,000円
8. 単位当収穫目標	径9cm×長さ1mのホダ木1代当たり収穫量120g
9. 年間収穫目標	稼働ホダ木18,000本×33g

経営費と収益（原木栽培、年接種5,000本当たり）

経営費

種菌費	260,000 円
原木代	250,000
諸材料費	50,500
光熱動力費	75,750
修繕費	67,700
償却費	
建物施設	37,500
機械器具	352,640
租税公課	10,500
支払利息	20,670
ホダ場借料	20,000
(経費計)	1,145,260
流通経費	203,150
(経費合計)	1,348,410

収益

(試算1)

生産物収量	594 kg
平均単価	4,100 円
粗収益	2,435,400
所　得	1,086,990
1日当たり家族労働報酬	6,504

(試算2)

生産物収量	594 kg
平均単価	2,200 円
粗収益	1,306,000
所　得	26,111
1日当たり家族労働報酬	156

作業別労働時間

作業名	労働時間	機械使用時間
原木伐採玉切り	190	100
原木搬出運搬	190	175
接　種	264	130
仮 伏 せ	20	
本 伏 せ	20	
ホダ木管理	180	
収　穫	295	60
乾燥·荷づくり·出荷	178	170
合　計	1,337	635

備　考

1. 修繕費は、建物施設取得価格×0.5%＋機械器具取得価格×2.667%で算出。
2. 償却費は、固定資産取得価格×0.9÷耐用年数で算出。
3. 支払利息は、固定資産取得額の80%の借入額を年利2.5%で元利均等償還した場合の平均支払額。
4. 試算1は目標所得、試算2は経営限界点の単価での所得。

2．生シイタケ経営指標（原木栽培）（「平成12年度長野県きのこ基本計画」抜粋）

設定条件

1. 経営類型	生シイタケ主体複合経営(80%)
2. 栽培条件	周年栽培
3. 経営規模	年接種10,000本、稼働ホダ木27,100本 水田0.5ha
4. 家族労働力	家族労働力２人、2,776時間。雇用労働力２人、520時間
5. 主な施設、機械 ( )内取得価格	機械 夏用栽培舎70m²(140千円)、冬用栽培舎50m²(1,250千円)、抑制舎100m²(200千円×0.5)、ピアレスハウス(400千円×0.5)、人工ホダ場700m²(525千円)、浸水槽(200千円)、暖房装置(150千円)、ホダ木運搬車1台(520千円)、軽トラック1台(861千円×0.7)、暖房機1台(268千円)、ドリル一式(360千円)、チェンブロック(164千円)、その他機械器具(150千円)
6. ホダ場借上料	天然ホダ場年50,000円／ha×0.3ha
7. 単位当収穫目標	径9cm×長さ1mのホダ木1代当たり収穫量820g
8. 年間収穫目標	稼働ホダ木27,100本×820g×1／3

経営費と収益（原木栽培、年接種10,000本当たり）

経営費	
種菌費	740,000 円
原木代	1,950,000
薬剤費	4,500
諸材料費	61,520
光熱動力費	150,280
修繕費	60,980
償却費	
建物施設	187,450
機械器具	370,510
租税公課	48,600
支払利息	26,270
雇用労賃	390,000
ホダ場借料	15,000
(経費計)	4,005,110
流通経費	1,991,520
(経費合計)	5,996,630

収益	
(試算1)	
生産物収量	7,407 kg
平均単価	1,170円
粗収益	8,666,580
所 得	2,669,950
1日当たり家族労働報酬	7,694
(試算2)	
生産物収量	7,407 kg
平均単価	760円
粗収益	5,629,570
所 得	27,750
1日当たり家族労働報酬	80

作業別労働時間

作業名	労働時間	機械使用時間
接 種	460	270
仮 伏 せ	76	
本 伏 せ	112	40
管 理	320	
浸 水	290	180
芽出し・展開	226	80
収 穫	606	
パック詰め	806	100
出 荷	230	190
収穫後管理	148	140
自然発生管理	22	
合 計	3,296(内雇用520)	1,000

備考

1. 修繕費は、建物施設取得価格×0.43%＋ 機械器具取得価格×2.418%で算出。
2. 償却費は、取得価格×0.9÷耐用年数で 算出した額。
3. 支払利息は、固定資産取得額の50%の借入額を年利2.5%で元利均等償還した場合の平均支払額。
4. 試算1は目標所得、試算2は経営限界点の単価での所得。

3．菌床シイタケ経営指標（生シイタケ）（「平成12年度長野県きのこ基本計画」抜粋）

設定条件

1. 経営類型	生シイタケ複合経営
2. 栽培条件	農閑期、季節栽培
3. 経営規模	培養センター利用購入培地、1.2kg袋培地5,000袋、1回転 水田0.5ha、畑0.3ha
4. 家族労働力	1人
5. 主な施設、機械 ( )内取得価格	パイプハウス99m^2(106千円)、暖房機1台(250千円)、軽トラック1台(850千円×0.2)、浸水槽1基(200千円)、棚材(130千円)、オイルタンク(40千円)、ラップ機(100千円)、その他資材(76千円)
6.技術目標	一栽培期間6カ月、害菌ロス率2%以下
7.収穫目標	1.2kg袋培地1袋当たり300g(2.6パック)

経営費と収益（菌床栽培、1.2kg袋培地5,000袋当たり）

経営費		収益	
培地費	540,000 円	(試算1)	
薬剤費	1,690	生産物収量	1,274 kg
光熱動力費	70,280	平均単価	1,170 円
修繕費	18,760	粗収益	1,490,580
償却費		所　得	334,700
建物施設	9,540	1日当たり家族	
機械器具	124,390	労働報酬	8,367
租税公課	22,780	(試算2)	
支払利息	5,220	生産物収量	1,274 kg
(経費計)	792,660	平均単価	870 円
流通経費	363,220	粗収益	1,108,380
(経費合計)	1,155,880	所　得	2,190
		1日当たり家族	
		労働報酬	55

作業別労働時間

作業名	労働時間	機械使用時間
諸準備	5	
発生処理	10	
発生管理	80	
収　穫	100	
選別・包装	100	70
出　荷	20	20
廃床処理・消毒	5	
合　計	320	90

備考

1. 修繕費は、建物施設取得価格×0.5%＋機械器具取得価格×1.887%で算出。
2. 償却費は、取得価格×0.9÷耐用年数で算出。
3. 支払利息は、固定資産取得額の80%の借入額を年利2.5%で元利均等償還した場合の平均支払額。
4. 試算1は目標所得、試算2は経営限界点の単価での所得。

4．エノキタケ経営指標（「平成12年度長野県きのこ基本計画」抜粋）

設定条件

1. 経営類型	エノキタケ専業経営
2. 栽培条件	周年栽培
3. 経営規模	1100mlビン120,000本所有、年回転数５回転 年間栽培ビン数600,000本
4. 家族労働力	家族労働力３人、6,300時間。雇用労働力３人、5,280時間
5. 主な施設、機械 ( )内取得価格	栽培舎655m²(62,244千円)、作業場281m²(26,676千円)、空調設備(16,004千円)、ミキサー1台(1,380千円)、詰め機1台(2,400千円)、高圧殺菌釜1台(9,290千円)、接種機1台(2,150千円)、菌かき機1台(2,500千円)、熱交換機一式(3,000千円)、包装機1台(3,680千円)、ふるい機1台(530千円)、かき出し機1台(2,200千円)、フォークリフト1台(680千円)、軽トラック1台(850千円)、ビン、キャップ、コンテナ(6,600千円)、ホイルローダ1台(930千円)、その他機械器具(180千円)
6.技術目標	一栽培期間58日、害菌ロス率2%以下、Ａ級比率85%以上
7.収穫目標	１ビン当たり220ｇ以上

経営費と収益（原木栽培、年植菌10,000本当たり）

経営費

種菌費	32,500 円
培地材料費	106,500
薬剤費	2,040
諸材料費	5,620
光熱動力費	71,230
修繕費	39,130
償却費	
建物・構築物	51,300
施設	16,900
機械器具	106,820
租税公課	21,590
支払利息	16,740
雇用労賃	66,000
(経費計)	536,370
流通経費	311,760
(経費合計)	848,130

収益

(試算1)

生産物収量	2,156 kg
平均単価	480円
粗収益	1,034,880
所　得	186,750
１日当たり家族労働報酬	14,229

(試算2)

生産物収量	2,156kg
平均単価	390円
粗収益	840,840
所　得	17,940
１日当たり家族労働報酬	1,367

作業別労働時間

作業名	労働時間	機械使用時間
諸準備	7	6
ビン詰め・殺菌	10	10
接　種	8	8
菌かき	10	10
巻き紙	15	
栽培管理	33	
収穫・調製・出荷	100	35
かき出し・片づけ	10	9
合　計	193(内雇用88)	78

備　考

1. 修繕費は、(建物施設取得価格×0.5%＋機械器具取得価格×5%)÷60で算出。
2. 償却費は、取得価格×0.9÷耐用年数÷60で算出。
3. 支払利息は、固定資産取得額の50%の借入額を年利2.5%で元利均等償還した場合の平均支払額。
4. 試算1は目標所得、試算2は経営限界点の単価での所得。

5．ブナシメジ経営指標（「平成12年度長野県きのこ基本計画」抜粋）

設定条件

1. 経営類型	ブナシメジ専業経営
2. 栽培条件	周年栽培
3. 経営規模	850mlビン200,000本所有、年回転数3.3回転 年間栽培ビン数660,000本
4. 労働力	家族労働力３人、6,270時間。雇用労働力３人、5,346時間
5. 主な施設、機械 ( )内取得価格	機械　栽培舎614㎡(58,330千円)、作業場240㎡(22,800千円)、空調設備(15,350千円)、ミキサー1台(800千円)、詰め機1台(1,490千円)、高圧殺菌釜1台(8,200千円)、接種機1台(1,900千円)、菌かき機1台(760千円)、熱交換機一式(3,000千円)、加湿機1台 (1,000千円)、包装機1台(3,000千円)、ふるい機1台(550千円)、チェーンコンベア(80千円)、かき出し機1台(930千円)、フォークリフト1台(680千円)、軽トラック1台(850千円)、ビン、キャップ、コンテナ(9,360千円)、ホイルローダ1台(930千円)
6. 技術目標	一栽培期間105日、害菌ロス率2%以下、Ａ級比率85%以上
7. 収穫目標	１ビン当たり140ｇ以上

経営費と収益（菌床栽培、850mlビン10,000本当たり）

経営費

種菌費	30,800 円
培地材料費	82,330
薬剤費	2,040
諸材料費	4,000
光熱動力費	75,640
修繕費	32,710
償却費	
建物・構築物	42,550
施設	13,960
機械器具	90,050
租税公課	21,590
支払利息	16,740
雇用労賃	60,410
(経費計)	472,820
流通経費	327,750
(経費合計)	800,570

収益

	(試算1)	(試算2)
生産物収量	1,372 kg	1,372 kg
平均単価	710円	570円
粗収益	974,120	782,040
所　得	173,550	△18,530
１日当たり家族労働報酬	14,615	△ 1,560

作業別労働時間

作業名	労働時間	機械使用時間
諸準備	7	7
ビン詰め・殺菌	10	10
接　種	8	8
菌かき	10	10
栽培管理	30	
収穫・調製・出荷	100	20
かき出し・片づけ	11	10
合　計	176(内雇用81)	65

備　考

1. 修繕費は、(建物施設取得価格×0.5%＋機械器具取得価格×5%)÷66で算出。
2. 償却費は、取得価格×0.9÷耐用年数÷66で算出。
3. 支払利息は、固定資産取得額の50%の借入額を年利2.5%で元利均等償還した場合の平均支払額。
4. 試算1は目標所得、試算2は経営限界点の単価での所得。

6．ナメコ経営指標（「平成12年度長野県きのこ基本計画」抜粋）

設定条件

1. 経営類型	ナメコ主体複合経営
2. 栽培条件	周年栽培
3. 経営規模	800mlビン70,000本所有、年回転数3.2回転 年間栽培ビン数224,000本
4. 労働力	家族労働力３人、6,003時間。雇用労働力１人、1,344時間
5. 主な施設、機械 ( )内取得価格	機械　栽培舎357㎡(27,760千円)、作業場85㎡(4,505千円)、空調設備(8,675千円)、ミキサー1台(550千円)、詰め機1台(1,300千円)、高圧殺菌釜1台(4,000千円)、接種機1台(615千円)、ふるい機1台　(320千円)、加湿機一式(600千円)、選別機1台(180千円)、包装機1台(3,200千円)、チェーンコンベア(190千円)、かき出し機1台(250千円)、軽トラック1台(861千円)、台車一式(120千円)、オイルタンク（80千円)、栽培ビン(2,940千円)、コンテナ(750千円)
6.技術目標	一栽培期間105日、害菌ロス率2%以下、Ａ級比率85%以上
7.収穫目標	１ビン当たり180ｇ以上

経営費と収益（菌床栽培、800mlビン10,000本当たり）

経　営　費		収　　益	
種菌費	42,800 円	(試算1)	
培地材料費	80,450	生産物収量	1,764 kg
薬剤費	2,790	平均単価	610円
諸材料費	0	粗収益	1,076,040
光熱動力費	53,140	所　得	321,320
修繕費	25,060	１日当たり家族	
償却費		労働報酬	9,592
建物・構築物	72,020		
施設	23,240	(試算2)	
機械器具	125,130	生産物収量	1,764 kg
租税公課	13,950	平均単価	400円
支払利息	16,000	粗収益	705,600
雇用労賃	45,010	所　得	△ 960
(経費計)	499,590	１日当たり家族	
流通経費	255,130	労働報酬	△　29
(経費合計)	754,720		

作業別労働時間

作業名	労働時間	機械使用時間
諸準備	10	5
ビン詰め・殺菌	16	12
接　種	10	8
培養管理	10	
発生処理	18	
発生管理	18	
収　穫	175	
水洗・選別	11	11
包　装	15	15
出　荷	20	20
廃床処理他	25	15
合　計	328(内雇用60)	86

備　考

1. 修繕費は、(建物施設取得価格×0.28%＋機械器具取得価格×2.8%)×22.4で算出。
2. 償却費は、取得価格×0.9÷耐用年数÷22.4で算出。
3. 支払利息は、固定資産取得額の50%の借入額を年利2.5%で元利均等償還した場合の平均支払額。
4. 試算1は目標所得、試算2は経営限界点の単価での所得。

7．ヒラタケ経営指標（「平成12年度長野県きのこ基本計画」抜粋）

設定条件

1. 経営類型	ヒラタケ複合経営
2. 栽培条件	季節栽培、10月～3月
3. 経営規模	850mlビン50,000本所有、年回転数4.5回転 年間栽培ビン数225,000本
4. 労働力	家族労働力２人、2,543時間。雇用労働力０人
5. 主な施設、機械 ( )内取得価格	機械　栽培舎175m²(17,120千円)、作業場30m²(290千円)、空調設備(5,280千円)、ミキサー1台(440千円)、詰め機1台(680千円)、常圧殺菌釜1台(1,570千円)、接種機1台(220千円)、菌かき機1台(240千円)、包装機1台(790千円)、ふるい機1台(290千円)、加湿機1台(330千円)、かき出し機1台(260千円)、軽トラック1台(850千円)、ビン、キャップ、コンテナ(2,580千円)
6.技術目標	一栽培期間45日、害菌ロス率2%以下、Ａ級比率85%以上
7.収穫目標	1ビン当たり100g以上

経営費と収益（菌床栽培、850mlビン10,000本当たり）

経営費

種菌費	35,000 円
培地材料費	83,000
薬剤費	2,040
諸材料費	500
光熱動力費	22,460
修繕費	23,370
償却費	
建物・構築物	26,780
施設	14,080
機械器具	65,330
租税公課	15,170
支払利息	9,670
雇用労賃	0
(経費計)	297,400
流通経費	209,230
(経費合計)	506,630

収益

(試算1)

生産物収量	980kg
平均単価	650円
粗収益	637,000
所　得	130,370
1日当たり家族労働報酬	9,229

作業別労働時間

作業名	労働時間	機械使用時間
諸準備	8	8
ビン詰め・殺菌	10	8
接　種	10	10
菌かき	10	9
栽培管理	20	
収穫･調製･出荷	45	30
かき出し･片づけ	10	9
合　計	113	74

備考

1. 修繕費は、(建物施設取得価格×0.5%＋機械器具取得価格×5%)÷22.5で算出。
2. 償却費は、取得価格×0.9÷耐用年数÷22.5で算出。
3. 支払利息は、固定資産取得額の50%の借入額を年利2.5%で元利均等償還した場合の平均支払額。
4. 試算1は目標所得。

8．マイタケ経営指標（「平成12年度長野県きのこ基本計画」抜粋）

設定条件

1. 経営類型	マイタケ専業経営
2. 栽培条件	季節栽培、10月～3月
3. 経営規模	850mlビン80,000本所有、年回転数5.0回転 年間栽培ビン数400,000本
4. 労働力	家族労働力２人、4,200時間。雇用労働力１人、520時間
5. 主な施設、機械 ( )内取得価格	栽培舎175m²(26,600千円)、作業場30m²(912千円)、空調設備(7,224千円)、ミキサー1台(440千円)、詰め機1台(680千円)、常圧殺菌釜1台(1,570千円)、接種機1台(300千円)、包装機1台(790千円)、ふるい機1台(300千円)、加湿機1台(330千円)、かき出し機1台(260千円)、軽トラック1台(850千円)、ビン、キャップ、コンテナ(4,128千円)
6.技術目標	一栽培期間55日、害菌ロス率2%以下、Ａ級比率85%以上
7.収穫目標	１ビン当たり100ｇ以上

経営費と収益（菌床栽培、850mlビン10,000本当たり）

経営費

種菌費	25,000 円
培地材料費	102,500
薬剤費	2,040
諸材料費	1,000
光熱動力費	31,020
修繕費	16,990
償却費	
建物・構築物	23,810
施設	10,840
機械器具	45,150
租税公課	10,990
支払利息	7,010
雇用労賃	9,750
(経費計)	286,100
流通経費	208,540
(経費合計)	494,640

収益

(試算1)

生産物収量	980 kg
平均単価	700 円
粗収益	686,000
所　得	191,360
１日当たり家族労働報酬	14,580

作業別労働時間

作業名	労働時間	機械使用時間
諸準備	8	8
ビン詰め・殺菌	10	8
接　種	10	10
栽培管理	30	
収穫·調製·出荷	50	35
かき出し·片づけ	10	9
合　計	118 (内雇用13)	70

備　考

1. 修繕費は、(建物施設取得価格×0.5%＋機械器具取得価格×5%)÷40で算出。
2. 償却費は、取得価格×0.9÷耐用年数÷40で算出。
3. 支払利息は、固定資産取得額の50%の借入額を年利2.5%で元利均等償還した場合の平均支払額。
4. 試算1は目標所得。

9．エリンギ経営指標（愛知県林業試験研究推進協議会「エリンギ栽培手引き」抜粋）

設定条件

1. 経営類型	エリンギ専業経営
2. 栽培条件	周年栽培
3. 経営規模	800mlビン80,000本所有、年回転数5.0回転 年間栽培ビン数400,000本
4. 労働力	家族労働力２人、3,720時間。雇用労働力４人、6,400時間
5. 主な施設、機械 ( )内取得価格	栽培舎526m²(34,000千円)、栽培棚一式(4,050千円)、空調設備(10,350千円)、換気扇(350千円)、ミキサー1台(450千円)、チェーンコンベア1台(85千円)、詰め機1台(660千円)、常圧殺菌釜1台(820千円)、接種機1台(1,350千円)、菌かき機1台(250千円)、加湿機一式(3,040千円)、自動包装機1台(1,300千円)、かき出し機1台(250千円)、台車4台(120千円)、軽トラック1台(800千円)、ビン、キャップ、コンテナ(3,205千円)
6.技術目標	一栽培期間60日
7.収穫目標	１ビン当たり110ｇ以上

経営費と収益（菌床栽培、800mlビン10,000本当たり）

経営費		収益	
種菌費	2,000 円	生産物収量	1,100 kg
培地材料費	62,720	平均単価	900 円
薬剤費	—	粗収益	990,000
光熱動力費	85,000	所 得	332,260
修繕費	19,400	１日当たり家族労働報酬	28,582
償却費			
建物・構築物	59,780		
機械器具	37,420		
租税公課	—		
支払利息	—		
雇用労賃	200,000		
(経費計)	466,320		
流通経費	191,420		
(経費合計)	657,740		

作業別労働時間

作業名	労働時間	機械使用時間
諸準備	11	—
ビン詰め・殺菌	13	—
接 種	13	—
菌かき	12	—
栽培管理	45	—
収穫･調製･出荷	147	—
廃床処理･清掃	12	—
合 計	253 (内雇用160)	—

備考

1. 修繕費は、固定資産償却費の20%で算出。
2. 償却費は、取得価格×0.9÷耐用年数÷40で算出。
3. 種菌は1回拡大して使用。
4. 雇用労働は1時間当り1,250円。
5. 販売手数料は売上げ金額の10%で算出。

主な種菌メーカー一覧

株式会社河村食用菌研究所
〒998-0125　山形県酒田市大字広野字榎橋36－2　TEL 0234(92)3131　FAX 0234(92)4088

株式会社河村式種菌研究所
〒999-7757　山形県東田川郡余目町払田字村東17－2　TEL 0234(42)1122　FAX 0234(42)1124

株式会社キノックス
〒989-3126　宮城県仙台市青葉区落合1－13－33　TEL 022(392)2551　FAX 022(392)2556

加川椎茸株式会社
〒981-1502　宮城県角田市尾山字横町12　TEL 0224(62)1623　FAX 0224(62)3471

有限会社大貫菌蕈
〒320-0051　栃木県宇都宮市上戸祭町2989－12　TEL 028(624)6951　FAX 028(624)3143

株式会社北研
〒321-0222　栃木県下都賀郡壬生町駅東町7－3　TEL 0282(82)1100　FAX 0282(82)1119

森産業株式会社
〒376-0054　群馬県桐生市西久方町1－2－23　TEL 0277(22)8191　FAX 0277(43)2044

明治製菓株式会社
〒104-0031　東京都中央区京橋2－4－16　TEL 03(3272)6511　FAX 03(3271)1460

カネボウアグリテック株式会社
〒107-0052　東京都港区赤坂9－5－24　TEL 03(5411)3641　FAX 03(5411)3658

株式会社秋山種菌研究所
〒400-0042　山梨県甲府市高畑1－5－13　TEL 055(226)2331　FAX 055(226)2332

日本農林種菌株式会社
〒410-1118　静岡県裾野市佐野464－1　TEL 0559(92)0457　FAX 0559(93)0692

株式会社河村式椎茸研究所
〒426-0066　静岡県藤枝市青葉町1－1－11　TEL 054(635)0507　FAX 054(635)7629

菌興椎茸協同組合
〒680-0845　鳥取県鳥取市富安2－96　TEL 0857(22)6161　FAX 0857(29)1292

全国食用きのこ種菌協会（種菌メーカー団体）
〒103-0022　東京都中央区日本橋室町3－1－10田中ビル　TEL 03(3241)3094　FAX 03(3241)3094

執筆者一覧

武藤　治彦（静岡県林業技術センター）

熊田　　淳（福島県林業研究センター）

赤羽　弘文（長野県専門技術員）

山本　秀樹（長野県野菜花き試験場）

川島　祐介（群馬県林業試験場）

藤田　　徹（京都府林業試験場）

角田　茂幸（長野県野菜花き試験場）

橋本　一哉（元 東洋食品工業短期大学）

増野　和彦（長野県林業総合センター）

渡部　正明（福島県きのこ振興センター）

原田　　陽（北海道立林産試験場）

澤　　章三（愛知県林業センター）

菅野　　昭（宮城県林業振興課）

青野　　茂（福島県林業研究センター）

宜寿次盛生（北海道立林産試験場）

菅原　冬樹（秋田県森林技術センター）

金子　周平（福岡県森林林業技術センター）

赤松やすみ（福井県総合グリーンセンター）

塩田　敦史（栃木県大田原林業事務所）

宮本　敏澄（茨城県林業技術センター）

綿引　健夫（茨城県林業技術センター）

太田　　明（滋賀県森林センター）

柴田　　尚（山梨県森林総合研究所）

編者略歴

大森　清寿（おおもり　せいじゅ）
1929年栃木県生まれ。50年宇都宮農林専門学校卒業、栃木県職員に。食用菌類の生産技術の研究、指導に従事し、88年栃木県林業センター場長で退職。現在、全国食用きのこ種菌協会常任顧問。

小出　博志（こいで　ひろし）
1946年東京都生まれ。68年東京教育大学農学部卒業。69年長野県職員に。75年から食用キノコ類の栽培技術研究に従事。現在、長野県林業総合センター特産部長。

キノコ栽培全科

2001年９月30日　第１刷発行
2022年11月５日　第13刷発行

編者　大森　清寿
　　　小出　博志

発 行 所　一般社団法人 農山漁村文化協会
郵便番号　107-8668　東京都港区赤坂7丁目6-1
電話　03(3585)1142(営業)　03(3585)1147(編集)
FAX　03(3589)1387　振替　00120-3-144478
URL https://www.ruralnet.or.jp/

ISBN 978-4-540-01123-8　DTP製作/(株)トプコ
〈検印廃止〉　印刷/(株)光陽メディア

製本/根本製本(株)
Printed in Japan　定価はカバーに表示
乱丁・落丁本はお取り替えいたします